2009 黄河河情咨询报告

黄河水利科学研究院

U0253282

黄河水利出版社
·郑州·

图书在版编目(CIP)数据

2009黄河河情咨询报告/黄河水利科学研究院.
郑州:黄河水利出版社,2013.4
ISBN 978 - 7 - 5509 - 0453 - 8

Ⅰ.①2… Ⅱ.①黄… Ⅲ.①黄河 - 含沙水流 - 泥沙
运动 - 影响 - 河道演变 - 研究报告 - 2009 Ⅳ.①TV152

中国版本图书馆 CIP 数据核字(2013)第 072666 号

组稿编辑:王路平 电话:0371 - 66022212 E-mail:hhslwlp@ 126. com

出 版 社:黄河水利出版社
        地址:河南省郑州市顺河路黄委会综合楼 14 层 邮政编码:450003
发行单位:黄河水利出版社
        发行部电话:0371 - 66026940、66020550、66028024、66022620(传真)
        E-mail:hhslcbs@ 126. com
承印单位:黄河水利委员会印刷厂
开本:787 mm × 1 092 mm 1/16
印张:22
字数:510 千字   印数:1—1 000
版次:2013 年 4 月第 1 版   印次:2013 年 4 月第 1 次印刷
定价:75.00 元

《2009 黄河河情咨询报告》编委会

主任委员：时明立
副主任委员：高　航
委　　　员：康望周　姜乃迁　江恩惠　姚文艺
　　　　　　张俊华　李　勇　史学建

《2009 黄河河情咨询报告》编写组

主　　编：时明立
副 主 编：姚文艺　李　勇
编写人员：尚红霞　侯素珍　李　涛　蒋思奇　王　婷
　　　　　张晓华　李小平　张　敏　孙赞盈　彭　红
　　　　　郑艳爽　王卫红　田世民　王万战　王开荣
　　　　　茹玉英　胡　恬　马怀宝　张俊华　陈书奎
　　　　　陈孝田　李昆鹏　王　岩　常温花　韩巧兰
　　　　　张防修　侯志军　罗立群　李　萍　张　辛
　　　　　李　勇　赵　阳　赖瑞勋　于守兵　王　明
　　　　　窦身堂　樊文玲
技术顾问：潘贤娣　赵业安　刘月兰　王德昌　张胜利

2009 咨询专题设置及主要完成人员

序号	专题名称	负责人	主要完成人		
1	2009 年黄河河情及近期水沙变化	尚红霞　侯素珍	尚红霞 彭　红	侯素珍 胡　恬	蒋思奇
2	小浪底水库异重流排沙效率主要影响因素及敏感性分析	李　涛　蒋思奇 王　婷	李　涛 张俊华 陈孝田 常温花	王　婷 蒋思奇 李昆鹏	马怀宝 陈书奎 王　岩
3	黄河下游河床粗化对河道冲淤的影响	张晓华　李小平 张　敏	张晓华 田世民 彭　红 侯志军 张　辛	李小平 郑艳爽 韩巧兰 罗立群	张　敏 孙赞盈 张防修 李　萍
4	小浪底水库运用以来黄河下游河道冲淤演变及发展趋势	孙赞盈　彭　红 郑艳爽	孙赞盈 郑艳爽 赵　阳	李　勇 尚红霞	彭　红 张　敏
5	小浪底水库运用前后游荡性河段河势变化分析	王卫红　田世民	王卫红 张　敏 尚红霞	田世民 孙赞盈	赖瑞勋 张　辛
6	黄河河口海洋动力及海岸演变特征	王万战　王开荣 茹玉英	王万战 茹玉英 窦身堂 赵　阳	王开荣 张防修 赖瑞勋	于守兵 王　明 樊文玲

前　言

　　根据黄河河情年度咨询第二个五年计划的指导思想,以"新建议、新发现、新解释"为目标,从黄河流域水沙特性、中游水土保持、三门峡库区冲淤演变和潼关高程控制、小浪底库区淤积形态及输沙规律、下游河道河床演变等 5 个方面,系统跟踪黄河河情变化,并紧密结合黄河治理中心工作,对黄河治理开发与管理的重点和热点问题,开展针对性的咨询研究,为黄河治理决策提供技术支撑。2009 年度咨询工作重点围绕异重流排沙主导因素及提高小浪底水库异重流排沙效果的措施、下游河道床沙粗化对冲刷效果影响等内容,有针对性地开展较为系统的研究工作。研究工作中,突出了对问题成因的理论分析,并把数学模型计算作为分析的重要手段,进一步提高了年度咨询成果的实用性和学术水平,得到以下初步认识和建议:

　　(1)通过小浪底水库拦沙运用及调水调沙,下游河道得到持续冲刷,平滩流量全线恢复到 4 000 m^3/s 以上,其中艾山以下窄河段冲刷效果也较为明显,基本达到了维持黄河下游河道排洪输沙等基本功能的河槽低限指标。目前,高村—孙口—艾山河段冲刷效果较好,受河口相对有利条件的影响,泺口—利津河段的冲刷稍大于艾山—泺口河段,艾山—泺口河段冲刷效果相对较弱。未来几年艾山附近及艾山—泺口河段将成为平滩流量相对较小的瓶颈河段。建议进一步开展大汶河加水对艾山以下窄河道冲淤影响的研究,探讨提高艾山—泺口河段冲刷效果的可能措施。

　　(2)由于下游河道持续冲刷引起床沙粗化,冲刷效率有所降低。冲刷效率降低河段主要在高村以上,高村以下河段降低幅度较小。艾山—利津河段冲刷效率降低,主要是大流量出现时间短造成的,床沙粗化对冲刷效率也有一定的影响。

　　对高村—艾山河段冲刷效率变化的原因分析表明,粗化起到了主要作用,减少 85% 左右;其次是水力因子变化,减少约 45%,而有利的来沙条件可以起到提高冲刷效率的作用,估计增加 30% 左右。

　　(3)在现有河道粗化的边界条件下,调水调沙期冲刷量随平均流量的增大而增大,4 000 m^3/s 流量级全断面冲刷效率最大,不过若增大到 4 500 m^3/s,全断面冲刷效率则有所降低,但主槽冲刷效率仍有所提高。建议调水调沙期尽可能增大洪峰平均流量,提高下游主槽冲刷效果。

　　(4)河道整治工程有效稳定了河势,减小了主槽游荡摆动幅度,2009 年河势较 1999 年的明显趋于规划治导线方向发展,控导工程靠河几率显著提高。但是,部分河段存在着明显的河势下挫、下败现象,部分控导工程上首心滩增多、局部河势散乱。

　　(5)2010 年汛前调水调沙期,小库底库区 37 断面以上库段的冲刷补给沙量少,异重流排沙效果主要取决于潼关水沙过程、小浪底坝前水位等因素。为提高小浪底水库异重流排沙比,建议:①降低小浪底水库异重流排沙对接水位;②维持三门峡水库泄空后 1 000 m^3/s 以上流量的持续时间;③在三门峡水库水位降低到 305～300 m 时,适当控制库水位下降速度,尽可能使出库含沙量趋于均匀,以减少集中排沙期小浪底库区顶坡段(至异重流潜入点)的淤积,增大异重流潜入点附近的含沙量。

(6)小浪底水库主汛期低水位运用情况下,如果潼关流量大于1 000 m³/s且持续3 d以上,输沙率大于50 t/s能够维持1 d以上,建议小浪底水库和三门峡水库联合运用,适当延长三门峡水库敞泄时间、增强异重流输移后续动力,在桐树岭监测浑水层,如出现异重流,及时开启排沙洞排沙出库。

另外,通过资料分析和数学模拟手段,在黄河河口海洋动力特征及海岸演变规律等方面也取得了一些新认识。

本报告主要由时明立、姚文艺、李勇、尚红霞、侯素珍、马怀宝、李涛、张晓华、李小平、孙赞盈、王卫红、田世民、王万战、王开荣等完成,其他人员不再一一列出,在此一并表示致谢。工作过程中得到了潘贤娣、赵业安、刘月兰、王德昌、张胜利等前辈的指导和帮助,黄河水利委员会有关部门领导、专家也给予了指导,并提出了不少很有价值的意见和建议,对此深表谢意。

姚文艺负责报告修改和统稿。黄河水利出版社对本报告的出版给予了大力支持,在编排上付出了辛勤劳动,特此一并感谢。

在报告编写过程中,参考了他人以前的不少相关成果,除已列出的参考文献外,还有一些文献未能一一列出,敬请相关作者给予谅解,在此表示歉意和衷心感谢。

黄河水利科学研究院
黄河河情咨询项目组
2011 年 10 月

目 录

第一部分　综合咨询报告

第一章 2009年黄河基本河情

一、流域降水及水沙特点

(一)降水特点

2009年(指日历年)黄河流域年降水量420 mm(不含内流区),与1956～2000年均值456.9 mm相比偏少8%,其中汛期(7～10月)降雨量269 mm,偏少7%。降雨量主汛期(7～8月)占全年的46%,与多年同期均值基本持平。

与多年均值相比,汛期降雨区域分布不均,主要产水区兰州以上偏少6%,主要来沙区山陕区间(山西、陕西区间)偏多21%(见图1-1),其中主汛期偏多24%。图1-1中兰托区间系指兰州—托克托区间,泾渭河指泾河、渭河,龙三干流指龙门—三门峡区间干流,三小区间指三门峡—小浪底区间,小花干流指小浪底—花园口区间干流。

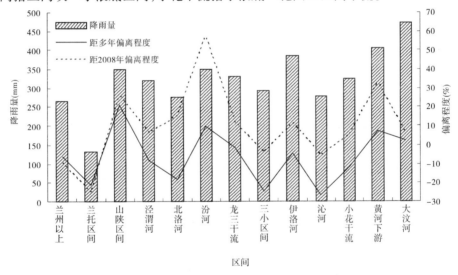

图1-1 2009年汛期黄河流域不同区间降雨量

(二)水沙特点

1. 径流特点

2009年(运用年,指2008年11月至2009年10月)干流主要控制站唐乃亥、头道拐、龙门、潼关、花园口和利津站年水量分别为258.15亿 m³、170.43亿 m³、181.47亿 m³、208.43亿 m³、230.52亿 m³ 和128.24亿 m³,与长系列相应控制站均值203.8亿 m³、227.37亿 m³、280.83亿 m³、364.68亿 m³、403.59亿 m³ 和331.18亿 m³ 相比,只有唐乃亥偏多27%,其他各站偏少程度基本从上至下逐渐增加,从头道拐的25%增加到利津的61%;汛期变化规律同全年的基本一致,唐乃亥增加31%,其他各站减幅高于全年,从兰州的29%增加到利津的68%(见图1-2)。支流主要控制站华县(渭河)、河津(汾河)、洑头(北洛河)、黑石关(伊洛河)、武陟(沁河)来水量分别为 39.99 亿 m³、3.44 亿 m³、2.07 亿 m³、12.68 亿 m³、0.79 亿 m³,分别较多年均值 70.08 亿 m³、11.31 亿 m³、6.98 亿 m³、27.91 亿 m³、8.96 亿 m³偏少 43%、70%、70%、55%、91%;汛期减幅与全年相差不大。

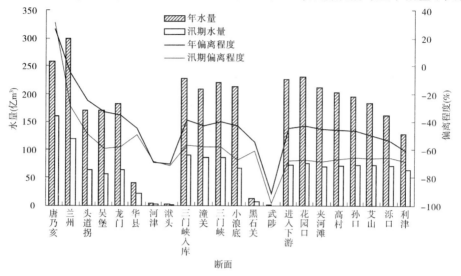

图 1-2　2009 年主要干支流水文断面实测水量

全年无较大洪水过程(见图 1-3)。唐乃亥最大洪峰流量 2 370 m³/s,兰州最大洪峰流量仅 1 780 m³/s。秋汛期潼关出现全年最大洪峰流量 2 370 m³/s。头道拐、吴堡、龙门最大流量出现在凌汛期及优化桃汛洪水降低潼关高程试验期,洪峰流量分别为 1 410 m³/s、2 700 m³/s、2 750 m³/s;三门峡以下最大流量出现在调水调沙期间,三门峡、小浪底、花园口和利津的洪峰流量分别为 4 460 m³/s、4 180 m³/s、4 190 m³/s 和 3 730 m³/s。

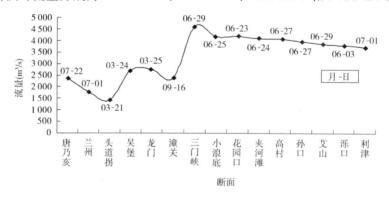

图 1-3　2009 年干流典型水文断面最大流量及发生时间

花园口和利津在汛前调水调沙期分别出现 11 d 和 9 d 日均 3 000 m³/s 以上的流量过程(见表 1-1);1 000 m³/s 以下流量历时占据全年大部分时间,唐乃亥、兰州占全年的比例分别为 62% 和 47%,中游各站达到 80% 以上,下游超过 90%,利津达到 96%。

表 1-1　2009 年度干流主要站各流量级出现天数　　　　　　（单位:d）

流量级（m³/s）	唐乃亥	兰州	头道拐	龙门	潼关	花园口	利津
<1 000	227	173	305	318	303	329	350
1 000 ~ 2 000	129	192	60	45	60	22	3
2 000 ~ 3 000	9	0	0	2	2	3	3
≥3 000	0	0	0	0	0	11	9

2. 泥沙特点

龙门和潼关输沙量继 2008 年又一次出现历史最小值,分别为 0.579 亿 t、1.133 亿 t,仅为 1956 ~ 2000 年长系列均值 8.219 亿 t、11.878 亿 t 的 7% 和 10%(见图 1-4)。支流主要控制站华县(渭河)、洑头(北洛河)以及河口镇—龙门(简称河龙区间)年沙量分别为 0.603 亿 t、0.009 亿 t 和 0.539 亿 t,较 1956 ~ 2000 年长系列均值分别偏少 83%、99% 和 93%。

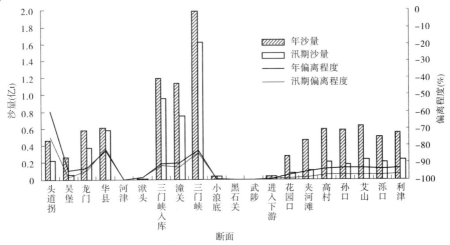

图 1-4　2009 年主要干支流水文断面实测沙量

(三)水库运用特点

截至 2009 年 11 月 1 日,黄河流域 8 座主要水库蓄水总量 305.15 亿 m³(见表 1-2),与 2008 年同期相比,蓄水总量增加 44.86 亿 m³,其中龙羊峡水库增加 44.00 亿 m³,占全年蓄水增量的 98%,水库蓄水量达到 224.00 亿 m³,水位达到 2 593.77 m。非汛期 8 座水库共补水 73.74 亿 m³,汛期增加蓄水 118.60 亿 m³,其中龙羊峡、小浪底水库汛期蓄水量分别增加 88.00 亿 m³ 和 18.20 亿 m³,分别占汛期蓄水总量的 74% 和 15%。

唐乃亥以上的河源区是兰州水量的来源,多年平均而言,全年和汛期的天然径流量都占到兰州站的 60% 左右,同时,两站径流量基本丰枯同频率。龙羊峡水库和刘家峡水库修建后调节年内径流过程,改变了汛期唐乃亥和兰州径流量的对应关系(见图 1-5)。1968 ~ 1986 年,刘家峡水库单库调节,汛期水库蓄水量稳定在 20 亿 ~ 30 亿 m³,因唐乃亥来水量变化不大,汛期兰州水量与唐乃亥水量的关系虽然较水库运用前稍有降低,但基本上仍是丰枯同频率。1986～2009年,龙羊峡水库和刘家峡水库(简称龙刘水库)联合调节,汛期两库蓄水量随唐乃亥水量增大而增大,汛期出库流量基本按兴利要求下泄,无论来水多少,龙羊峡水库出库流量一般不足800 m³/s,兰州汛期水量也基本稳定在80亿～140亿 m³。2009年唐乃亥汛期径流量158.6亿 m³,属偏丰年份,但兰州汛期水量也只有117.9亿 m³。与唐乃亥同水量条件下,刘家峡水库单独运用,兰州相应水量可达到200亿 m³,1968年前约为260亿 m³。

表 1-2   2009 年主要水库蓄水情况

水库	2009 年 11 月 1 日		非汛期蓄水变量(亿 m³)	汛期蓄水变量(亿 m³)	主汛期蓄水变量(亿 m³)	年蓄水变量(亿 m³)
	水位(m)	蓄水量(亿 m³)				
龙羊峡	2 593.77	224.00	-44.00	88.00	50.00	44.00
刘家峡	1 723.42	26.40	-4.00	3.80	6.20	-0.20
万家寨	975.24	4.08	-2.71	1.95	1.30	-0.76
三门峡	317.75	3.65	-3.40	3.65	0	0.25
小浪底	240.63	33.00	-19.60	18.20	2.60	-1.40
陆浑	313.37	4.38	0.10	1.30	0.84	1.40
故县	530.05	5.60	-0.13	1.24	0.55	1.11
东平湖	42.14	4.04	0	0.46	0.19	0.46
合计		305.15	-73.74	118.60	61.68	44.86

注:-为水库补水。

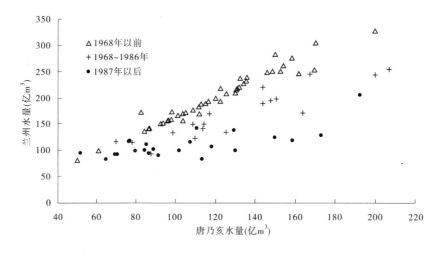

图 1-5   汛期兰州水量与唐乃亥水量关系

由于水库拦蓄大流量过程,水库下游大流量历时缩短,兰州汛期 1 500 m³/s 历时从 1968 年以前的年均 85.6 d 减少到 1968～1986 年的 49.2 d,再减少到 1987 年后的 8.1 d。唐乃亥 1987 年后汛期还有比较大的洪峰流量,最大 4 840 m³/s,而兰州汛期基本上没有较大洪水,最大流量除 1989 年的 3 530 m³/s,其余年份均在 3 000 m³/s 以下(见图 1-6)。

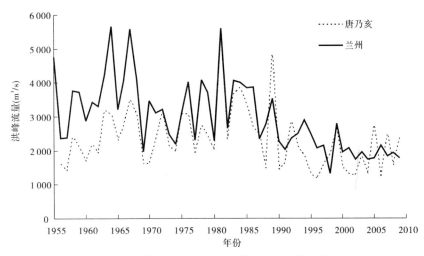

图1-6　唐乃亥和兰州历年最大洪峰流量过程

2005年是龙刘水库汛期蓄水最多的一年,达到120.6亿 m³。由图1-7可见,唐乃亥从6月即开始涨水,到10月底有两次日均洪峰流量在2 500 m³/s以上,最大日均流量2 720 m³/s,汛期1 000 m³/s以上历时达到121 d,相应水量171.2亿 m³,分别占到汛期总数的98%和99%;两场洪水均被龙羊峡水库削减,相应最大洪峰的削峰率达到83%,形成出库最大流量仅1 080 m³/s、1 000 m³/s以上历时仅2 d、相应水量1.8亿 m³的小水过程。2009年龙羊峡水库同样削减了5次洪峰流量超过1 500 m³/s的洪水过程,日均流量基本上在800 m³/s以下,见图1-8。

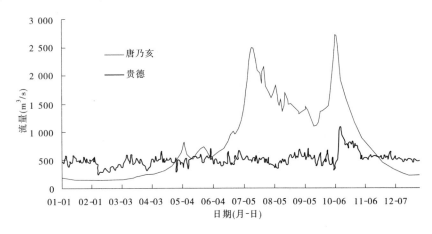

图1-7　龙羊峡水库2005年进出库流量过程

由此可见,由于龙刘水库的调节能力较大,在现有的运用方式下,除非出现连续的丰水年份,上游河道汛期难以再出现较大的径流和流量过程。

(四)河龙区间水沙关系变化

河龙区间是黄河泥沙尤其是粗泥沙的主要来源区。2006～2009年汛期降雨基本为平、丰年份,但是水沙量持续偏少,沙量出现了历史最小值(见图1-9)。2009年较典型时

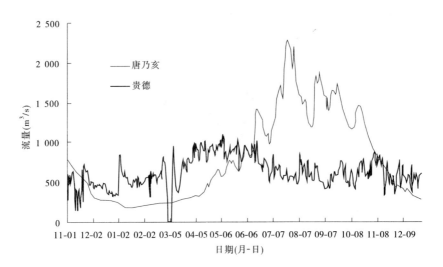

图 1-8　龙羊峡水库 2009 年进出库流量过程

段(见表 1-3),汛期、主汛期降雨量分别偏多 19% 和 25% ,而实测水量则分别偏少 66% 和 83% ,实测沙量偏少更多,达到 94% 和 95% 。

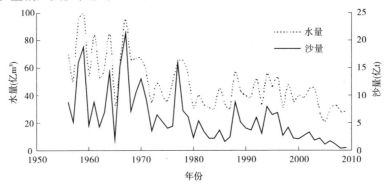

图 1-9　河龙区间实测水沙量历年过程

表 1-3　2009 年汛期河龙区间降雨和水沙变化

时段	水沙特征值	1956～2000 年	2001～2009 年	2009 年	
				总量	与长系列相比变幅(%)
汛期	降雨量(mm)	294	306.3	350	19
	水量(亿 m³)	26.99	16.39	9.15	−66
	沙量(亿 t)	6.044	1.311	0.375	−94
主汛期	降雨量(mm)	208.7	189.0	260	25
	水量(亿 m³)	17.29	7.95	2.92	−83
	沙量(亿 t)	5.225	1.039	0.275	−95

注:1998 年后水沙量为河曲与龙门差值,未考虑引水引沙。

根据河龙区间主汛期降雨量与径流量关系进行分析(见图 1-10),径流量随着降雨量的增大而增大。1990 年以后与大规模治理前(1972 年以前)相比,在中常降雨条件下,区间径流量有一定幅度的减少。2000 年以来降雨径流关系总体上与 1990～1999 年相近,但 2007～2009 年实测区间径流量明显偏低。

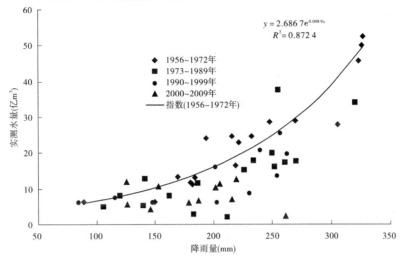

图 1-10　河龙区间主汛期降雨量与径流量关系

根据河龙区间主汛期实测水量与沙量关系进行分析(见图 1-11),区间沙量随着水量的增大而增大。相同径流条件下,1990 年以后与大规模治理前(1972 年以前)相比,区间沙量有所减少,尤其是自 2000 年以来水量与沙量进一步降低,例如,相同小水条件(10 亿 m^3)下,2000～2009 年区间沙量约 1 亿 t,而 1990～1999 年约为 2.5 亿 t,1972 年以前约为 3.65 亿 t。

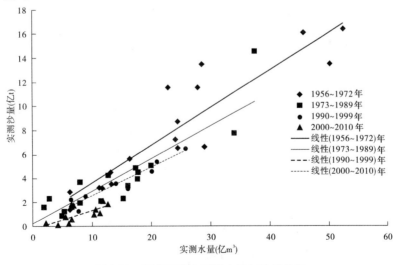

图 1-11　河龙区间主汛期水量与沙量关系

"十一五"国家科技支撑计划重点课题"黄河流域近期水沙变化情势分析"系统分析

了河龙区间 1997～2006 年的水沙变化情势。分析表明,1950～1969 年河龙区间实测年均径流量、产沙量分别为 73.3 亿 m³ 和 9.94 亿 t,1997～2006 年实测年均水沙量分别为 29.70 亿 m³ 和 2.17 亿 t,年均减水量 43.6 亿 m³、减沙量 7.77 亿 t,分别占 1950～1969 年系列均值的 59% 和 78%。分析认为,区间径流、泥沙量的大幅度减少是水利水保综合治理等人类活动影响和降雨等自然因素变化的综合结果,水利水保综合治理等人类活动年均减水减沙量分别为 29.90 亿 m³ 和 3.5 亿 t,分别占总减水减沙量的 68.6% 和 45.0%;而因降雨减少 10.2% 所引起的年均减水减沙量分别为 13.70 亿 m³ 和 4.27 亿 t,分别占总减水减沙量的 31.4% 和 55.0%。并初步预测黄河中游地区近期的减沙主体仍在河龙区间,黄河上中游地区 2020、2030、2050 水平年的来水量和来沙量分别为 229 亿～236 亿 m³、9.96 亿～10.88 亿 t,236 亿～244 亿 m³、8.61 亿～9.56 亿 t,234 亿～241 亿 m³、7.94 亿～8.66 亿 t。

近 3 a(指 2007～2009 年)来,河龙区间径流量、泥沙量进一步减少,除现有研究成果分析的气候变化(降雨量、降雨强度)、水利水保综合治理等原因外,封山育林自然恢复的作用可能起到了一定的效果。拟在下一步,重点跟踪研究封山育林自然恢复的减水减沙作用,分析近 3 a 来水沙量进一步减少的原因。

二、三门峡水库库区冲淤及潼关高程变化

(一)水库运用情况

三门峡水库非汛期水位控制在 315～318 m,最高日均水位 317.94 m(见图 1-12)。3 月下旬配合桃汛洪水冲刷降低潼关高程,水位降至 313 m 以下,最低降至 312.82 m;6 月下旬为配合调水调沙并向汛期运用过渡,6 月 23 日水位从 317 m 左右开始下降,至 6 月 30 日降至 298.17 m;7 月 2 日水位降低至最低,为 289.04 m,水位在 300 m 以下持续 4 d。

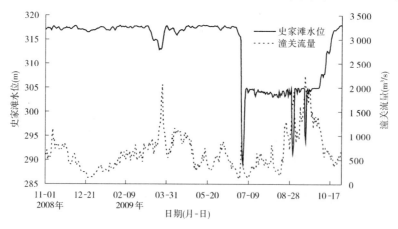

图 1-12　三门峡水库坝前水位和潼关流量过程

汛期仍采用控制水位不超过 305 m、流量大于 1 500 m³/s 敞泄的运用方式,汛期坝前平均水位 305.58 m。全年共实施 3 次敞泄,6 月下旬配合调水调沙并向汛期运用过渡,敞

泄 4 d;汛期 8 月底和 9 月中旬在潼关两场小洪水期进行了 2 次敞泄,历时分别为 3 d 和
2 d(见表 1-4)。

表 1-4   2009 年三门峡水库敞泄排沙情况

时段 (月-日)	敞泄 天数(d)	洪峰流量 (m³/s)	史家滩 水位(m)	潼关		三门峡沙 量(亿 t)	冲淤量 (亿 t)	排沙比
				水量(亿 m³)	沙量(亿 t)			
06-30 ~ 07-03	4	1 020	292.78	2.01	0.005	0.545	- 0.540	109
08-31 ~ 09-02	3	2 070	293.09	4.55	0.054	0.532	- 0.479	9.85
09-16 ~ 09-17	2	2 370	294.46	3.62	0.033	0.292	- 0.259	8.85
合计	9			10.18	0.092	1.369	- 1.278	14.9

注:"-"表示冲刷。

全年排沙集中在调水调沙期和汛期敞泄期(见图 1-13、表 1-4),9 d 敞泄期潼关入库
水量 10.18 亿 m³,累计排沙量 1.369 亿 t,占年排沙总量 1.98 亿 t 的 69.1%。3 次敞泄排
沙过程出库最大含沙量分别达到 478 kg/m³、352 kg/m³、191 kg/m³,相应排沙比为 109、
9.85、8.85。三门峡水库敞泄排沙期累计冲刷量与入库水量的关系基本上与非汛期 318
m 水位控制、汛期 1 500 m³/s 敞泄排沙运用以来的规律相同(见图 1-14)。

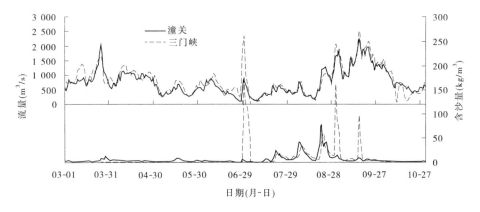

图 1-13   三门峡水库进出库流量、含沙量过程

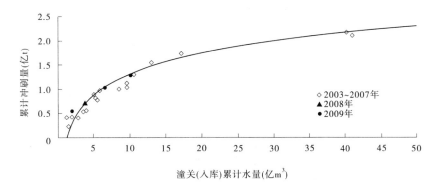

图 1-14   三门峡水库敞泄期累计冲刷量与入库水量关系

(二)潼关以下和小北干流河段冲淤情况

2009 年非汛期潼关以下库区淤积 0.563 亿 m³,汛期冲刷 0.708 亿 m³,年内冲刷 0.146 亿 m³。冲刷主要集中在受溯源冲刷影响的黄淤 17 断面以下,年内冲刷 0.316 亿 m³（见图 1-15）。

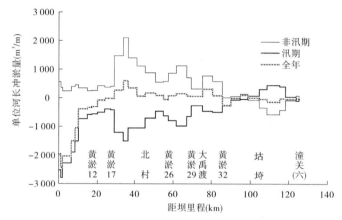

图 1-15　2009 年潼关以下库区冲淤分布

小北干流河段全年冲刷量为 0.293 亿 m³,主要集中在黄淤 50 断面以上,为 0.232 亿 m³,占总冲刷量的 79%。一般情况下,小北干流河段具有非汛期冲刷、汛期淤积的特点(见图 1-16),但 2009 年汛期继 2008 年再次发生冲刷,冲刷量占到全年的 67%,冲刷主要集中在黄淤 59 断面以上,占总冲刷量 0.196 亿 m³ 的 82%(见表 1-5)。汛期冲刷与近年河龙区间水沙偏少,尤其是沙量减幅大有关。由图 1-17 可见,小北干流冲淤量与龙门来沙组合(来沙系数)密切相关,来沙系数越大淤积量越大,由于 2008 年和 2009 年来沙系数减小,因而小北干流汛期连续两年冲刷。

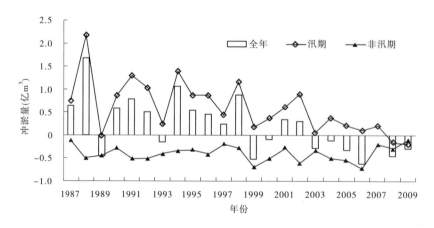

图 1-16　1987 年以来小北干流河段历年冲淤量

表 1-5　2009 年小北干流各河段冲淤量　　　　　　（单位:亿 m³）

时段	黄淤 41—黄淤 45	黄淤 45—黄淤 50	黄淤 50—黄淤 59	黄淤 59—黄淤 68	全段
非汛期	−0.030	−0.045	−0.065	0.043	−0.097
汛期	0.011	0.003	−0.050	−0.160	−0.196
全年	−0.019	−0.042	−0.115	−0.117	−0.293

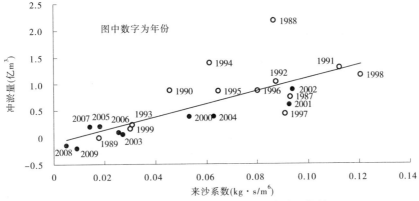

图 1-17　汛期小北干流冲淤量与来沙系数关系

(三)潼关高程变化

2008 年汛后潼关高程 327.72 m,到 2009 年汛后为 327.82 m,上升了 0.10 m,其中,非汛期升高 0.3 m,汛期下降 0.2 m(见图 1-18)。在桃汛期,潼关站洪峰流量 2 340 m³/s,最大含沙量 15.9 kg/m³,河床发生冲刷,潼关高程下降 0.13 m;2008 年汛后到 2009 年桃汛前潼关高程上升了 0.43 m,2009 年桃汛后至汛前潼关高程变化不大。

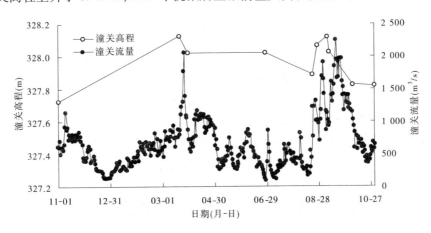

图 1-18　2008 年 11 月至 2009 年 10 月潼关高程和流量变化

三、小浪底水库库区冲淤情况

(一)水库运用及排沙情况

2009 年小浪底水库出库最大日均流量为 3 950 m³/s(6 月 25 日),全年仅有 9 d 排沙,出库沙量为 0.036 2 亿 t。

2009 年小浪底水库非汛期蓄水变量为 19.6 亿 m³(见图 1-19),2008 年 11 月 1 日至 2009 年 6 月 18 日,库水位由 241.00 m 升高到 249.66 m,相应蓄水量由 33.40 亿 m³ 增大到 48.14 亿 m³。6 月 19 日至 7 月 3 日为汛前调水调沙生产运行期,库水位下降 28.09 m,补水 35.2 亿 m³,其间 6 月 19 日至 6 月 29 日为调水期,6 月 29 日至 7 月 3 日为排沙期,排沙期库水位由 228.38 m 降至 220.95 m,蓄水量由 17.36 亿 m³ 降至 11.82 亿 m³。通过万家寨、三门峡、小浪底水库联合调度,在小浪底水库塑造有利于形成异重流排沙的水沙过程,6 月 30 日 15 时 50 分小浪底水库排沙出库。7 月 4 日至 8 月 30 日处于主汛期,库水位长期维持在 225 m 以下,最低 215.84 m;8 月 30 日后,库水位迅速升高,最高达到 243.61 m,相应蓄水量 37.71 亿 m³。其后到汛末,库水位稍降为 240.90 m,相应蓄水量 33.24 亿 m³。

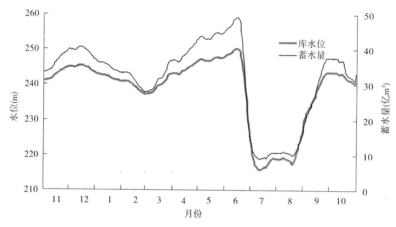

图 1-19 2009 年小浪底水库水位及蓄水量变化过程

2009 年小浪底水库排沙较少,仅有 2 次排沙过程(见表 1-6),出库沙量共 0.036 2 亿 t,排沙比 5.25%。汛前调水调沙期(6 月 30 日至 7 月 3 日),异重流出库沙量 0.035 9 亿 t,排沙比 6.59%;8 月 23 ~ 27 日潼关出现小流量较高含沙量过程,三门峡水库出库含沙量较大,此时小浪底水库水位较低,在 221 m 左右,也形成了异重流并运行到了坝前,出库沙量 0.000 3 亿 t,最大含沙量 1.3 kg/m³,排沙比 0.21%。汛期三门峡水库 8 月 30 日到 9 月 6 日和 9 月 15 日至 9 月 21 日有 2 次敞泄排沙过程,由于小浪底水库水位较高,没有异重流排沙出库(见图 1-20)。

表 1-6 2009 年小浪底水库主要时段排沙情况

时段 (月-日)	水量(亿 m³)		沙量(亿 t)		排沙比 (%)
	三门峡	小浪底	三门峡	小浪底	
06-30 ~ 07-03	3.67	8.45	0.544 9	0.035 9	6.59
08-23 ~ 08-27	4.26	1.23	0.144 4	0.000 3	0.21
合计	7.93	9.68	0.689 3	0.036 2	5.25

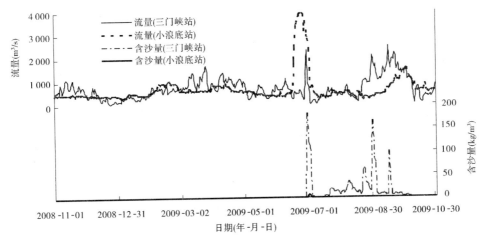

图 1-20　2009 年小浪底水库进出库日均流量、含沙量过程对比

(二)库区冲淤变化

库区断面测验资料表明,2009 年小浪底库区淤积泥沙 1.722 亿 m³,其中干、支流分别占 71% 和 29%;汛期淤积 1.912 亿 m³,非汛期冲刷 0.190 亿 m³(见表 1-7)。

表 1-7　2009 年各时段库区淤积量

时段		2008 年 11 月至 2009 年 4 月	2009 年 4 月至 2009 年 10 月	2008 年 11 月至 2009 年 10 月
淤积量 (亿 m³)	干流	-0.115	1.345	1.230
	支流	-0.075	0.567	0.492
	合计	-0.190	1.912	1.722

全库区年内除个别高程间(220~225 m、240~250 m)发生冲刷外,其余高程间均为淤积,淤积主要集中在 185~220 m 和 225~240 m 高程,占总淤积量的 93%,其中 205 m 和 220 m 以下淤积量分别占总量的 24% 和 62%(见图 1-21)。从淤积库段来看,泥沙主要

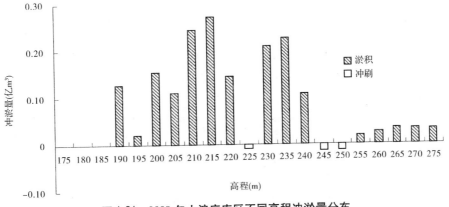

图 1-21　2009 年小浪底库区不同高程冲淤量分布

淤积在 HH15 断面(距坝 24.43 km)以下和 HH19—HH49 断面(距坝 31.85 ~ 93.96 km),淤积量分别占总量的 62% 和 40%(见表 1-8)。

表 1-8　2009 年小浪底库区不同库段(含支流)冲淤量分布

库段		HH15 以下	HH15—HH19	HH19—HH26	HH26—HH49	HH49—HH56	合计
距坝里程(km)		0 ~ 24.43	24.43 ~ 31.85	31.85 ~ 42.96	42.96 ~ 93.96	93.96 ~ 123.41	
冲淤量 (亿 m³)	2008-11 ~ 2009-04	-0.275	-0.015	0.013	0.093	-0.006	-0.190
	2009-04 ~ 2009-10	1.346	0.003	0.071	0.517	-0.025	1.912
	全年	1.071	-0.012	0.084	0.610	-0.031	1.722

由表 1-9 和图 1-22 可见,2009 年 10 月三角洲顶点仍在距坝 24.43 km(HH15 断面)处,顶点高程为 219.75 m。距坝 11.42 km 以下库段为三角洲坝前淤积段;距坝 11.42 ~ 24.43 km 库段(HH9—HH15 断面)为三角洲前坡段,也是 2009 年度淤积最多的库段,干流淤积量为 0.91 亿 m³,比降为 21.59‰;三角洲顶坡段位于距坝 24.43 ~ 93.96 km 库段(HH15—HH49 断面),比降为 2‰,其中距坝 24.43 ~ 62.49 km 库段(HH15—HH37 断面),比降与 2008 年顶坡段比降一致,为 3‰,而 HH37 断面以上的峡谷型窄深河段冲淤调整剧烈,HH37—HH49 库段虽产生一定淤积,但仍延续 2008 年的淤积形态,形成比降为 0.2‰的倒坡;距坝 93.96 km 以上库段为尾部段,比降为 12.36‰。

表 1-9　干流纵剖面三角洲淤积形态要素统计(深泓点)

日期 (年-月)	顶点		坝前淤积段	前坡段		顶坡段		尾部段	
	距坝里程 (km)	高程 (m)	距坝里程 (km)	距坝里程 (km)	比降 (‰)	距坝里程 (km)	比降 (‰)	距坝里程 (km)	比降 (‰)
2008-10	24.43	220.25	0 ~ 20.39	20.39 ~ 24.43	45.69	24.43 ~ 93.96	2.5	93.96 ~ 123.41	12.1
2009-10	24.43	219.75	0 ~ 11.42	11.42 ~ 24.43	21.59	24.43 ~ 93.96	2.0	93.96 ~ 123.41	12.36

较大的支流多位于干流异重流潜入点下游如畛水河,发生异重流期间,水库运用水位较高,其沟口淤积面随干流淤积面的抬高同步上升(见图 1-23(a));由图 1-23(b)可以看出,支流沟口位于干流三角洲洲面段如西阳河,支流的淤积为明流倒灌,而该库段干流主要是淤槽,因此延续上年度情况,沟口淤积面高于干流,而支流淤积物发生一定的固结,调整幅度小于沟口处,从而致使支流沟口与支流内部最低断面的高差达到近 5 m。

(三)库容变化

1999 年 9 月至 2009 年 10 月,按断面法计算,小浪底库区淤积量为 25.830 亿 m³(见图 1-24)。其中,干流淤积量为 21.238 亿 m³,支流淤积量为 4.592 亿 m³,分别占总淤积量的 82% 和 18%;汛限水位 225 m 以下淤积量为 23.499 亿 m³,占总淤积量的 91%。

随着水库淤积的发展,库容随之减小,见图 1-25。275 m 高程下库容为 101.629 亿 m³,

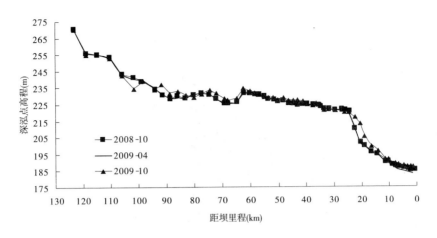

图1-22 干流纵剖面套绘(深泓点)

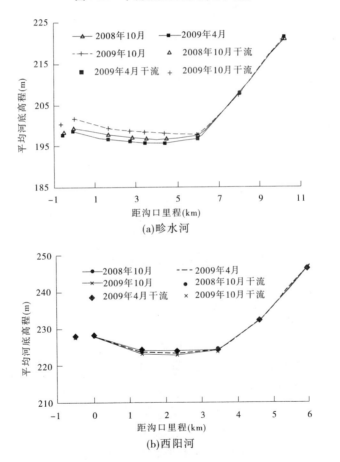

(a)畛水河

(b)西阳河

图1-23 支流纵剖面图

其中干流库容为53.541亿m³,支流库容为48.088亿m³,分别占总库容的53%和47%;225m高程下库容为13.16亿m³,其中干、支流分别占58%和42%。

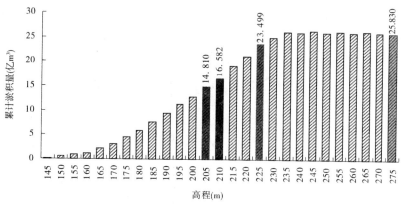

图 1-24　1999 年 9 月至 2009 年 10 月小浪底库区不同高程累计淤积量分布

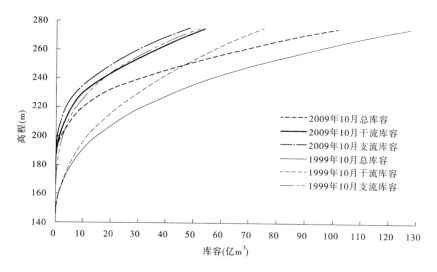

图 1-25　小浪底水库不同时期库容曲线

四、黄河下游河道冲淤变化

(一)河道冲淤特点

2009 年黄河下游白鹤—利津河段共冲刷 0.848 亿 m^3,其中汛期(2009 年 4 ~ 10 月)冲刷 0.633 亿 m^3,占全年冲刷量的 75%。全年冲刷主要集中在花园口—孙口河段,冲刷量占全下游的 78%,其中花园口—夹河滩冲刷量最大,占全下游冲刷量 0.848 亿 m^3 的 35%,其次为高村—孙口,占 25%;花园口以上和孙口以下河段冲刷较少,其中艾山—泺口河段最小(见表 1-10)。

与 2008 年相比,2009 年的冲刷效率有所提高,下游冲刷效率增加了 1.25 kg/m^3(见表 1-11)。白鹤—花园口是减少的,减少近 1 kg/m^3;花园口—泺口增加,其中花园口—夹河滩增加最多,为 0.73 kg/m^3,孙口—艾山仅增加 0.08 kg/m^3。调水调沙期冲刷效率增加较多(见表 1-12),全下游达到 4.52 kg/m^3。但是此时段的变化与全年的几乎相反,花园口以上、泺口以下、花园口—夹河滩增加较多,分别增加 2.44 kg/m^3、1.64 kg/m^3 和 1.28

kg/m³;孙口—艾山稍有增加,为 0.29 kg/m³;夹河滩—高村、高村—孙口有所降低;艾山—泺口由冲转淤。

表 1-10　2009 年黄河下游冲淤量　　　　　　　　　　　　（单位:亿 m³）

河段	2008-11 ~ 2009-04	2009-04 ~ 2009-10	2008-11 ~ 2009-10	占白鹤—利津(%)
白鹤—花园口	0.063	- 0.126	- 0.063	7
花园口—夹河滩	- 0.165	- 0.130	- 0.295	35
夹河滩—高村	- 0.064	- 0.088	- 0.152	18
高村—孙口	- 0.095	- 0.117	- 0.212	25
孙口—艾山	- 0.010	- 0.035	- 0.045	5
艾山—泺口	0.009	- 0.047	- 0.038	4
泺口—利津	0.047	- 0.090	- 0.043	5
白鹤—高村	- 0.166	- 0.344	- 0.510	60
高村—艾山	- 0.105	- 0.152	- 0.257	30
艾山—利津	0.056	- 0.137	- 0.081	10
白鹤—利津	- 0.215	- 0.633	- 0.848	100
占全年(%)	25	75	100	

注:" - "表示冲刷,下同。

表 1-11　2008 年和 2009 年黄河下游冲淤效率(断面法)　　　　（单位:kg/m³）

年份	白鹤—花园口	花园口—夹河滩	夹河滩—高村	高村—孙口	孙口—艾山	艾山—泺口	泺口—利津	白鹤—利津
2008	- 1.27	- 1.06	- 0.52	- 0.92	- 0.24	0.08	- 0.45	- 4.74
2009	- 0.33	- 1.79	- 1.00	- 1.47	- 0.32	- 0.29	- 0.37	- 5.99
2009 年较 2008 年变化值	0.94	- 0.73	- 0.48	- 0.55	- 0.08	- 0.37	0.08	- 1.25

表 1-12　2008 年和 2009 年黄河下游调水调沙期冲淤效率(沙量平衡法)

（单位:kg/m³）

河段	白鹤—花园口	花园口—夹河滩	夹河滩—高村	高村—孙口	孙口—艾山	艾山—泺口	泺口—利津	白鹤—利津
2008 年	0.43	- 0.24	- 0.92	- 2.73	- 0.05	- 0.66	- 0.52	- 4.68
2009 年	- 2.01	- 1.52	- 0.71	- 2.35	- 0.34	0.11	- 2.16	- 9.20
2009 年较 2008 年变化值	- 2.44	- 1.28	0.21	0.38	- 0.29	0.77	- 1.64	- 4.52

与 2008 年调水调沙期间相比,2009 年汛初调水调沙期间高村—艾山河段同流量级 (3 000 m³/s)水位除黄庄和南桥水位站略有上升外,其余各站均为下降,其中杨集下降最多,为 0.38 m(见表 1-13)。

表 1-13 3 000 m³/s 流量水位变化对比　　　　　　　　　　（单位:m）

站名	2008 年实测	2009 年实测	水位差
	①	②	②－①
高村	62.06	61.87	－0.19
苏泗庄	58.45	58.23	－0.22
杨集	50.47	50.09	－0.38
孙口	47.97	47.61	－0.36
国那里	45.80	45.70	－0.10
石洼	45.38	45.25	－0.13
黄庄	43.82	43.88	0.06
南桥	41.81	41.93	0.12
艾山	40.74	40.74	0

(二)平滩流量变化

2009 年冲刷较大的河段其平滩流量增加也较多,其中以高村断面增加最多,为 300 m³/s,孙口增加了 150 m³/s,艾山和利津也增加了 100 m³/s,其他断面基本未增加。

经过 10 a 冲刷,2010 年汛前下游河道水文站断面平滩流量都不小于 4 000 m³/s,基本达到维持河道排洪输沙的低限指标。但全下游仍呈现出上下大、中间小的特点,上段花园口、夹河滩、高村分别达到 6 500 m³/s、6 000 m³/s、5 300 m³/s,下段泺口、利津分别为 4 200 m³/s、4 400 m³/s,中间孙口、艾山最小,为 4 000 m³/s(见表 1-14)。

表 1-14 2009 年主要水文站断面平滩流量变化　　　　　　　　（单位:m³/s）

项目	花园口	夹河滩	高村	孙口	艾山	泺口	利津
2009 年汛前	6 500	6 000	5 000	3 850	3 900	4 200	4 300
2010 年汛前	6 500	6 000	5 300	4 000	4 000	4 200	4 400
较 2009 年汛前增加值	0	0	300	150	100	0	100

在彭楼—艾山河段,平滩流量增值较 2008 年有所加大,从 2008 年的 90 ~ 200 m³/s 增大到 2009 年的 150 ~ 200 m³/s,2010 年汛前该河段平滩流量在 3 900 ~ 4 100 m³/s,其中,于庄、徐沙洼为 3 900 m³/s,路那里为 3 950 m³/s(见图 1-26)。

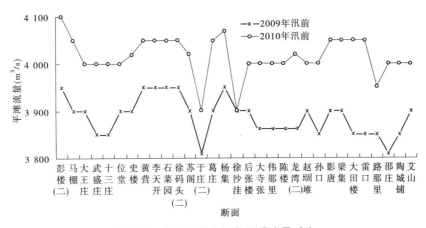

图 1-26　彭楼—艾山河段平滩流量对比

第二章 专项咨询

一、小浪底水库排沙主要影响因素分析

（一）异重流排沙主要影响因素分析

水库异重流排沙与库区边界条件、来水来沙条件、坝前泄水建筑物底坎高程、坝前水位、调度情况等密切相关。对于小浪底水库而言，库区异重流潜入点以上还存在淤积三角洲顶坡段的明流输沙和三角洲顶点上游的明流壅水输沙，对异重流潜入点的沙量具有一定的影响。

浑水在库区内一旦满足潜入条件并形成异重流，其潜入后的输沙特性满足超饱和输沙（即不平衡输沙）规律。异重流不平衡输沙在本质上与明流一致，其含沙量及级配的沿程变化仍可采用明渠流不平衡输沙公式计算

$$S_j = S_i \sum_{l=1}^{n} P_{4,l,i} \mathrm{e}^{-\frac{\alpha \omega_l L}{q}} \tag{2-1}$$

式中：S_i 为潜入断面含沙量；S_j 为出口断面含沙量；$P_{4,l,i}$ 为潜入断面级配百分数；α 为恢复饱和系数，与来水含沙量和床沙组成关系密切；l 为粒径组号；ω_l 为第 l 组粒径泥沙沉速；q 为单宽流量；L 为异重流运行距离。

式（2-1）表明，水库异重流输沙是一种特殊的不平衡输沙，一方面它是超饱和的，另一方面它又与挟沙能力密切相关。潜入断面含沙量、潜入断面悬沙组成（泥沙沉速）、运行距离等是影响异重流排沙的重要因素。其中，异重流运行距离主要受坝前水位的影响。

水库形成异重流排沙时，由于库水位高于三角洲顶点高程，在异重流潜入点以上的库区顶坡段又可划分为最上部的明流冲刷段和三角洲顶点附近的明流壅水淤积段。

1. 影响三角洲上游明流冲刷段冲淤的主要因素

库区三角洲上游明流段的冲刷强度主要取决于水流的动力条件，明流段冲刷主要有以下 3 种计算模式：

模式 1

$$G = \psi \frac{Q^{1.6} J^{1.2}}{B^{0.5}} \times 10^3 \tag{2-2}$$

式中：G 为明流冲刷段下游断面的输沙率；Q 为流量；J 为水面比降；B 为河宽；ψ 为系数，依据河床质抗冲性取值：$\psi = 650$，代表河床质抗冲性能最差的情况，$\psi = 300$，代表中等抗冲性能的情况，$\psi = 180$，代表抗冲性能最好的情况。

模式 2

$$Q_{S_0} = \psi' Q^{1.43} J^{\frac{5}{3}} \tag{2-3}$$

式中：Q_{S_0} 为明流冲刷段下游断面的输沙率；ψ' 为系数，一般取值为 $700 \sim 2\,700$；对容易冲动的淤积物，$\psi' = 2\,700$，对一般的淤积物，$\psi' = 1\,100$，对难以冲动的淤积物，$\psi' = 700$。

模式 3

$$q_{S_*} = k(\gamma q J)^m \tag{2-4}$$

式中：q_{S_*} 为明流冲刷段下游断面的单宽输沙率；γ 为浑水容重；q 为单宽流量；k、m 为依据实测资料率定的系数、指数，对于小浪底水库分别取 19 000、1.9。

上述计算模式均表明，出口断面的输沙率随流量、比降的增大而增大。同时，淤积物的抗冲性能，即河床质的颗粒粗细和颗粒间的黏结强度、固结状况也是影响下游出口断面输沙率的重要因素。此外，河宽变化对明流段冲刷强度也具有一定的影响。

2. 影响三角洲顶点附近明流壅水段输沙的主要因素

三角洲顶点附近的明流壅水输沙，主要取决于水库明流壅水段蓄水体积以及进出口断面流量之间的对比关系。由依据水库实测资料所建立的水库壅水排沙计算关系式（式(2-5)）可以看出，随着蓄水体积的减小、出库流量的增大，明流壅水段的排沙比相应增大：

$$\eta = a\lg Z + b \tag{2-5}$$

式中：η 为明流壅水段的排沙比；Z 为壅水指标，$Z = \dfrac{VQ_\text{入}}{Q_\text{出}^2}$，$Q_\text{入}$、$Q_\text{出}$ 分别为明流壅水段的进出口断面流量，V 为计算时段中明流壅水段蓄水体积，m^3；$a = -0.823\,2$，$b = 4.508\,7$。

利用三门峡水库 1963～1981 年实测资料及盐锅峡 1964～1969 年实测资料，建立的粗泥沙（$d > 0.05$ mm）、中泥沙（$d = 0.025～0.05$ mm）、细泥沙（$d < 0.025$ mm）分组泥沙出库输沙率关系式（式(2-6)～式(2-8)）表明，进口断面的泥沙组成对明流壅水段的输沙特性也具有较大的影响。

粗泥沙出库输沙率

$$Q_{S\text{出粗}} = Q_{S\text{入粗}} \left(\frac{Q_{S\text{出}}}{Q_{S\text{入}}} \right)^{\frac{0.399}{P_\text{入粗}^{1.78}}} \tag{2-6}$$

中泥沙出库输沙率

$$Q_{S\text{出中}} = Q_{S\text{入中}} \left(\frac{Q_{S\text{出}}}{Q_{S\text{入}}} \right)^{\frac{0.014\,5}{P_\text{入中}^{3.435\,8}}} \tag{2-7}$$

细泥沙出库输沙率

$$Q_{S\text{出细}} = Q_{S\text{出总}} - Q_{S\text{出粗}} - Q_{S\text{出中}} \tag{2-8}$$

综上所述，水库异重流排沙影响因素较多，可概括为：水库水位及相应蓄水体积、异重流运行距离、入库水沙过程及来沙级配、库区三角洲顶点位置、河床纵比降、河宽及床沙组成等。

（二）各因子对异重流排沙的影响作用

塑造异重流可变水库弃水为输沙水流，达到排泄库区泥沙，减少水库淤积的目的。2004～2009 年，基于干流水库群联合调度，人工异重流塑造进行了 6 次，其排沙情况详见表 2-1。

表 2-1　汛前调水调沙期间小浪底水库异重流排沙特征值

年份	时段（月-日）	历时（d）	入库平均流量（m³/s）	入库平均含沙量（kg/m³）	沙量（亿 t）		排沙比（%）
					三门峡	小浪底	
2004	07-07～07-14	8	689.675	54.42	0.385	0.055	14.29
2005	06-27～07-02	6	776.917	95.833	0.452	0.020	4.42
2006	06-25～06-29	5	1 254.52	58.808	0.230	0.069	30.00
2007	06-26～07-02	7	1 568.71	50.271	0.613	0.234	38.17
2008	06-27～07-03	7	1 324.00	71.175	0.741	0.458	61.81
2009	06-30～07-03	4	1 062.75	122.825	0.545	0.036	6.61
合计		37			2.966	0.872	29.40

从表 2-1 可以看出,2004～2009 年汛前调水调沙期间,三门峡水库共排沙 2.966 亿 t,小浪底水库出库沙量共 0.872 亿 t,平均排沙比 29.40%。但各年汛前异重流排沙比相差很大,2008 年高达 61.81%,占 6 次汛前异重流排沙量的 52.5%;2005 年排沙比为 4.42%;2009 年汛前调水调沙,异重流运行距离最短,入库泥沙 0.545 亿 t,小浪底水库出库泥沙 0.036 亿 t,排沙比仅为 6.61%,仅约为平均排沙比的 1/5。

塑造小浪底水库异重流的泥沙来源有三方面:一是黄河中游发生小洪水,潼关以上的来沙,对提高异重流排沙比最为有利;二是非汛期淤积在三门峡水库中的泥沙,这部分泥沙通过潼关来水、万家寨水库补水的冲刷,进入小浪底水库,是异重流排沙的主沙源;三是来自于小浪底水库顶坡段自身冲刷(前期淤积物)的泥沙,依靠三门峡水库在调水调沙初期下泄的大流量过程,冲刷堆积在小浪底水库顶坡段的淤积物,其中部分较细颗粒泥沙以异重流方式排沙出库。

1. 异重流传播时间作用分析

库区异重流排沙需要持续的后续动力,当洪水持续历时小于异重流传播时间时,异重流不能运行到坝前、排沙出库。根据小浪底水库异重流塑造的特点,异重流传播存在三个特征时间,见图 2-1～图 2-5:①三门峡水库加大泄量到小浪底水库含沙水流出库的时间;②三门峡水库排沙到小浪底水库出库含沙量显著增加的时间;③三门峡水库出现沙峰到小浪底水库出现沙峰的时间。

图 2-1～图 2-5 分别为 2005～2009 年小浪底水库进出库水沙过程,由此分析历年形成异重流的水沙特征值、异重流运行及出库的时间,见表 2-2。需要说明的是,由于 2007 年 6 月下旬头道拐流量较大,2008 年中游发生了有利的小洪水过程,在三门峡水库加大泄量之前,已经有 1 000 m³/s 左右的流量持续(2007 年、2008 年持续时间分别约为 40 h、

20 h)。同时这两年潜入点均位于八里胡同附近,异重流运行距离短,在三门峡水库加大泄量前下泄的流量冲刷小浪底水库三角洲的泥沙,已经在小浪底水库形成异重流并运行到坝前。

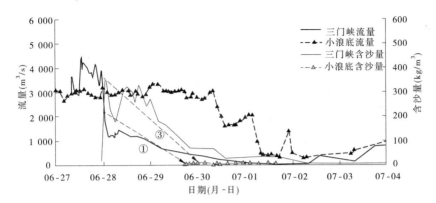

图 2-1　2005 年汛前调水调沙期间小浪底水库进出库水沙过程

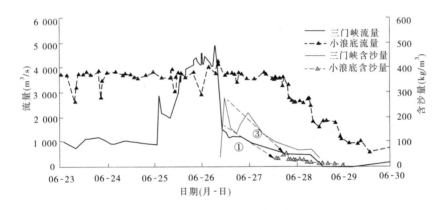

图 2-2　2006 年汛前调水调沙期间小浪底水库进出库水沙过程

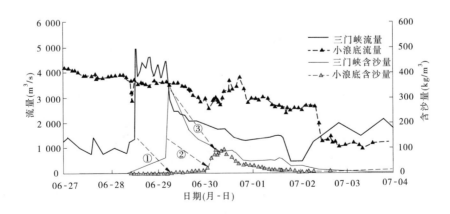

图 2-3　2007 年汛前调水调沙期间小浪底水库进出库水沙过程

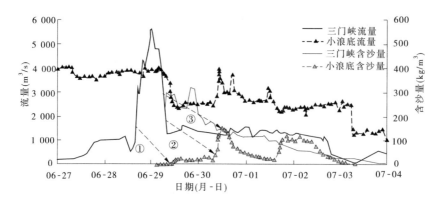

图 2-4 2008 年汛前调水调沙期间小浪底水库进出库水沙过程

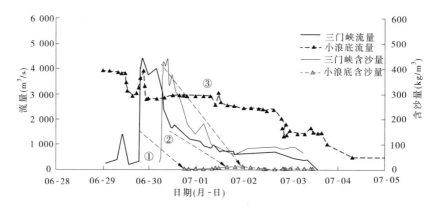

图 2-5 2009 年汛前调水调沙期间小浪底水库进出库水沙过程

表 2-2 小浪底水库异重流输移特征统计表

年份		2005	2006	2007	2008	2009
特征时间（h）	三门峡水库加大泄量到小浪底水库含沙水流出库	58.0	—	19.9	19.1	24.7
	三门峡水库排沙到小浪底水库出库含沙量显著增加	49.0	34.0	22.0	26.3	29.2
	三门峡水库沙峰出现到小浪底水库沙峰出现	54.0	31.0	24.0	26.4	38.0
对接水位前小浪底水库入库大流量持续时间（h）		无	无	40.1	21.6	无
异重流运行最大距离（km）		53.44	44.33	30.65	24.43	22.10
最大含沙量（kg/m³）	入库	352	276	343	318	454
	出库	10.9	58.7	97.8	154.0	12.7
沙量（亿 t）	入库	0.452	0.230	0.613	0.741	0.545
	出库	0.020	0.069	0.234	0.458	0.036
排沙比（%）		4.42	30.0	38.17	61.81	6.61

由表2-2可以看出,2009年异重流运行距离22.1 km,是历次运行距离最短的,但其传播时间38 h,明显大于2007年、2008年,且其排沙比远远小于前两年,表明2009年塑造的异重流在小浪底运行速度慢。

分析认为,这主要与小浪底水库入库较大流量、较高含沙量过程的持续时间有关,含沙量在100 kg/m³以上、流量在1 000 m³/s以上的持续时间,2009年仅分别为25.2 h、30 h;2008年分别为57 h、110 h,为2009年的2倍多。2007年100 kg/m³以上含沙量持续时间短,但1 000 m³/s流量持续历时高达204 h。

2.三门峡水库调度与潼关来水组成作用分析

在汛前调水调沙塑造异重流期间,三门峡水库的调度可分为三门峡水库泄空期及敞泄排沙期两个时段。

三门峡水库泄空期主要是利用三门峡水库蓄水,塑造大流量洪峰过程(4 500 m³/s左右),冲刷小浪底水库三角洲洲面的泥沙,在适当的条件下产生异重。这是小浪底水库汛前调水调沙期间最早形成的异重流,作为异重流的前锋。

三门峡水库临近泄空时,出现较高含沙量水流。泄空后,万家寨水库塑造的洪峰进入三门峡水库,水流在三门峡水库基本为均匀明流流态,可在三门峡库区产生冲刷,形成较高含沙量水流,作为异重流持续运行的水沙过程。

分析认为,汛前调水调沙期间在小浪底水库形成异重流的沙源主要为冲刷小浪底水库三角洲洲面的泥沙、三门峡水库冲刷的泥沙。前者的水流条件主要为三门峡水库的蓄水,后者主要决定于潼关的来水情况。

历年汛前调水调沙塑造异重流期间潼关流量、史家滩水位及三门峡水库出库流量过程特征值统计见表2-3。

1)三门峡水库补水情况

分析三门峡水库加大泄量期间的水量(见表2-3)可以看出,2004年、2006年三门峡水库补水量为4亿~5亿m³,塑造的洪峰大、持续时间长,增大了小浪底水库形成异重流自身沙源的补给。2005年、2007年、2008年及2009年补水量为2亿~3亿m³,较2004年和2006年的水量明显减少,相应减少了冲刷小浪底库区尾部段的历时,减少了小浪底库区形成异重流自身沙源的补给。

表2-3 三门峡水库汛前调水调沙期特征值

年份		2004	2005	2006	2007	2008	2009
三门峡	加大泄量时水位(m)	317.84	315.18	316.74	313.35	315.04	314.69
	加大泄量时水量(亿m³)	4.90	2.87	4.20	2.30	2.89	2.46
	最大洪峰流量(m³/s)	5 130	4 430	4 820	4 910	5 580	4 470
潼关	流量大于800 m³/s历时(h)	68.0	32.0	12.0	236.9	126.0	18.0
	流量大于1 000 m³/s历时(h)	24.0	10.0	0	228.0	60.6	9.5
小浪底水库排沙比(%)		14.29	4.42	30.00	38.17	61.81	6.61

2）潼关来水情况

万家寨水库塑造的径流过程到达潼关时，三门峡水库基本处于泄空状态，潼关流量大小和持续时间决定了三门峡水库出库流量的大小和持续时间，也就决定了形成异重流的强弱以及能否运行到坝前并排沙出库，直接影响了小浪底水库的排沙比。

从表2-3可以看出，潼关流量持续时间长的2007年、2008年，流量大于800 m³/s的持续历时分别达到236.9 h和126.0 h，流量大于1 000 m³/s的持续历时也分别达到228.0 h和60.6 h，决定了小浪底水库较大的排沙比。同样，2004年尽管异重流运行距离最长，但由于洪水过程持续时间长，排沙比也大于2005年、2009年。小浪底水库边界条件均为不利的2005年、2009年，三门峡水库蓄水、潼关洪水持续时间均相近，这两年排沙比也相近。

2004～2009年汛前调水调沙都是基于万家寨、三门峡、小浪底水库联调的模式，在小浪底水库塑造异重流。潼关流量大小及持续时间的长短，取决于头道拐来水、万家寨水库补水及头道拐—潼关区间的来水、沿程损失等因素。表2-4、表2-5列出了2004年以来调水调沙期间头道拐—潼关河段各站的水量及其变化。从表中可以看出，2007年、2008年潼关水量之所以达到3.8亿 m³，主要是由于头道拐水量大，以及万家寨水库的补水；2009年头道拐水量小，依靠万家寨水库的蓄水塑造的洪峰流量也小，在龙门—潼关区间由于局部河段串沟上滩，损失了0.852亿 m³的水量。头道拐水量的偏小、小北干流的局部漫滩是潼关洪峰流量偏小的主要原因，也是2009年小浪底水库异重流排沙比小的原因之一。

表2-4 汛前调水调沙期间头道拐—潼关河段各站水量

年份		2004	2005	2006	2007	2008	2009
历时（d）		5	3	3	3	4	4
水量 （亿 m³）	头道拐	0.323	0.129	0.688	3.551	1.791	0.882
	河曲	3.247	2.276	1.469	3.663	3.475	2.697
	龙门	3.670	2.073	1.738	3.646	3.763	2.935
	潼关	3.230	1.741	1.538	3.871	3.846	2.083

表2-5 调水调沙期间区间水量变化 （单位：亿 m³）

年份		2004	2005	2006	2007	2008	2009
头道拐—河曲（万家寨）补水		2.924	2.147	0.781	0.112	1.684	1.814
河曲—潼关 区间补水	河曲—龙门	0.423	−0.202	0.270	−0.018	0.287	0.239
	龙门—潼关	−0.441	−0.332	−0.200	0.225	0.083	−0.852
	河曲—潼关	−0.018	−0.554	0.070	0.207	0.370	−0.613

3）来水来沙条件的作用分析

基于2008年和2009年汛前地形，以2008年、2009年调水调沙期间三门峡出库水沙过程为进口条件，利用数学模型计算了水库排沙情况（见表2-6、表2-7）。在同样地形条件下，2008年水沙过程无论是泥沙出库总量还是排沙比均大于2009年水沙过程，利于异重流排沙。计算结果定性反映了 2008 年入库水沙条件有利于异重流排沙。

表 2-6 2008 年地形条件下计算结果

水沙条件	沙量（亿 t）		淤积量（亿 t）		排沙比（％）
	入库	出库	HH38 断面以上	HH38 断面以下	
2008 年水沙	0.645	0.209	－0.007	0.448	32.40
2009 年水沙	0.474	0.127	－0.002	0.349	26.79

表 2-7 2009 年地形条件下计算结果

水沙条件	沙量（亿 t）		淤积量（亿 t）		排沙比（％）
	入库	出库	HH38 断面以上	HH38 断面以下	
2008 年水沙	0.645	0.175	0.053	0.422	27.13
2009 年水沙	0.474	0.121	0.048	0.307	25.53

3. 入库细泥沙颗粒含量影响作用分析

异重流所挟带的泥沙大多为细颗粒泥沙,若小浪底水库入库泥沙或库区上段淤积泥沙颗粒较细,则在其他条件相同的情况下,异重流挟带到坝前的泥沙量相对较大。小浪底水库运用以来实测资料表明(见表 2-8),汛前调水调沙出库泥沙细颗粒($d < 0.025$ mm)含量均比较高,2008 年最低,占全沙的 78.82％;2005 年最高,达 90.00％。异重流排出库的大多是细颗粒泥沙,因此全沙排沙比随入库细颗粒泥沙占全沙比例的增大而增大。

2009 年入库泥沙中,细颗粒泥沙占全沙的比例仅为 27.16％,为历年最低,其余年份都大于 30％,2006 年高达 43.04％。这也是造成 2009 年异重流排沙较少的因素之一。

表 2-8 小浪底水库出库各粒径泥沙含量

年份	时段（月-日）	项目	全沙沙量（亿 t）	细泥沙 $d < 0.025$ mm（亿 t）	中泥沙 0.025 mm $\leqslant d < 0.05$ mm（亿 t）	粗泥沙 $d \geqslant 0.05$ mm（亿 t）	细泥沙占该时段总沙量的百分比（％）
2004	07-07 ~ 07-14	三门峡	0.385	0.133	0.132	0.120	34.55
		小浪底	0.055	0.047	0.004	0.004	85.45
		排沙比（％）	14.29	35.34	3.03	3.33	—
2005	06-27 ~ 07-02	三门峡	0.452	0.167	0.130	0.155	36.95
		小浪底	0.02	0.018	0.001	0.001	90.00
		排沙比（％）	4.42	10.78	0.77	0.65	—
2006	06-25 ~ 06-29	三门峡	0.230	0.099	0.058	0.073	43.04
		小浪底	0.069	0.059	0.007	0.003	85.50
		排沙比（％）	30.00	59.60	12.07	4.11	—

年份	时段 （月-日）	项目	全沙 沙量 （亿 t）	细泥沙 $d < 0.025$ mm （亿 t）	中泥沙 0.025 mm$\leq d <$ 0.05 mm（亿 t）	粗泥沙 $d \geq 0.05$ mm （亿 t）	细泥沙占该 时段总沙量的 百分比（%）
2007	06-26 ~ 07-02	三门峡	0.613	0.246	0.170	0.197	40.13
		小浪底	0.234	0.197	0.024	0.013	84.19
		排沙比（%）	38.17	80.08	14.12	6.60	—
2008	06-27 ~ 07-03	三门峡	0.741	0.239	0.208	0.294	32.25
		小浪底	0.458	0.361	0.057	0.040	78.82
		排沙比（%）	61.81	151.05	27.40	13.61	—
2009	06-30 ~ 07-03	三门峡	0.545	0.148	0.154	0.243	27.16
		小浪底	0.036	0.032	0.003	0.001	88.89
		排沙比（%）	6.61	21.62	1.95	0.41	—

点绘小浪底水库分组沙排沙比与全沙排沙比、分组沙含量与全沙排沙比的关系,见图 2-6。从图中可以看出,随着全沙排沙比的增加,各粒径分组沙的排沙比也在增大,细颗粒泥沙排沙比增加幅度最大,2007 年为 80.08%,2008 年达 151.05%;2008 年出库细颗粒泥沙量之所以大于入库细颗粒泥沙量,是因为库区三角洲洲面发生了冲刷,补充了形成异重流的沙源。

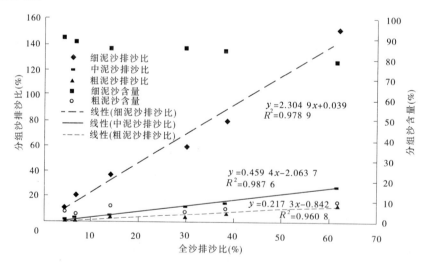

图 2-6 分组沙排沙比、分组沙含量与全沙排沙比之间的相关关系

从图中还可以看出,随着出库排沙比的增大,细泥沙含量有减小的趋势,中泥沙和粗泥沙所占比例有所增大。

4.边界条件影响作用分析

1)汛前汛后边界条件

小浪底库区干流河段上窄下宽,板涧河河口以上河道长 60.9 km,河谷底宽仅 200 ~

300 m,河槽窄深,受水库来水来沙的影响,容易发生大幅度的淤积或冲刷调整。

从小浪底水库 2004～2009 年纵剖面(见图 2-7)可以看出,2004 年三角洲顶点位于 HH41 断面(距坝 72.06 km),在汛前调水调沙人工塑造异重流过程及"04·8"洪水的共同作用下,处于窄深河段的三角洲洲面发生了强烈冲刷,至 2005 年汛前,三角洲顶点已下移至河谷较宽的库段 HH27 断面(距坝 44.53 km)。2006 年以后三角洲顶坡段在 HH37 断面以下基本上按照大约 3‰的比降向坝前推进,2009 年汛后,三角洲顶点位于 HH15 断面(距坝 24.43 km)。

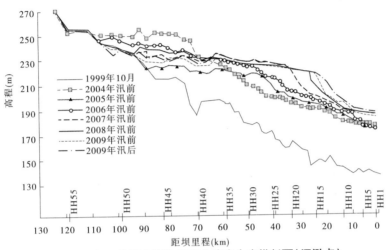

图 2-7   历年汛前调水调沙期间小浪底水库纵剖面(深泓点)

在汛前调水调沙塑造异重流期间,HH37 断面以上库段处于库区明流库段,受入库水沙的直接影响,该段的冲淤调整是异重流排沙的关键影响因素之一。历年汛期前后 HH37 断面以上库段冲淤调整统计结果见表 2-9。HH37 断面以上发生冲刷的年份,如 2006 年、2008 年,小浪底库区排沙比相对较大;反之,发生淤积的年份,如 2005 年、2009 年,排沙比相对小一些。2007 年汛期 HH37 断面以上也发生淤积,但异重流排沙比并不小,这与 2007 年汛前调水调沙期间头道拐流量较大、洪峰持续时间长、异重流后续动力大有关。

表 2-9   HH37 断面以上河段冲淤变化及库区排沙比对比表

时段(年-月)	冲淤量(亿 m³)	排沙比(%)
2004-05 ～ 2004-07	− 1.258 1	10.7
2004-05 ～ 2004-10	− 1.999 1	56.4
2005-04 ～ 2005-11	1.007 5	12.0
2006-04 ～ 2006-10	− 0.540 6	15.8
2007-04 ～ 2007-10	0.209 6	20.8
2008-04 ～ 2008-10	− 0.417 6	33.9
2009-04 ～ 2009-10	0.193 0	2.1

2）HH37 断面以上河段冲淤量

利用异重流发生前后各水位站同流量水位的变化及白浪和五福涧资料,推算 HH37 断面以上河段在调水调沙前后的冲淤变化。

图 2-8 绘出了 2009 年调水调沙期间小浪底河堤以上水位变化情况,把三门峡下泄大流量之前涨水过程的 6 月 29 日对应流量 500 m³/s 的水位作为塑造异重流之前的水位,把 7 月 3 日退水时对应流量 500 m³/s 的水位作为塑造异重流结束时水位,对比分析塑造异重流前后各站的水位变化。用同样的方法点绘了 2006 年、2007 年河堤以上水位变化(见图 2-9、图 2-10);表 2-10 列出了 2008 年塑造异重流期间的日均水位变化,涨水期 6 月 27 日三门峡流量为 500 m³/s,退水期 7 月 3 日的流量为 570 m³/s,这两天河堤站以上的水位都不受小浪底水库蓄水影响,可以作为塑造异重流前、后同流量水位的对比。

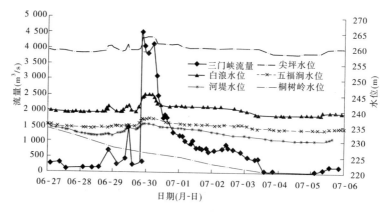

图 2-8　2009 年调水调沙期间水位变化

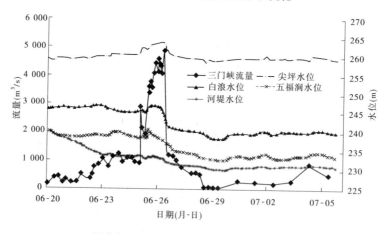

图 2-9　2006 年调水调沙期间水位变化

将 2006～2009 年同流量(500 m³/s)下河堤以上各水位站水位变化情况进行对比,结果表明 2006 年、2008 年塑造异重流前后,白浪、五福涧同流量水位显著下降,2006 年降幅分别为 6.37 m 和 4.73 m,2008 年降幅分别为 2.90 m 和 3.89 m。2007 年和 2009 年白浪、五福涧同流量下水位变化不大,2009 年还有少许抬升,表明该河段冲淤不明显,2009 年略

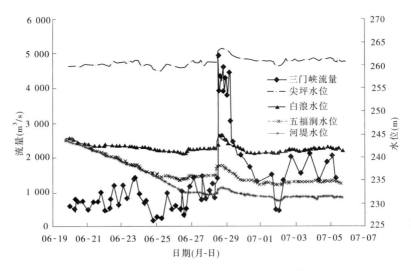

图 2-10　2007 年调水调沙期间水位变化

有淤积(见表 2-11)。

表 2-10　2008 年调水调沙期间水位变化

时段 (月-日)	三门峡流量 (m³/s)	尖坪水位 (m)	白浪水位 (m)	五福涧水位 (m)	河堤水位 (m)	桐树岭水位 (m)
06-26	384	259.38	243.43	238.44	233.90	233.80
06-27	519	259.51	243.17	238.06	232.05	231.10
06-28	1 950	261.21	243.58	238.81	232.32	228.50
06-29	2 470	261.76	243.32	237.45	233.21	227.30
06-30	1 480	260.66	241.47	235.58	232.12	226.60
07-01	1 550	260.82	242.15	235.19	232.01	225.10
07-02	1 070	260.57	241.46	235.44	231.81	223.90
07-03	229	259.34	239.13	234.11	230.78	222.30
07-04	535	259.78	240.27	234.17	231.20	221.20

表 2-11　调水调沙期同流量($Q = 500 \ \mathrm{m^3/s}$)下水位变化

水位站	距坝里程(km)	水位(m)	2006 年	2007 年	2008 年	2009 年
尖坪	111.02	涨水期	259.85	259.36	259.51	259.26
		退水期	259.60	259.60	259.78	259.78
		水位变化	−0.25	0.24	0.27	0.52
白浪	93.20	涨水期	246.73	241.02	243.17	239.39
		退水期	240.36	240.82	240.27	239.96
		水位变化	−6.37	−0.20	−2.90	0.57

水位站	距坝里程(km)	水位(m)	2006 年	2007 年	2008 年	2009 年
五福涧	77.28	涨水期	239.10	235.15	238.06	234.76
		退水期	234.37	234.28	234.17	234.86
		水位变化	−4.73	−0.87	−3.89	0.10
河堤	63.82	涨水期	234.89	232.86	232.05	232.65
		退水期	231.08	230.79	231.20	231.66
		水位变化	−3.81	−2.07	−0.85	−0.99
涨水期河堤以上水面比降(‰)			4.0	2.8	3.8	2.3

3）汛前地形对水动力条件的影响

根据同流量(500 m³/s)下的水位推算调水调沙前后水面比降的变化(见表 2-11)，从表中可以看出，2006 年和 2008 年涨水期水面比降分别达到 4.0‰和 3.8‰，而 2007 年和 2009 年涨水期水面比降仅分别为 2.8‰和 2.3‰，可见汛前地形条件的不同对水动力条件具有较大影响。2009 年调水调沙前 HH37 断面以上地形相对较低，比降小，水动力条件弱，调水调沙期间没有沙源补给，是异重流排沙比低的原因之一。

为增加对 HH37 断面以上河道冲淤特性的认识，利用水库一维数学模型，对小浪底水库 2008 年、2009 年调水调沙期进行了验证(见表 2-12)。计算结果表明，2008 年前期地形条件和水沙条件有利，调水调沙期 HH37 断面以上河段冲刷泥沙 0.097 0 亿 t(折合 0.088 亿 m³)，其中三门峡水库大流量清水下泄阶段冲刷泥沙 0.038 2 亿 t，排沙阶段(调沙期)冲刷泥沙 0.058 8 亿 t；2009 年前期地形和水沙条件不利，整个调水调沙期 HH37 断面以上河段淤积 0.018 8 亿 t。

表 2-12　HH37 断面以上冲淤计算结果

年份	不同时段冲淤量(亿 t)		
	调水期	调沙期	调水调沙期
2008	−0.038 2	−0.058 8	−0.097 0
2009	−0.005 6	0.024 4	0.018 8

4）HH37 断面以上河段床沙组成对排沙的影响

HH37 断面以上容易发生大幅度的淤积或冲刷调整，其床沙组成对异重流也有一定影响(见图 2-11)。2009 年汛前、汛后床沙组成相对较粗，不利于本河段的冲刷，床沙中细泥沙含量少，也不利于排沙出库。

5.河堤站的输沙过程作用分析

河堤断面位于小浪底库区峡谷河段与相对开阔河段的分界处，以上河段窄深，基本上没有支流入汇，因此可以三门峡流量作为河堤站流量。利用河堤站观测资料点绘了输沙

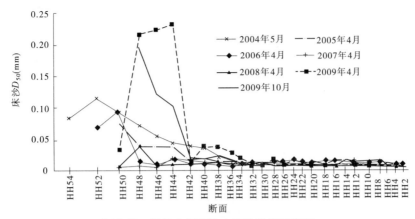

图2-11　汛前库区床沙中值粒径沿程变化

率变化过程(见图2-12,图中考虑了水流传播时间)。2009年三门峡最大输沙率1 039 t/s,下泄最大含沙量454 kg/m³,对应流量1 490 m³/s。河堤站的观测资料表明,2009年汛前调水调沙期间输沙率明显低于入库输沙率,表明河堤以上河段是淤积的。

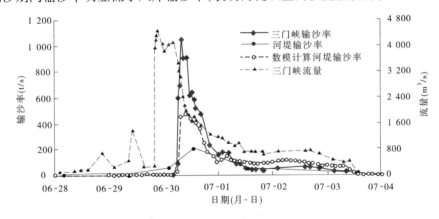

图2-12　2009年调水调沙期间三门峡、河堤输沙率及数模计算对比

虽然河堤站观测资料较少,还不足以控制河堤站输沙率变化,但仍可以认为,在三门峡水库下泄大流量过程中,河堤以上河段发生了冲刷;而在三门峡水库泄空、挟带较多泥沙的水流进入小浪底水库时段,河堤站输沙率较三门峡站有较大幅度的下降,表明河堤以上河段产生了淤积。

同时,利用"河堤站实测流速、含沙量、颗粒级配成果表"中的水位与水深资料,推算出河堤断面河底高程变化过程,见图2-13。可以看出,2009年4月1日至6月28日,河堤断面河床有所冲刷下降;三门峡水库加大泄量之前的6月29日13时,断面淤积抬升,这可能与上游河床冲刷的泥沙在本河段产生淤积有关;三门峡水库加大泄量后的6月30日6时48分,断面发生较大幅度的冲刷;随着三门峡水库的泄空,高含沙水流进入小浪底库区,在6月30日18时较上一测验时段又有大幅度抬升,数模计算结果也表明三门峡水库高含沙水流进入小浪底水库后,该河段有少许淤积。

点绘2007年调水调沙期间河堤输沙率与断面河底高程变化过程,见图2-14、图2-15。

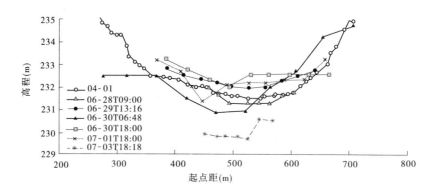

图 2-13　2009 年调水调沙期间河堤断面河底高程变化

2007 年库区地形初始条件比 2009 年有利,同时在三门峡水库下泄大流量之前,流量过程较大,河堤以上河段冲刷,三门峡水库加大泄量后,继续冲刷该河段,至 6 月 28 日 16 时,河堤断面冲刷最深;随着三门峡水库泄空、出库沙量的增大,该河段发生少许淤积。

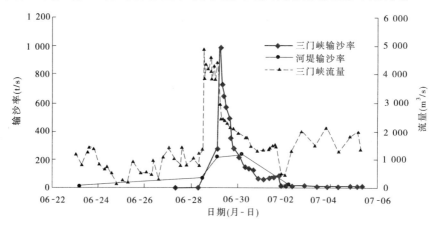

图 2-14　2007 年调水调沙期间三门峡、河堤输沙率对比

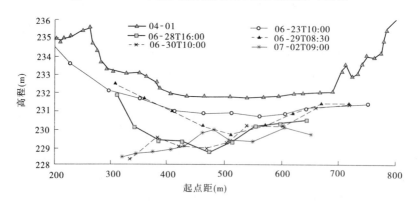

图 2-15　2007 年调水调沙期间河堤断面河底高程变化

在库区边界条件更有利于产生异重流的 2008 年,调水调沙期间中游发生了有利的洪

水过程,并且持续时间长。从点绘的河堤输沙率(见图 2-16)及断面河底高程变化图(见图 2-17)可以看出,早在三门峡水库泄空之前,中游洪水基本上是清水冲刷河堤以上河段,2008 年 6 月 29 日河堤站输沙率为 116.8 t/s。在整个调水调沙过程中,该河段总体是冲刷的。6 月 28 日河堤断面有少量淤积,但随着三门峡水库塑造的洪峰过程,淤积的泥沙被重新冲刷(6 月 29 日、7 月 2 日)。在三门峡水库临近泄空开始排沙阶段,2008 年三门峡最大输沙率 464 t/s,下泄最大含沙量 318 kg/m³,对应流量 1 460 m³/s。

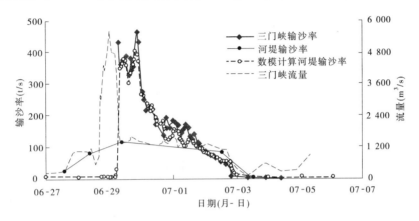

图 2-16   2008 年调水调沙期间三门峡、河堤输沙率对比

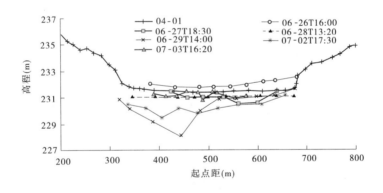

图 2-17   2008 年调水调沙期间河堤断面河底高程变化

通过以上对 2007~2009 年河堤站的分析认为,在三门峡水库下泄大流量的过程中,2007 年、2008 年、2009 年河堤站观测到的输沙率分别为 64.3 t/s、76.6 t/s 及 71.0 t/s,表明河堤以上断面是冲刷的。

因此,从 2009 年的观测资料看,在三门峡水库敞泄排沙的过程中,适当控制出库含沙量,分散三门峡水库排沙过程,控制含沙量不超过 350 kg/m³,相应输沙率不超过 600 t/s,可减少河堤以上的淤积。

6.小浪底水库异重流排沙因素综合影响分析

综合以上对单因子和特殊河段的分析,将 2004~2009 年汛前调水调沙期间异重流塑造的特征值列于表 2-13。分析认为,小浪底水库排沙与潼关较大流量持续时间、三门峡水库开始加大泄量时蓄水量、入库细颗粒泥沙含量以及泄空时间、小浪底水库 HH37 断面以上冲淤变化、异重流运行距离、对接水位、入库沙量、支流倒灌等因素有关。受目前原型观测资料的限制,对水库异重流排沙的认识还很有限,需要大量实测资料的补充分析。

表 2-13 历年汛前调水调沙特征值

水文站	项目	2004 年	2005 年	2006 年	2007 年	2008 年	2009 年
潼关	$Q > 800$ m³/s 历时(h)	68	32	12	236.9	126	18
	$Q > 1\ 000$ m³/s 历时(h)	24	10	0	228	60.6	9.5
三门峡	$Q > 800$ m³/s 历时(h)	86.5	38	48	204	118	37.5
	$Q > 1\ 000$ m³/s 历时(h)	66.5	38	42	204	110	30
	敞泄时间(d)	2.94	1.58	2	1.04	3.54	3.67
	加大泄量时水位(m)	317.84	315.18	316.74	313.35	315.04	314.69
	加大泄量时水量(亿 m³)	4.90	2.87	4.20	2.30	2.89	2.46
	最大洪峰流量(m³/s)	5 130	4 430	4 820	4 910	5 580	4 470
	入库细颗粒泥沙含量(%)	34.55	36.95	43.04	40.13	32.25	27.16
小浪底	涨水期河堤以上水面比降(‰)			4.0	2.8	3.8	2.3
	退水期河堤以上水面比降(‰)			3.2	3.4	3.1	2.8
	调水调沙前后冲淤量估算(亿 m³)			−0.237	−0.024	−0.142	0.012
	异重流运行距离(km)	58.51 (HH35 断面)	53.44 (HH32 断面)	44.13 (HH27 断面下游 200 m)	30.65 (HH19 断面下游 1 200 m)	24.43 (HH15 断面)	22.1 (HH14 断面)
	对接水位(m)	235	230	227	228	227	227
	入库沙量(亿 t)	0.385	0.452	0.230	0.613	0.741	0.545
	出库沙量(亿 t)	0.055	0.020	0.069	0.234	0.458	0.036
	排沙比(%)	14.29	4.42	30.00	38.17	61.81	6.61

分析认为,在 2006~2009 年汛前塑造异重流过程中,小浪底水库对接水位相近,影响小浪底水库排沙的因素主要有以下几点:

(1)入库水沙对异重流塑造起着关键作用。在三门峡水库敞泄期间,潼关来水流量大于 1 000 m³/s 的持续时间越长,在小浪底水库形成异重流的后续动力就越强,同时也会使小浪底水库 HH37 断面以上形成冲刷或减少淤积。

在调水调沙过程中,如果发生潼关来水流量大于 1 000 m³/s 的有利洪水过程,在三门峡水库敞泄条件下,小浪底水库入库流量持续时间长,水库排沙比增大(如 2007 年、2008 年)。

(2)HH37 断面以上前期地形条件对异重流排沙效果具有一定的影响。前期地形相对较高,水面比降较大,则有利于HH37断面以上河段的冲刷,2008年调水调沙期冲刷量大约在1 000万t。在前期地形不利的条件下,HH37断面以上的冲刷补给较少,甚至有所淤积,但无论前期地形条件如何,在三门峡水库的泄空期,水量越大,塑造的洪峰越大,会使小浪底水库HH37断面以上冲刷越大,形成异重流前锋的能量就越大;当三门峡水库出库流量减小,含沙量衰减变化较大时,建议关闭排沙底孔,转入正常运用。

(3)入库细泥沙含量、小浪底水库床沙组成对异重流排沙也具有一定的影响。

(三)建议·

1.对提高小浪底水库异重流排沙比的建议

图2-18为2009年11月小浪底库区纵剖面。从图中分析,2009年汛前汛后HH37断面至三角洲顶点之间河床略有抬升,纵比降变化不大;HH37断面以上的峡谷型河段汛后有少许淤积,但仍和汛前一样,存在倒比降,小于HH37断面以下顶坡段的坡度。

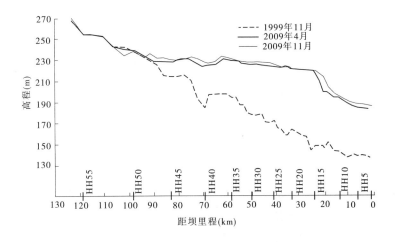

图2-18　2009年11月小浪底库区纵剖面

从目前的认识来看,若2010年进入小浪底水库的水沙过程及水库控制水位过程与2009年相近,则小浪底水库排沙比不会有大幅度提高。因此,为实现提高2010年小浪底水库排沙比的目标,应从以下几方面考虑。

1)降低对接水位

塑造异重流时控制小浪底水库对接水位低于三角洲顶点(220 m以下),增大三角洲洲面水面比降,以增加水流输沙能力。为避免发生调水调沙结束之后7月上旬供水紧张的情况,可适当从蓄水量较大的黄河上游水库调水,满足黄河下游的需求。

利用水库一维数学模型,基于2009年汛后地形,以2008年、2009年调水调沙期间三门峡出库水沙过程为进口条件,分别以220 m、223 m、226 m作为对接水位,共计6种方案进行了分析计算,结果见表2-14。

从表2-14可以看出,无论是2008年的有利水沙条件,还是2009年的不利水沙条件,从出库沙量来看,对接水位220 m的方案都优于223 m、226 m方案。与226 m方案对比,220 m方案在2008年、2009年水沙条件下出库沙量分别增大约14.8%和14.5%。

表 2-14   数学模型计算结果

水沙过程	对接水位(m)	入库沙量(亿 t)	出库沙量(亿 t)	排沙比(%)
2008 年	220	0.645	0.225	34.88
	223	0.645	0.206	31.94
	226	0.645	0.196	30.39
2009 年	220	0.474	0.142	29.96
	223	0.474	0.127	26.79
	226	0.474	0.124	26.16

2)增加潼关大于 1 000 m³/s 流量的历时

2007 年和 2008 年之所以有较大的排沙比,主要与潼关大于 1 000 m³/s 流量的持续时间较长有关。因此,尽可能维持三门峡水库泄空后流量大于 1 000 m³/s 的持续时间(2.5 ~ 3 d),是增大排沙比的有效措施之一。

分析调水调沙人工塑造异重流以来上游来水、万家寨补水以及区间水量变化可以看出,2004 ~ 2009 年在万家寨水库补水期,头道拐水量相差较大,2005 年只有 0.129 亿 m³,2007 年达 3.55 亿 m³,当头道拐流量较小时,万家寨水库补水能力更为重要。从万家寨水库运用情况看,正常蓄水位 977 m,相应库容 4.3 亿 m³(2009 年 10 月),汛限水位 966 m,相应库容 2.1 亿 m³(2009 年 10 月),调水调沙期可补水量 2.2 亿 m³。万家寨按 1 200 m³/s 泄流持续 3 d 计算,水量为 3.11 亿 m³,其间头道拐流量为 350 m³/s 才能满足要求,而 1987 ~ 2009 年 6 月下旬头道拐平均流量仅 265 m³/s。因此,补水期间,万家寨水库的调度过程和上游水库的联合运用非常重要。

3)避免三门峡水库出库含沙量过高

如果三门峡水库敞泄过程中含沙量过高,会在河堤以上断面引起淤积,因此建议在三门峡水库排沙期,适当控制库水位下降速度,分散三门峡水库排沙过程,控制含沙量不超过 350 kg/m³,相应输沙率不超过 600 t/s,以避免由于含沙量过高而在小浪底库区产生大量淤积。

2. 关于加强汛期小浪底水库异重流排沙的建议

从 2006 年开始,小浪底水库三角洲顶坡段趋于稳定,以大约 3‰的比降向坝前推进,异重流潜入点进入窄河段(自 HH27 断面开始),运行距离明显缩短,异重流排沙出库也更加容易。由图 2-19 ~ 图 2-22 所示的 2006 年以来潼关、三门峡、小浪底的输沙率及小浪底水库水位变化过程线可以看出,2009 年 8 月 23 ~ 27 日潼关最大流量 1 430 m³/s,大于 1 000 m³/s 持续时间 3.59 d,三门峡水库低水位运用,小浪底水库水位 219.51 ~ 223.35 m,最大出库含沙量 1.3 kg/m³,排沙比为 0.2%。

2007 年 8 月 13 ~ 21 日、9 月 6 ~ 11 日,小浪底水库有 2 次排沙过程,潼关最大流量分别为 1 780 m³/s、1 710 m³/s,大于 1 000 m³/s 持续时间分别为 5.71 d、6.00 d,三门峡水库低水位运用,小浪底水库水位分别为 224.81 ~ 223.73 m、235.04 ~ 232.19 m,排沙比分

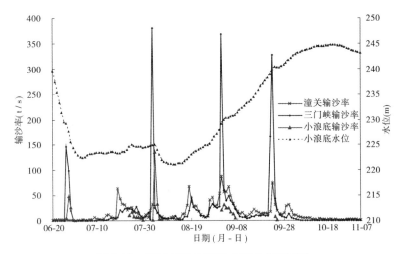

图 2-19　2006 年输沙率及水位变化过程线

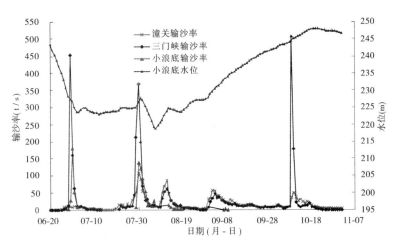

图 2-20　2007 年输沙率及水位变化过程线

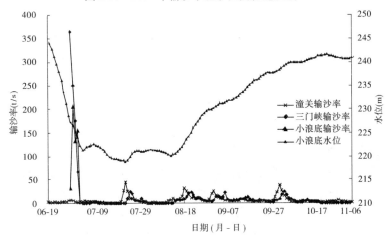

图 2-21　2008 年输沙率及水位变化过程线

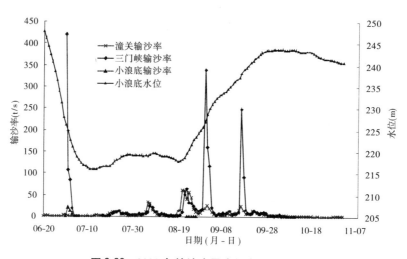

图 2-22　2009 年输沙率及水位变化过程线

别为22.7%、2.8%。

表 2-15 表明,在小浪底水库水位低于 230 m 这段时间内,如果三门峡流量大于 1 000 m^3/s 且持续 3 d 以上,输沙率大于 50 t/s 能够持续 1 d 以上,小浪底水库排沙效果显著。

若三门峡水库敞泄排沙期,潼关水沙条件相对较好(流量大于 1 500 m^3/s),同时配合小浪底库尾段自身的冲刷,有利于形成异重流并运行到坝前。为此建议小浪底水库水位在 230 m 以下,或者在小浪底水库从汛前调水调沙结束至开始蓄水这段时间内,如果潼关流量大于 1 000 m^3/s 且持续 3 d 以上,输沙率大于 50 t/s 能够持续 1 d 以上,三门峡水库配合运用,在桐树岭监测浑水层,如果桐树岭出现异重流,应及时开启排沙洞,减少小浪底水库的淤积。

二、下游河道冲刷效率与河床粗化的响应关系

(一)河道边界与水沙条件

小浪底水库拦沙运用 10 a 来,黄河下游河道持续清水冲刷,河道边界条件包括断面形态、河床物质组成都发生了一定程度的调整,进而对水流输沙特性、河道冲淤演变特性产生了较大的反馈影响。

1.横断面形态变化

从河道横断面调整(见表 2-16)看,小浪底水库运用以来,除艾山—泺口外,下游各河段河宽都有所增大,各河段水深均有增加,河相系数则有明显降低,说明河道总体趋于窄深,但各河段调整特性不同。铁谢—花园口河段展宽与下切都比较大,其中水深增加近150%,远大于河宽增幅 26%,以刷深为主;花园口—夹河滩河段河宽和水深增幅相近,在60%~70%,具有下切与展宽发展程度相近的特点;夹河滩—艾山河段河宽和水深都有所增加,且水深增幅远大于河宽,以冲深为主;艾山以下河段河宽几乎无变化,冲刷基本为单一纵向冲深发展。

表 2-15 2006 年以来洪水要素统计表

年份	时段 (月-日)	潼关 历时(h) 流量>1000 m³/s	潼关 历时(h) 流量>800 m³/s	潼关 输沙率>50 t/s	潼关 沙量(亿t)	三门峡 历时(h) 流量>1000 m³/s	三门峡 历时(h) 流量>800 m³/s	三门峡 输沙率>50 t/s	三门峡 沙量(亿t)	三门峡 敞泄时段(月-日)	三门峡 细泥沙含量(%)	小浪底 沙量(亿t)	小浪底 水位(m)	小浪底 排沙比(%)
2006	06-25~06-29	0	0.55	0	0.007	1.74	2.28	1.36	0.230	06-26~06-28	43.04	0.071	224.35~229.50	30.9
	07-22~07-29	7.27	7.85	0	0.110	2.97	6.30	0.52	0.127	—	80.90	0.048	223.95~225.07	37.8
	08-01~08-06	2.55	3.54	0	0.099	0.83	1.87	1.43	0.379	08-02	35.79	0.153	222.05~225.06	40.4
	08-31~09-07	8.00	8.00	3.79	0.348	7.28	8.00	3.30	0.554	09-01	55.01	0.121	227.94~230.84	21.8
2007	06-26~07-02	7.00	7.00	0	0.058	4.89	5.86	2.58	0.613	06-29~07-01	40.13	0.234	232.91~223.66	38.2
	07-29~08-12	11.21	14.08	4.71	0.563	13.26	15.00	5.09	0.971	07-30~08-01	57.89	0.426	227.74~218.83	43.9
	08-13~08-21	5.71	9.00	0.30	0.129	2.76	9.00	0.38	0.132	—	89.10	0.030	224.81~223.73	22.7
	09-06~09-11	6.00	6.00	0	0.142	4.80	5.48	0	0.109	—	79.70	0.003	235.04~232.19	2.8
	10-06~10-19	14.00	14.00	0	0.267	13.60	14.00	2.86	0.712	10-08~10-09	32.15	—	248.01~243.61	—
2008	06-27~07-03	2.67	4.24	0	0.026	4.67	4.88	3.21	0.741	06-29~07-02	32.25	0.458	231.10~222.30	61.8
	06-30~07-03	0.15	0.80	0	0.005	1.15	1.53	2.38	0.545	06-30~07-03	27.16	0.036	226.09~220.95	6.6
	08-23~08-27	3.59	4.83	1.15	0.145	0	2.23	0.79	0.144	—	74.52	0.000 3	223.35~219.51	0.2
2009	08-30~09-05	5.54	7.00	0	0.081	4.63	6.71	3.41	0.575	08-31~09-02	36.12	—	232.24~225.65	—
	09-15~09-20	6.00	6.00	0	0.064	5.55	5.83	2.30	0.325	09-16~09-17	40.32	—	240.51~237.07	—

注:2006年小浪底采用陈家岭水位。

表 2-16　小浪底水库运用以来黄河下游横断面形态变化

河段	河宽(m)			水深(m)			河相系数		
	1999 年	2009 年	变化	1999 年	2009 年	变化	1999 年	2009 年	变化
铁谢—花园口	921	1 165	243	1.50	3.74	2.24	20.2	9.1	-11.1
花园口—夹河滩	650	1 116	466	1.71	2.76	1.05	14.9	12.1	-2.8
夹河滩—高村	627	826	199	1.97	3.47	1.50	12.7	8.3	-4.4
高村—孙口	504	579	75	1.91	3.85	1.94	11.8	6.2	-5.6
孙口—艾山	477	525	48	2.52	3.92	1.40	8.7	5.9	-2.8
艾山—泺口	447	431	-16	3.52	4.78	1.26	6.0	4.3	-1.7
泺口—利津	421	429	8	3.14	4.47	1.33	6.5	4.6	-1.7

2. 床沙组成的变化

由汛后床沙表层中值粒径的变化(见表 2-17)可见,1999 年汛后床沙受小流量淤积影响,河床组成较细,虽然仍然是上游粗下游细,但沿程变化不大;而 2009 年河床普遍变粗,增加幅度为 95% ~ 304%,沿程差别也显著增大,花园口以上河段粗化幅度远大于以下河段。

表 2-17　不同河段汛后床沙表层中值粒径变化

河段	中值粒径(mm)		增加幅度(%)
	1999 年	2009 年	
花园口以上	0.054 5	0.220 3	304
花园口—夹河滩	0.059 0	0.128 9	118
夹河滩—高村	0.054 1	0.105 9	96
高村—孙口	0.043 3	0.103 8	140
孙口—艾山	0.041 4	0.097 0	134
艾山—泺口	0.038 6	0.093 0	141
泺口—利津	0.034 7	0.067 5	95
花园口—高村	0.056 6	0.119 7	111
高村—艾山	0.042 2	0.102 2	142
艾山—利津	0.036 4	0.078 4	115

由黄河下游床沙表层中值粒径逐年变化(见图 2-23)可以看出,在目前水沙条件下夹河滩(距韦城断面下游约 48 km 处)以上河段粗化基本上在 2004 年前后完成,2004 年以后河床组成未单向粗化;夹河滩以下河段基本上在 2005 年前后完成粗化,其后河床组成变幅非常小。

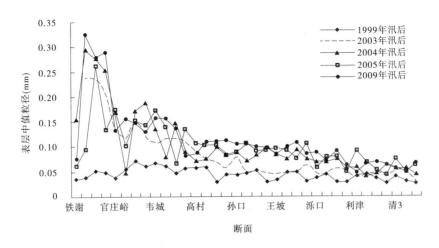

图2-23　各断面典型年份床沙表层中值粒径变化

3. 水沙条件变化

水库蓄水拦沙阶段除短时段异重流排沙外,水流挟带的泥沙主要来自河床补给,因此上游河段粗化及断面形态调整引起冲刷量的变化,就会导致下游河段相同水流条件下来沙情况的改变,表现为相同流量条件下含沙量的改变和相同含沙量条件下悬沙组成的改变。

1) 含沙量变化

高村站不同年份含沙量与流量的关系见图2-24,从图中可以看出,含沙量基本上随着流量的增大而逐渐增加,但平均流量较大($Q > 2\,000\ \mathrm{m^3/s}$)时,含沙量随着流量的变化增幅不大。同时,不同年份含沙量与流量关系分带比较清晰,随着时间的增长,含沙量降低比较明显,近期(2007~2009年)含沙量最小。如当流量为700 $\mathrm{m^3/s}$时,2000~2001年平均含沙量约为11 $\mathrm{kg/m^3}$,2002~2006年含沙量明显降低,约为4 $\mathrm{kg/m^3}$,而2007~2009年含沙量进一步降低,平均约为2 $\mathrm{kg/m^3}$。

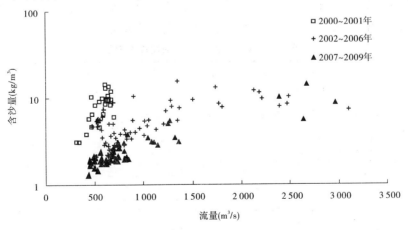

图2-24　高村站洪水期含沙量与流量关系

2）悬沙组成变化

以花园口为代表,点绘不同年份场次洪水过程悬沙中粗泥沙百分比与含沙量的关系(见图 2-25)。从图上可以看出,在小浪底水库拦沙运用初期,由于高含沙量一般发生在异重流排沙时期,因此含沙量较高时,细泥沙比例较高、粗泥沙比例较低;而含沙量较低时主要是清水冲刷,水中泥沙多来自河床补给,因此粗泥沙比例较高、细泥沙比例较低。由此形成随着含沙量的增加,粗泥沙占全沙百分比逐渐减小的特点。

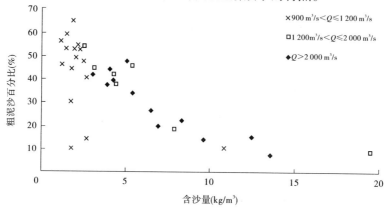

图 2-25　花园口站洪水期粗泥沙百分比与含沙量关系

结合含沙量的逐年变化特点可知,随着冲刷发展,黄河下游花园口以下各河段的来水含沙量逐渐降低,同时粗泥沙比例在增加。

(二)冲刷效率变化

1.年冲刷效率变化

小浪底水库运用 10 a 来,后期冲刷效率有所降低。2009 年冲刷效率为 5.99 kg/m^3,与 2000 年相比降低 43%,与冲刷效率最高的 2003 年(16.12 kg/m^3)相比降低 63%。从冲刷效率的变化过程(见表 2-18)来看,下游的冲刷效率变化基本上分为两个阶段:2000～2005 年效率较高,平均在 7～16 kg/m^3;2006 年以后冲刷效率有一定程度的降低,在 4～9 kg/m^3。由于冲刷发展的不同,各河段冲刷效率变化并不均衡。

表 2-18　黄河下游历年各河段冲淤效率　　　　(单位:kg/m^3)

年份	白鹤—花园口	花园口—夹河滩	夹河滩—高村	高村—孙口	孙口—艾山	艾山—泺口	泺口—利津	下游
2000	-6.41	-4.41	0.56	1.62	0.08	1.27	1.29	-10.46
2001	-3.71	-2.45	-0.85	0.69	-0.19	-0.04	0.34	-8.72
2002	-2.09	-2.79	0.99	0.42	-0.04	-0.49	-3.02	-7.41
2003	-3.54	-3.76	-1.84	-1.73	-0.67	-1.44	-2.27	-16.12
2004	-2.21	-2.20	-1.65	-0.62	-0.37	-0.86	-1.30	-9.43
2005	-0.85	-2.44	-1.42	-1.00	-0.82	-1.03	-1.19	-9.04
2006	-1.91	-3.20	-0.38	-1.08	0	0.39	-0.22	-6.89

年份	白鹤—花园口	花园口—夹河滩	夹河滩—高村	高村—孙口	孙口—艾山	艾山—泺口	泺口—利津	下游
2007	-2.39	-2.36	-0.88	-1.42	-0.39	-0.79	-1.06	-9.79
2008	-1.27	-1.06	-0.52	-0.92	-0.24	0.08	-0.45	-4.74
2009	-0.33	-1.79	-1.00	-1.47	-0.32	-0.29	-0.37	-5.99

花园口以上河段河道比降陡,水流能量大,因此冲刷发展迅速,前期冲刷量大、冲刷效率高,相应河床粗化也快,冲刷效率降低幅度大、时间早。

花园口以下河段受上段冲刷、水流不饱和程度降低的影响,同时由于比降变缓、水动力条件减弱,冲刷发展较花园口以上河段缓慢,冲刷效率减少的幅度也相对较低。2009年与冲刷效率最高的年份相比,花园口—夹河滩、夹河滩—高村河段降幅较大,为59%和46%;艾山—泺口和泺口—利津河段受冲刷中前期大汶河加水和河口条件影响,后期降幅也较大,减幅分别达到80%和88%;中间河段的孙口—艾山冲刷效率本来就最低,因此相比之下减幅也不小,与冲刷效率最大年份相比减少61%;高村—孙口河段变化最小,仅减少了15%。

从10 a平均情况(见表2-19)来看,下游平均冲刷效率为8.87 kg/m³,其中夹河滩以上冲刷效率高,花园口以上和花园口—夹河滩河段冲刷效率平均在2~3 kg/m³;夹河滩—高村、高村—孙口和泺口—利津河段冲刷效率居中,在0.7~0.9 kg/m³;孙口—艾山、艾山—泺口冲刷效率最低,仅0.3~0.4 kg/m³。在冲刷效率的衰减中,花园口以上河段与2003年冲刷效率(见表2-19)相比,减幅达91%;花园口—夹河滩和泺口—利津,减幅均达52%;艾山—泺口、泺口—利津衰减更大,分别达80%和84%。

表2-19 黄河下游各河段冲淤效率减少情况

统计参数	白鹤—花园口	花园口—夹河滩	夹河滩—高村	高村—孙口	孙口—艾山	艾山—泺口	泺口—利津	下游
10 a平均冲刷效率(kg/m³)	-2.27	-2.60	-0.78	-0.76	-0.33	-0.43	-0.92	-8.87
2003年到2009年冲刷效率减少值(kg/m³)	3.21	1.97	0.84	0.26	0.35	1.15	1.90	10.13
减幅(%)	91	52	46	15	52	80	84	63

2.调水调沙期冲刷效率变化

调水调沙期的冲刷效率也呈降低趋势,与2002相比较,2009年下游降幅为55%(见表2-20)。变化过程分为三个阶段:2002年冲刷效率最高、2003年次之;2004年和2005年降低至14 kg/m³左右;2006~2009降低至10 kg/m³左右,其间2007年和2008年受小浪底水库排沙影响,冲刷效率有所降低,2008年如果仅计算清水时段,则冲刷效率约为

10 kg/m³。

表2-20 黄河下游历次调水调沙期冲淤效率 （单位:kg/m³）

年份	白鹤—花园口	花园口—夹河滩	夹河滩—高村	高村—孙口	孙口—艾山	艾山—泺口	泺口—利津	下游
2002	−4.700	−2.400	−0.950	−3.110	−0.760	−3.700	−4.610	−20.350
2003	−4.029	−1.308	−4.343	0.856	−6.931	−0.068	−1.189	−16.578
2004	−3.529	−2.123	−0.980	−2.627	−1.543	−0.021	−3.194	−13.968
2005	−4.069	−2.346	−2.537	−2.873	−1.481	1.282	−1.596	−14.214
2006	−1.823	−3.467	0.119	−2.916	−0.763	0.089	−2.591	−11.569
2007	−1.316	−0.995	−0.442	−2.204	−0.420	−0.842	−1.215	−7.468
2008	0.433	−0.242	−0.922	−2.729	−0.047	−0.659	−0.523	−4.683
2009	−2.014	−1.517	−0.714	−2.346	−0.344	0.107	−2.163	−9.197
减幅(%)	57	37	25	25	55	103	53	55

调水调沙期各河段冲刷效率的变化与年际变化稍有不同,与2002年冲刷效率相比,2009年花园口以上河段冲刷效率减幅在50%以上。高村—孙口河段2004年以后基本维持在2.6 kg/m³上下,变化很小。

3. 冲刷效率对河道条件变化的响应

艾山以上三个河段洪水过程中冲淤效率与流量、前期累积冲刷量的关系见图2-26~图2-28。其中累积冲刷量是小浪底水库运用以来的累积冲刷量,包含了河段河床组成粗化、来沙条件变化和水力因子变化等各因子的综合作用。

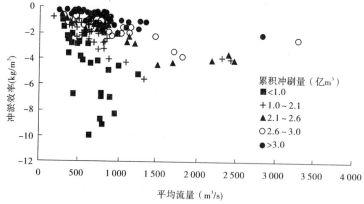

图2-26 花园口以上河段冲淤效率与各影响因素关系

结果表明,在流量小于某一量级时,冲刷效率随流量的增大而增大,随前期累积冲刷量的增大而减小。花园口以上、花园口—高村河段洪水平均流量超过2 000 m³/s时,冲刷效率基本维持在约2 kg/m³、1~3 kg/m³,变化不大;高村—艾山河段在2 500 m³/s以下时,随流量的增大冲刷效率增加。经回归统计,花园口以上和花园口—高村河段冲刷效率

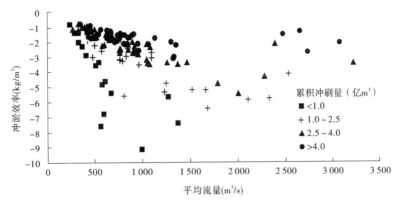

图 2-27 花园口—高村河段冲淤效率与各影响因素关系

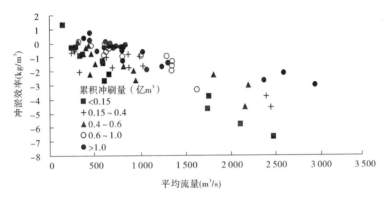

图 2-28 高村—艾山河段冲淤效率与各影响因素关系

随前期累积冲刷量的增大呈指数关系,而高村—艾山河段则呈直线关系(见表 2-21)。

表 2-21 典型河段冲淤效率计算公式

河段	公式	相关系数	公式编号
花园口以上	$\Delta S = -0.005 Q^{0.953}(-\Delta W_{S累积})^{-0.714}$	$R^2 = 0.83$	1
花园口—高村	$\Delta S = -0.008\,73 Q^{0.884}(-\Delta W_{S累积})^{-0.425}$	$R^2 = 0.79$	2
高村—艾山	$\Delta S = -0.677 - 0.001\,85 Q - 0.59\Delta W_{S累积}$	$R^2 = 0.77$	3

注:表中 ΔS 为冲淤效率,kg/m³;Q 为洪水期平均流量,m³/s;$\Delta W_{S累积}$ 为前期累积冲淤量,亿 t。

(三)冲刷效率变化原因分析

1. 不同河段水动力条件的变化

根据张瑞瑾挟沙力公式

$$S_* = k\left(\frac{V^3}{gR\omega}\right)^m \tag{2-9}$$

其中,k、m 依据实测资料率定;V 为流速;g 为重力加速度;R 为水力半径;ω 为泥沙沉速。

在不考虑沉速 ω 变化时,可以把 $\dfrac{V^3}{R}$ 作为挟沙能力因子来表示水力条件变化导致的水流挟沙能力的变化(以水深 h 来代替水力半径 R)(见图 2-29、图 2-30)。

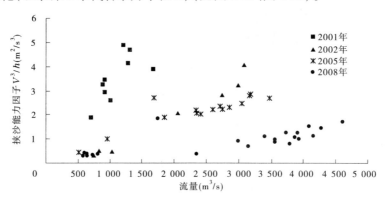

图 2-29　花园口站流量与挟沙能力因子的关系

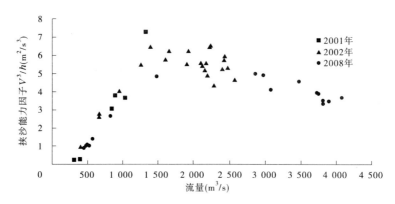

图 2-30　孙口站流量与挟沙能力因子的关系

挑选 2002 年和 2008 年 2 500 m^3/s 流量时的挟沙能力因子作比较,结果见表 2-22。可以看出,经过清水冲刷后孙口以上河段由于河宽增加幅度较大,挟沙能力明显变小,挟沙能力因子减幅基本上从上至下减小,花园口、夹河滩、高村、孙口减少幅度分别为 63%、22%、29% 和 21%;而孙口以下河段变化不大。

表 2-22　流量为 2 500 m^3/s 时各站挟沙能力因子(V^3/h)变化　　(单位:m^2/s^3)

站名	2002 年	2008 年	减少百分比(%)
花园口	2.7	1.0	63
夹河滩	9.0	7.0	22
高村	7.0	5.0	29
孙口	5.7	4.5	21
泺口	1.5	1.6	−7
利津	5.6	5.6	0

2. 河床粗化对挟沙力的影响

1）水流挟沙力计算

对于挟沙力，采用张瑞瑾公式

$$S_* = k\left(\frac{V^3}{gR\omega}\right)^m$$

由于黄河含沙量高，浑水重率及泥沙沉速均随含沙量变化而变化，须进行相应的修正计算。

下面采用韩其为的方法分别计算河床质挟沙力和悬沙中粗、细泥沙分界粒径。

河床质挟沙力 $S_*(\omega_{*1.1})$ 指河床质中与悬沙级配相应的部分（称为可悬百分比 P_1）泥沙的挟沙力，由河床质中可悬的各粒组挟沙力 $S_*(k)$ 与其相应的百分比 $P_{1.k.1}$ 之积的总和，除以可悬百分比求得。

$$S_*(\omega_{*1.1}) = \sum\left[\frac{P_{1.k.1}S_*(k)}{P_1}\right] \tag{2-10}$$

河床质挟沙力级配相应沉速 $\omega_{*1.1}$ 作为悬沙中粗、细泥沙分界沉速，由河床质挟沙力级配确定，即

$$\omega_{*1.1} = \left[\sum\frac{S_*(k)}{S_*(\omega_{*1.1})}\omega_{sk}^{0.92}\right]^{\frac{1}{0.92}} \tag{2-11}$$

式中：ω_{sk} 为各粒组浑水沉速。

由粗、细泥沙分界沉速内插推求粗、细泥沙分界粒径及悬沙中粗、细泥沙累计百分比。

由粗、细泥沙分界粒径界定的粗、细泥沙累计百分数 $P_{4.2}$ 和 $P_{4.1}$ 与悬沙中粗、细泥沙的各粒组百分数之比 $P_{4.k.2}$ 和 $P_{4.k.1}$ 称为标准百分数。细泥沙总挟沙力 $S_*(\omega_{*1})$ 为细泥沙各粒组标准百分数与对应各粒组挟沙力之比总和的倒数

$$S_*(\omega_{*1}) = \frac{1}{\sum\dfrac{P_{4.k.1}}{S_*(k)}} \tag{2-12}$$

粗泥沙总挟沙力 $S_*(\omega_{*2})$ 为各粒组标准百分数与对应各粒组挟沙力之积的总和

$$S_*(\omega_{*2}) = \sum P_{4.k.2}S_*(k) \tag{2-13}$$

由河床质，悬沙中粗、细泥沙的挟沙力即可计算冲淤判数 Z、混合挟沙力 $S_*(\omega_*)$、分组沙挟沙力以及挟沙力级配等。冲淤判数 Z 为

$$Z = \frac{P_{4.1}S}{S_*(\omega_{*1})} + \frac{P_{4.2}S}{S_*(\omega_{*1.1})} \tag{2-14}$$

若 $Z \geqslant 1$，则混合挟沙力

$$S_*(\omega_*) = P_{4.1}S + \left[1 - \frac{P_{4.1}S}{S_*(\omega_{*1})}\right]S_*(\omega_{*2}) \tag{2-15}$$

挟沙力级配

$$P_{*4.k} = P_{4.1}P_{4.k.1}S/S_*(\omega_*) + \left[1 - P_{4.1}S/S_*(\omega_{*1})\right]P_{4.k.2}S_*(k)/S_*(\omega_*) \tag{2-16}$$

若 $Z < 1$，则混合挟沙力

$$S_*(\omega_*) = P_{4.1}S + \frac{P_{4.2}S}{S_*(\omega_{*1.1})}S_*(\omega_{*2}) + (1 - Z)P_1S_*(\omega_{*1.1}) \tag{2-17}$$

挟沙力级配

$$P_{*4.k} = P_{4.1}P_{4.k.1}S/S_*(\omega_*) + P_{4.2}S/S_*(\omega_{*1.1}) + P_{4.k.2}S_*(k)/S_*(\omega_*) +$$
$$(1 - Z)P_1P_{1.k.1}S_*(k)/S_*(\omega_*) \tag{2-18}$$

分组挟沙力计算公式为

$$S_{*k}(\omega_*) = P_{*4.k}S_*(\omega_*) \tag{2-19}$$

2)床沙组成变化对挟沙力的影响

不同床沙组成和悬沙组成条件下高村站挟沙力的计算结果(见表2-23)表明,在清水下泄或低含沙水流条件下,水力条件和来水含沙量一定时,混合挟沙力受床沙组成的影响较大,床沙组成越细混合挟沙力越大,随着床沙组成的变粗,挟沙力不断减小,挟沙力降低的幅度先大后小,达到一定粗化程度后影响程度显著降低。例如,在流量4 000 m³/s、含沙量5.2 kg/m³条件下,悬沙中值粒径等于0.018 mm时,床沙的中值粒径从0.063 mm增加到0.149 mm,混合挟沙力由152.1 kg/m³降低到20.1 kg/m³,降低了132.0 kg/m³。

表2-23　不同床沙和悬沙组成条件下混合挟沙力　　　　(单位:kg/m³)

悬沙中值粒径(mm)	床沙中值粒径(mm)				
	0.063	0.080	0.101	0.120	0.149
0.005 7	156.4	115.0	74.5	45.9	21.0
0.007 4	155.2	114.0	73.8	45.4	20.8
0.012 8	153.4	112.5	72.7	44.7	20.4
0.018 0	152.1	111.5	71.8	44.1	20.1
0.027 2	150.5	110.1	70.7	43.2	19.5
0.036 7	149.2	108.9	69.6	42.4	19.0
0.052 1	147.7	107.5	68.3	41.2	18.2

在清水下泄或低含沙水流条件下,含沙量一定时,悬沙组成变化对混合挟沙力也有影响,但影响作用较床沙为小。例如,床沙中值粒径为0.08 mm时,在悬沙中值粒径从0.005 7 mm增大到0.052 1 mm条件下,混合挟沙力从115.0 kg/m³降低到107.5 kg/m³,降低了7.5 kg/m³。换言之,在其他条件相同时,仅悬沙组成的不同也会对挟沙力产生影响,悬沙组成变细时挟沙力增大,即有利于河床的冲刷。

3.河床粗化对河道输沙能力的影响

1)不平衡输沙计算

不平衡输沙公式为

$$S = S_* + (S_0 - S_{*0})e^{-\frac{\alpha\omega l}{q}} + (S_{*0} - S_*)(1 - e^{-\frac{\alpha\omega l}{q}})\frac{q}{\alpha\omega L} \tag{2-20}$$

该式用来计算出口断面的含沙量。出口断面分组含沙量计算公式为

$$S_k = S_{*k} + (S_{0k} - S_{*0k})e^{-\frac{\alpha\omega l}{q}} + (S_{*0k} - S_{*k})(1 - e^{-\frac{\alpha\omega l}{q}})\frac{q}{\alpha\omega L} \tag{2-21}$$

式中:S_{*0k}和S_{*k}分别为进口断面和出口断面的混合挟沙力。S_{0k}为进口断面含沙量。S为

出口断面含沙量。α 为恢复饱和系数，α 与来水含沙量和床沙组成关系密切，粒径 d 越小，恢复饱和系数 α 越大，含沙量越易于达到饱和。含沙量在淤积时比冲刷时更易于达到饱和，即在冲刷条件下（含沙量较小）不容易达到饱和，恢复饱和系数较小。韩其为根据黄河下游多年（1987～1999 年）平均悬移质级配计算的非均匀沙平均综合恢复饱和系数在 0.005～0.01（摩阻流速为 4～5 cm/s），冲刷条件下小，淤积条件下大。而小浪底水库拦沙期河床组成和悬沙组成均较 1987～1999 年同时段内的冲刷条件下粗，其恢复饱和系数应更小，根据实测资料初步率定为 0.001～0.005。ω 为泥沙沉速。q 为单宽流量。L 为河段长度。

在已知某时刻水力条件和来沙条件下，利用混合挟沙力公式计算出进、出口断面的挟沙力，再用式（2-21）来计算下一时刻出口断面的含沙量。从不平衡输沙公式的结构来看，它由三部分组成：第一项为出口断面的挟沙力；第二项为进口断面超过饱和部分的含沙量经距离 L 调整后剩下来的部分；第三项为挟沙力沿程变化引起的修正项。

选取 2002～2009 年 12 场洪水，利用实测资料分别计算高村、孙口和艾山三个站的洪水平均流量、平均含沙量、分组含沙量等，利用不平衡输沙公式分别计算高村—孙口和孙口—艾山两个河段的出口含沙量。高村、孙口两站的分组泥沙组成作为其下河段进口的悬沙级配，选取洪水时段前的河段平均床沙级配作为河段床沙级配，由此计算出的混合挟沙力为河段平均挟沙力。利用不平衡输沙公式，分别计算出两个河段出口站的含沙量，计算结果及与实测值对比见图 2-31 和图 2-32。可见，计算结果与实测值比较接近。

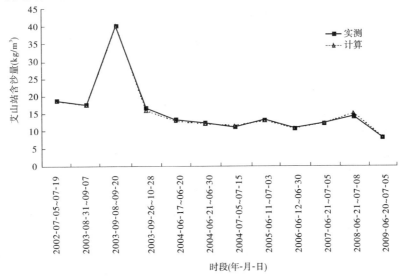

图 2-31　洪水期艾山站含沙量计算值与实测值对比

2）河床粗化对河道输沙能力的影响

为进一步说明不同床沙级配对高村—艾山河段（分两个河段进行计算：高村—孙口河段、孙口—艾山河段）出口含沙量的影响，利用不平衡输沙公式计算两个河段的出口含沙量：高村断面作为高村—孙口河段的进口断面，孙口断面为该河段的出口断面，同时作为孙口—艾山河段的进口断面，艾山断面为出口断面。利用 2008 年的实测流量成果表，

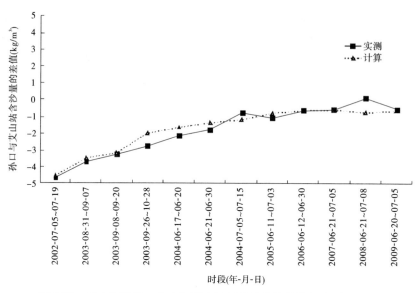

图2-32 洪水期孙口—艾山河段含沙量差值的计算值与实测值对比

选取高村、孙口、艾山各断面 4 000 m³/s 流量所对应的流速和水深,水温采用 23 ℃,高村含沙量采用 4.5 kg/m³,计算出孙口含沙量,再以计算出的孙口含沙量作为孙口—艾山河段的进口含沙量,计算出艾山含沙量。计算结果(见表 2-24)表明,随着床沙级配由 0.048 mm 增大到 0.149 mm(为前者的 3 倍多),出口断面艾山含沙量由 8.85 kg/m³ 减小为 6.33 kg/m³(约为前者的 72%)。

表2-24 不同床沙组成下高村—艾山河段含沙量计算表

床沙中值粒径(mm)	出口断面含沙量(kg/m³)	
	孙口	艾山
0.048	8.25	8.85
0.055	8.19	8.80
0.063	7.45	7.99
0.080	7.36	7.90
0.101	6.69	7.14
0.120	6.60	7.05
0.149	5.99	6.33

4. 河床粗化对河道冲刷效率的影响

清水冲刷期边界条件变化主要包含三方面因素:一是河床粗化;二是来沙条件的改变,即来水含沙量和悬沙级配的变化;三是水力条件的变化,即由断面形态变化所引起的水动力条件(V^3/h)的变化。

1）本河段河床粗化对河道冲刷的影响

根据计算结果分析，随着河床组成粗化，高村—艾山河段的含沙量恢复值（冲刷效率）不断减小。如床沙中值粒径为 0.048 mm 时，高村—艾山河段的含沙量恢复值可以达到 4.35 kg/m³；当床沙中值粒径为 0.149 mm 时，该河段含沙量的恢复值为 1.83 kg/m³，后者约为前者的 42%。

2）上游河段来沙条件改变对冲刷的影响

在低含沙洪水期河段冲刷过程中，上、下站含沙量的恢复值不仅与流量、床沙组成关系密切，与上游河段悬沙含沙量和悬沙组成的关系也非常密切。

选取悬沙中值粒径分别为 0.018 mm、0.028 mm 和 0.038 mm 的三组悬沙，进口含沙量分别为 20 kg/m³、15 kg/m³、10 kg/m³ 和 5 kg/m³，计算流量为 4 000 m³/s 条件下该河段的含沙量恢复值的变化，结果见表 2-25。

表 2-25 不同进口含沙量和悬沙级配条件下河段含沙量恢复值

床沙中值粒径为 0.08 mm				
悬沙中值粒径（mm）	进口含沙量（kg/m³）			
	20	15	10	5
0.018	1.6	2.0	2.6	3.2
0.028	0.9	1.4	2.1	2.9
0.038	0.6	1.1	1.8	2.7

床沙中值粒径为 0.149 mm				
悬沙中值粒径（mm）	进口含沙量（kg/m³）			
	20	15	10	5
0.018	0.9	1.1	1.5	2.0
0.028	0.6	0.8	1.3	1.8
0.038	0.4	0.6	1.1	1.7

计算结果表明：

（1）在相同悬沙组成和床沙组成条件下，含沙量越低，河段含沙量恢复值越大。如悬沙中值粒径为 0.018 mm，床沙中值粒径为 0.08 mm，进口含沙量为 5 kg/m³ 时，高村—艾山河段含沙量恢复了 3.2 kg/m³；进口含沙量为 10 kg/m³ 时，河段含沙量恢复了 2.6 kg/m³；进口含沙量为 15 kg/m³ 时，含沙量恢复了 2.0 kg/m³；进口含沙量为 20 kg/m³ 时，河段含沙量恢复了 1.6 kg/m³。

（2）在相同含沙量和床沙组成条件下，随着悬沙组成变粗，河段含沙量的恢复值减小。如当含沙量为 20 kg/m³、床沙中值粒径为 0.149 mm 时，悬沙中值粒径从 0.018 mm 增大到 0.038 mm，河段含沙量恢复值从 0.9 kg/m³ 降低到 0.4 kg/m³，减小了 0.5 kg/m³。

5. 各因子对河道冲刷的综合影响分析

为简明起见，将进口含沙量和悬沙级配同步改变作为来沙条件，反映上游河道的调整。以 2002 年和 2009 年为分析的典型年,进口站(高村)含沙量分别相应采用 15 kg/m³ 和 5 kg/m³;悬沙组成为 2002 年和 2009 年调水调沙高村站来沙组成,床沙组成采用 2002 年和 2009 年调水调沙前的床沙级配,挟沙能力因子采用 2002 年和 2008 年调水调沙期间 2 500 m³/s 对应的流速和水深,计算上游河段河道调整、高村—艾山河段河床粗化以及挟沙能力因子等单因子变化对该河段含沙量恢复的影响,结果见表 2-26。

表 2-26　单因子变化对高村—艾山河段含沙量恢复的影响

计算条件	高村含沙量 (kg/m³)	悬沙中值粒径 (mm)	床沙中值粒径 (mm)	挟沙能力 因子(m²/s³)	含沙量恢复值 (kg/m³)
条件 1	15	0.018	0.081	8.5	5.9
条件 2	5	0.030	0.081	8.5	6.9
条件 3	15	0.018	0.125	8.5	3.1
条件 4	15	0.018	0.081	5.07	4.4

概化计算高村—艾山河段单因子影响,进口含沙量降低引起河段含沙量恢复值增加 1.0 kg/m³,河床粗化导致恢复值减少 2.8 kg/m³,水力条件变化引起含沙量恢复值减少 1.5 kg/m³。

为了从数量上分出各变化因素在含沙量恢复值变化中的影响份额,分析三个因素均发生变化时各因子的影响比例,见表 2-27。在逐项改变各影响因子的条件下,高村—艾山河段含沙量恢复值减少了 3 kg/m³,其中来沙条件变化增加 33.3%,河床粗化降低 86.6%,挟沙能力因子变化降低 46.7%。

表 2-27　各因素变化对高村—艾山河段含沙量恢复的影响

计算条件	高村含沙量 (kg/m³)	悬沙中值粒径 (mm)	床沙中值粒径 (mm)	挟沙能力 因子(m²/s³)	含沙量恢复值 (kg/m³)
条件 1	15	0.018	0.081	8.5	5.9
条件 2	5	0.030	0.081	8.5	6.9
条件 3	5	0.030	0.125	8.5	4.3
条件 4	5	0.030	0.125	5.07	2.9

(四)河床粗化对河道输沙的影响

1. 小浪底水库运用以来下游输沙率计算

清水冲刷以来黄河下游各站同流量下的输沙率随时间显著降低(见图 2-33),其中 2000~2005 年递减较明显,2006~2009 年递减不明显。

输沙率 Q_s 与流量 Q、进口(上站)含沙量 $S_上$、上站悬沙组成以及河段泥沙可补给量有关。悬沙粒径组成用大于 0.025 mm 的颗粒所占的百分比 $P_{0.025}$ 表示,河段泥沙可补给量用前期累积冲刷量 $\sum \Delta W_s$ 表示。因此,输沙率 Q_s 可以表示为 Q、$S_上$、$P_{0.025}$ 和 $\sum \Delta W_s$ 的函数。

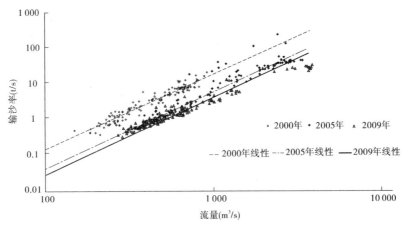

图 2-33　高村调水调沙期及汛期输沙率—流量关系

依据夹河滩—利津各年调水调沙期的水沙资料和前期累积冲刷量,综合分析得到各站的输沙率公式,公式的统一形式为

$$Q_S = KQ^\alpha S_{\perp}^\beta P_{0.025}^\gamma e^{\delta \sum \Delta W_S} \qquad (2\text{-}22)$$

式中:$S_{\perp}$ 为上站含沙量;α、β、γ、δ 为指数。

由于小浪底站下泄的基本为清水,花园口站的输沙能力不考虑上站含沙量的影响,其公式为

$$Q_S = 6.47 \times 10^{-6} Q^{1.99} (\sum \Delta W_S)^{-1.35} \qquad (2\text{-}23)$$

各站输沙率影响因子的指数见表 2-28。除夹河滩外,其他站公式的相关系数都较高。利用公式反求各站历次洪水的输沙率,代表站如图 2-34 所示。图中横坐标为 2002~2009 年各次洪水的排列顺序。实测输沙率和公式计算的输沙率基本吻合。

表 2-28　各站输沙率公式自变量指数

站名	$K(\times 10^{-3})$	α	β	γ	δ	公式判定系数 R^2
花园口	0.006 47	1.990			−1.350	0.897
夹河滩	0.202	1.447	0.013	−0.909	−0.226	0.812
高村	6.388	0.874	0.705	−0.160	−0.188	0.891
孙口	0.300	1.243	0.758	−0.164	−0.104	0.923
艾山	1.352	1.077	0.771	−0.230	−0.902	0.872
利津	0.404	1.220	0.763	−0.143	−0.176	0.961

从各站输沙率与流量的关系可以看到,2002~2009 年,相同流量下的输沙率呈减小趋势。

2.床沙粗化对河道输沙率的影响

根据建立的各站输沙率的计算公式,分别计算冲刷起始年份(2002 年或 2003 年)和 2009 年洪水期输沙率,同时变化累积冲刷量和来沙条件,综合分析来水含沙量降低伴随

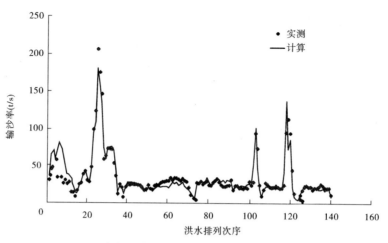

图 2-34　高村站计算和实测输沙率对比

着悬沙组成变粗以及本河段床沙粗化的影响,见表 2-29。

表 2-29　同流量($Q = 3\,000\ \mathrm{m}^3/\mathrm{s}$)下各站输沙率减小及各因素影响比例

断面	年份	计算条件	计算输沙率(t/s)	输沙率减少值(t/s)	来沙引起的减少		床沙粗化引起的减少	
					减少量(t/s)	占总减少量(%)	减少量(t/s)	占总减少量(%)
夹河滩	2009	实际	14.95	40.42	12.76	31.57	27.66	68.43
		2002 年边界和来沙	55.37					
		2002 年来沙	27.71					
高村	2009	实际	17.08	61.65	47.99	77.84	13.66	22.16
		2003 年边界和来沙	78.73					
		2003 年来沙	65.07					
孙口	2009	实际	23.87	66.21	58.18	87.87	8.03	12.13
		2003 年边界和来沙	90.08					
		2003 年来沙	82.05					
艾山	2009	实际	24.83	73.94	49.38	66.78	24.56	33.22
		2003 年边界和来沙	98.77					
		2003 年来沙	74.21					
利津	2009	实际	27.15	37.99	27.28	71.81	10.71	28.19
		2002 年边界和来沙	65.14					
		2002 年来沙	54.43					

从表 2-29 可以看出,夹河滩以上河段输沙率减小的主要原因是本河段床沙的粗化,

占总减少量的 68.43%,上站来沙变化引起的输沙率减小量占总输沙率减小量的比例较低,占 31.57%,说明在目前水沙过程下,本河段的粗化影响较大;而夹河滩以下各站输沙率减小的主要原因是上游的来沙量减少,占总减少量的 66.78% ~ 87.87%;尤其是高村—孙口河段粗化的影响较小,仅占 12.13%。

为进一步分析河床粗化对河道冲刷效率的影响,采用黄河下游一维非恒定流模型对不同粗化程度的影响作用进行了模拟。初始地形采用 2007 年 10 月汛后小浪底—利津大断面资料,水沙条件选用 2009 运用年小浪底 + 黑石关 + 武陟(简称小黑武)实测日均水沙资料(见表 2-30),引水资料采用实测日均引水过程与多年平均河道损失流量资料;出口控制条件采用 2008 年排洪能力报告中利津站设计水位—流量关系曲线。

表 2-30　计算水沙条件

项目	水量(亿 m³)	占年比例(%)	沙量(亿 t)	占年比例(%)	平均含沙量(kg/m³)
非汛期	86.4	41.9	0.009	15.8	0.10
汛期	119.7	58.1	0.048	84.2	0.40
调水调沙期	44.9	21.8	0.037	64.9	
全年	206.1		0.057		0.27

计算河段的床沙级配采用 1999 年、2002 年、2003 年、2005 年、2009 年汛后黄河下游实测床沙级配资料。通过对各河段的中值粒径进行插值,得出各河段的 D_{50} 平均值,见表 2-31。从各河段的年际床沙级配来看,随着年份的增加,床沙级配逐渐变粗,但 2007 年以后变化不大。

表 2-31　不同河段不同年份中值粒径 D_{50} 变化统计表　　　　　(单位:mm)

河段	1999 年	2002 年	2003 年	2005 年	2007 年	2009 年
小浪底—花园口	0.029	0.114	0.136	0.148	0.147	0.180
花园口—夹河滩	0.040	0.075	0.087	0.085	0.126	0.106
夹河滩—高村	0.033	0.065	0.072	0.080	0.094	0.075
高村—孙口	0.028	0.046	0.049	0.069	0.085	0.075
孙口—艾山	0.025	0.051	0.034	0.068	0.087	0.069
艾山—泺口	0.025	0.063	0.039	0.067	0.073	0.066
泺口—利津	0.025	0.055	0.033	0.049	0.055	0.048

计算结果见表 2-32、表 2-33,各河段冲刷量基本上都是随着床沙粗化而减少的。由图 2-35、图 2-36 可见,冲刷减少量与床沙粗化程度的关系较好,说明床沙越粗冲刷量减少越多。比较图 2-37 全年冲刷量的变化和图 2-38 调水调沙期冲刷量的变化,可知各河段调水调沙期冲刷量的减幅基本上要大于全年的减幅,说明床沙粗化对洪水期的影响较大。全下游全年的冲刷量 2002 ~ 2009 年的减少幅度在 14% ~ 22%,调水调沙期在 16% ~ 30%。另外,各河段减幅不同,全年花园口以上减幅最大、高村—艾山最小;调水调沙期花园口以上减

幅仍是最大,高村—艾山减幅增大,艾山—利津减幅最小。计算结果表明,河床粗化对高村—艾山的影响不是太大,全年减幅在10%~17%,调水调沙期高些,在13%~32%。

表2-32 不同年份黄河下游各河段年均冲淤量　　（单位:万 m³）

河段	1999 年	2002 年	2003 年	2005 年	2007 年	2009 年
小浪底—花园口	− 3 413	− 2 860	− 2 750	− 2 611	− 2 566	− 2 510
花园口—高村	− 3 857	− 3 317	− 3 234	− 3 194	− 3 089	− 3 065
高村—艾山	− 2 398	− 2 165	− 2 093	− 2 060	− 2 021	− 1 997
艾山—利津	− 1 693	− 1 438	− 1 404	− 1 390	− 1 370	− 1 345
小浪底—利津	− 11 361	− 9 780	− 9 481	− 9 255	− 9 046	− 8 917

表2-33 不同年份黄河下游各河段调水调沙期冲淤量　　（单位:万 m³）

河段	1999 年	2002 年	2003 年	2005 年	2007 年	2009 年
小浪底—花园口	− 866	− 651	− 621	− 574	− 568	− 541
花园口—高村	− 1 112	− 933	− 902	− 882	− 866	− 824
高村—艾山	− 1 008	− 882	− 858	− 799	− 712	− 683
艾山—利津	− 811	− 734	− 716	− 679	− 623	− 596
小浪底—利津	− 3 797	− 3 200	− 3 097	− 2 934	− 2 769	− 2 644

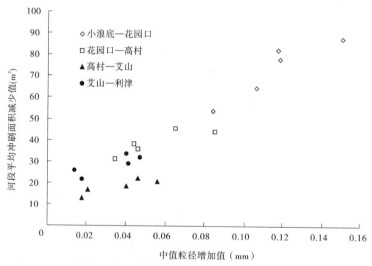

图2-35 全年各河段平均冲刷面积减少量与床沙中值粒径增加幅度之间的关系

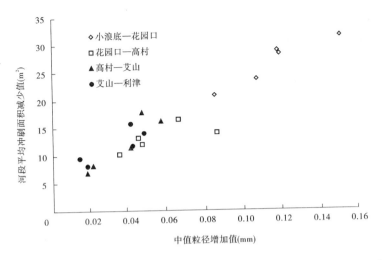

图 2-36 调水调沙期各河段平均冲刷面积减少量与床沙中值粒径增加幅度之间的关系

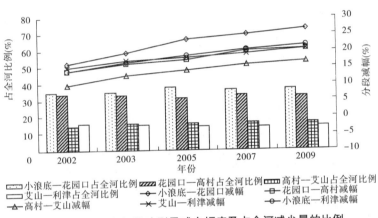

图 2-37 全年各河段冲刷量减少幅度及占全河减少量的比例

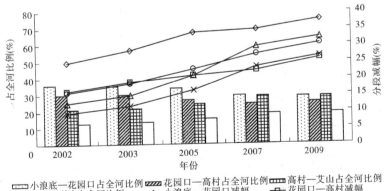

图 2-38 调水调沙期各河段冲刷量减少幅度及占全河减少量的比例

由表 2-34 可见,调水调沙对河道的冲刷作用是比较大的,各方案下全下游调水调沙期冲刷量占到全年冲刷量的 30% 左右,而水量仅占 22% 左右。尤其对高村以下作用更大,高村—艾山和艾山—利津河段调水调沙期冲刷量分别占到全年冲刷量的 40% 左右和 50% 左右。同时可见,随着河床粗化程度的增加,调水调沙期冲刷量占全年的比例在逐渐降低。

表 2-34　各方案计算的调水调沙期冲刷量占全年的比例 　　　　　　（%）

河段	1999 年	2002 年	2003 年	2005 年	2007 年	2009 年
小浪底—花园口	25	23	23	22	22	22
花园口—高村	29	28	28	28	28	27
高村—艾山	42	41	41	39	35	34
艾山—利津	48	51	51	49	45	44
小浪底—利津	33	33	33	32	31	30

（五）调水调沙流量对下游冲刷效率的影响

采用 2009 年 10 月汛后地形、2009 年汛前调水调沙期实测水量（44.93 亿 m³）和沙量（0.037 亿 t）,设计 8 个流量级,利用黄河下游非恒定准二维数学模型,计算各河段的冲淤量（见表 2-35、图 2-39）。结果表明,随着流量级的增大,各河段平均冲刷面积明显增大,4 000 m³/s 流量级下平均冲刷面积约为 2 600 m³/s 流量级的 1.4 倍。

表 2-35　不同方案下各河段平均冲淤面积统计 　　　　　　（单位:m²）

河段	设计方案（小浪底出库流量）							
	500 m³/s	1 500 m³/s	2 600 m³/s	3 500 m³/s	3 800 m³/s	4 000 m³/s	4 200 m³/s	4 500 m³/s
小浪底—花园口	−43	−56	−61	−63	−65	−67	−68	−69
花园口—夹河滩	−25	−44	−49	−54	−57	−60	−62	−61
夹河滩—高村	−20	−27	−33	−41	−40	−42	−42	−42
高村—孙口	−16	−30	−40	−53	−54	−55	−56	−60
孙口—艾山	10	−13	−28	−30	−31	−32	−36	−37
艾山—泺口	10	5	2	−4	−4	−5	−5	−7
泺口—利津	3	−8	−14	−28	−30	−33	−34	−34
高村以上	−30	−43	−48	−53	−55	−57	−58	−58
高村—艾山	−7	−24	−36	−45	−46	−47	−49	−52
艾山—利津	6	−3	−8	−19	−20	−22	−23	−24
小浪底—利津	−11	−23	−30	−38	−40	−42	−43	−44

流量大于 4 000 m³/s 后全断面冲刷效率增加不明显,高村以下河段有不同程度的漫滩,冲刷效率还略有降低,但其中主槽部分的冲刷效率仍明显提高。全下游平均而言,

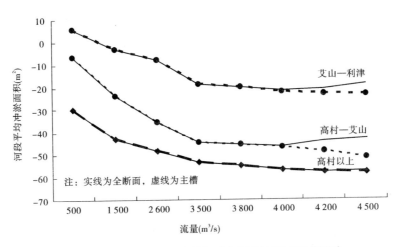

图 2-39　调水调沙不同流量级对各河段冲淤面积的影响

4 500 m³/s 流量级主槽平均冲刷面积为 4 000 m³/s 流量级的 1.05 倍,其中高村—艾山、艾山—利津河段分别为 1.1 倍和 1.09 倍。

　　为比较平滩附近不同流量之间的差异,在平滩流量 4 000 m³/s 附近,设计了 3 500 m³/s、3 800 m³/s、4 000 m³/s、4 200 m³/s、4 500 m³/s 等 5 个流量级,分滩槽计算了各河段的冲淤量(见表 2-36)。可以看出,在 4 000 m³/s 流量级以上的水流过程中,高村以下河段会发生少量漫滩。

表 2-36　不同方案各河段冲淤量统计　　　　　　　　　　　(单位:万 m³)

河段		设计方案(小浪底出库流量)				
		3 500 m³/s	3 800 m³/s	4 000 m³/s	4 200 m³/s	4 500 m³/s
小浪底—花园口	全断面	−650	−672	−686	−697	−712
花园口—夹河滩	全断面	−478	−503	−530	−543	−536
夹河滩—高村	全断面	−353	−347	−361	−357	−344
	滩地	0	0	0	0	18
	主槽	−353	−347	−361	−357	−362
高村—孙口	全断面	−624	−632	−647	−632	−620
	滩地	0	0	2	23	84
	主槽	−624	−632	−649	−655	−704
孙口—艾山	全断面	−190	−198	−200	−193	−182
	滩地	0	0.5	5	35	52
	主槽	−190	−198.5	−205	−228	−234

续表 2-36   （单位：万 m³）

河段		设计方案（小浪底出库流量）				
		3 500 m³/s	3 800 m³/s	4 000 m³/s	4 200 m³/s	4 500 m³/s
艾山—泺口	全断面	−40	−39	−42	−35	−32
	滩地	0	1	6	21	42
	主槽	−40	−40	−48	−56	−74
泺口—利津	全断面	−468	−503	−547	−533	−481
	滩地	0	1.2	10	35	83
	主槽	−468	−504.2	−557	−568	−564
小浪底—利津	全断面	−2 803	−2 894	−3 013	−2 990	−2 907
	滩地	0	2.7	23	114	279
	主槽	−2 803	−2 896.7	−3 036	−3 104	−3 186

（六）主要认识

小浪底水库运用以来,黄河下游经历了 10 a 的连续冲刷,这是在自然条件下难以出现的河道演变过程。在持续清水冲刷过程中,下游河道条件发生了较大的变化。

（1）下游河道横断面调整较大,各河段水深的增幅在 36%～149%,河宽的增幅在 −4%～72%。其中铁谢—花园口和夹河滩—艾山河段河宽和水深都增加,且水深增幅大于河宽,以冲（刷）深为主;花园口—夹河滩河段河宽和水深增幅相近,下切与展宽同步发展;艾山以下河段河宽几乎无变化,基本为单一纵向冲深。

（2）下游河床组成明显粗化,与 1999 年相比,2009 年河床表层泥沙中值粒径增加幅度为 95%～304%,其中花园口以上河段粗化幅度远大于以下河段。河床粗化过程存在阶段性,夹河滩以上和以下河段粗化主要分别发生在 2004 年和 2005 年以前,其后河床组成变幅较小。

（3）断面形态调整及河床粗化引起水力因子的改变,从而改变水流的挟沙能力,孙口以上各水文站挟沙能力因子降低,不利于冲刷,减幅由上至下减小,孙口以下变化不大。

（4）黄河下游河道持续清水冲刷,各河段冲刷效率都有所降低,花园口以上河段冲刷效率降低幅度最大,从 2000 年的 6.41 kg/m³ 降低到 2009 年的 0.33 kg/m³,降低了 95%。花园口以下河段受本河段边界变化的不利影响和上游河段来沙条件变化的有利影响的共同作用,再加上水流冲刷能力减弱,因此冲刷效率降低幅度小于花园口以上,其中花园口—夹河滩河段降幅较大,为 59%;艾山—泺口和泺口—利津河段受冲刷中前期大汶河加水和河口有利条件影响,冲刷效率较高,后期降幅较大,2009 年与冲刷效率最高的年份相比,减幅分别达到 80% 和 88%;中间的孙口—艾山河段冲刷效率本来就最低,减少量不大,但减幅较大,与冲刷效率最大年份相比,减幅达 61%;夹河滩—高村河段减幅较少,为

46%;高村—孙口河段变化最小,即使和冲刷效率最高的2003年(1.73 kg/m³)相比,2009年仍达到1.47 kg/m³,仅减少了15%。

(5)河床粗化是高村—艾山河段冲刷效率降低的最主要因素,挟沙能力因子变化也起到降低的作用,而河段进口含沙量的降低有利于冲刷效率的增加,三者影响在冲刷效率降低中所占比例分别约为85%、45%和-30%(负值为含沙量恢复值增加,正值为含沙量恢复值减小)。

(6)在现状河床条件下,随着洪水期流量的增大,主槽冲刷量仍是增加的,但增加幅度较小。

三、下游河道冲淤演变及发展趋势

(一)水沙条件

1. 水库调节作用及进入下游的水沙条件

2000～2009运用年小浪底水库进出库水量分别为1 934.8亿m³、2 067.7亿m³,年均进出库的水量分别为193.5亿m³和206.8亿m³;进出库沙量分别为34.31亿t和5.64亿t,年均进出库的沙量分别为3.43亿t和0.56亿t,10 a排沙比为16.4%,详见表2-37。

表2-37 2000～2009运用年小浪底水库进出库水沙量统计

运用年	水量(亿m³)		沙量(亿t)		水库排沙比(%)
	三门峡	小浪底	三门峡	小浪底	
2000	166.6	141.3	3.57	0.04	1.1
2001	134.7	165.6	2.94	0.23	7.8
2002	158.5	194.6	4.48	0.74	16.5
2003	216.7	160.5	7.76	1.15	14.8
2004	179.9	251.1	2.72	1.42	52.2
2005	207.8	206.2	4.08	0.45	11.0
2006	208.6	265.3	2.32	0.40	17.2
2007	223.5	235.5	3.12	0.71	22.8
2008	218.1	235.6	1.34	0.46	34.3
2009	220.4	212.0	1.98	0.04	2.0
合计	1 934.8	2 067.7	34.31	5.64	16.4
年平均	193.5	206.8	3.43	0.56	

由表2-38可见,经过小浪底水库的调节,1 000～2 000 m³/s流量级的水量减少了38%,其他流量级的水量有所增加,2 000～3 000 m³/s、3 000～4 000 m³/s和4 000～5 000 m³/s流量级的水量分别增加了36%、332%和133%。而各流量级的沙量均显著减小,流量大于4 000 m³/s的沙量全部被拦蓄。2003年是小浪底水库对水沙的调节作用较大的年份,受黄河下游瓶颈河段平滩流量的限制,2003年汛期小浪底水库控制运用,削减了

3 000 m³/s以上的较大流量。

作为对比,计算了三门峡水库1960～1964年清水下泄期各流量级的水沙量(见表2-39)。和小浪底水库不同,三门峡水库对入库流量过程的调节体现在消除了5 000 m³/s以上的洪水且拦截了其泥沙量。另外,三门峡水库的排沙比为36%,大于小浪底水库的排沙比。

表2-38 小浪底水库不同流量级进出库水沙量统计

流量级 (m³/s)	水量(亿 m³)		沙量(亿 t)		平均含沙量(kg/m³)	
	三门峡	小浪底	三门峡	小浪底	三门峡	小浪底
0～1 000	1 267	1 403	7.92	1.13	6.25	0.81
1 000～2 000	482	297	10.81	1.60	22.43	5.39
2 000～3 000	145	197	13.27	2.64	91.59	13.45
3 000～4 000	38	164	1.92	0.26	50.53	1.59
4 000～5 000	3	7	0.38	0	126.67	0
合计	1 935	2 068	34.30	5.63	17.73	2.72

表2-39 三门峡水库不同流量级进出库水沙量统计

流量级 (m³/s)	水量(亿 m³)		沙量(亿 t)		平均含沙量(kg/m³)	
	潼关	三门峡	潼关	三门峡	潼关	三门峡
0～1 000	290	267	3.23	2.88	11.1	10.8
1 000～2 000	540	635	10.31	5.92	19.1	9.3
2 000～3 000	393	414	13.21	4.83	33.6	11.7
3 000～4 000	403	316	13.12	4.19	32.6	13.3
4 000～5 000	240	344	9.19	3.26	38.3	9.5
5 000～6 000	79	0	4.17	0	52.8	
6 000～7 000	38	0	3.68	0	96.8	
≥7 000	8	0	1.35	0	168.8	
合计	1 991	1 976	58.26	21.08		

2. 小花(小浪底—花园口)区间支流来水

2000～2009年伊洛河黑石关和沁河武陟的水量分别为172.1亿 m³和53.6亿 m³,即共向黄河加水225.7亿 m³,占同期花园口水量2 296亿 m³的9.8%。2003年加水最多,为51.5亿 m³,80%的加水集中在流量小于500 m³/s的流量级。

3. 东平湖来水

小浪底水库投入运用以来,除2000年、2002年和2009年外,其他7 a均向黄河干流加水,共加水85亿 m³,占同期艾山站水量1 900.7亿 m³的4.5%。其中加水较多的是2004年、2005年和2007年,这3 a分别加水26.8亿 m³、22.0亿 m³和12.6亿 m³,占总加水量的72%（见图2-40）。

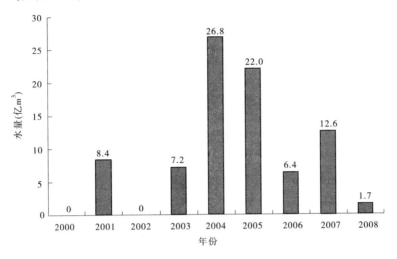

图2-40 东平湖入黄水量过程

(二)下游河道排洪能力变化

1. 同流量水位变化

与1999年相比,2009年汛前高村以上河段同流量(3 000 m³/s)水位下降了1.74~1.85 m,孙口以下河段下降了0.96~1.34 m,其中艾山降低最小,为0.96 m,明显具有"上段大、下段小、中间河段最小"的特点(见图2-41)。分析同流量水位变化过程(见图2-42)可以看出,自小浪底水库1999年蓄水,同流量水位变化基本上呈现出"先抬高、后下降"的特点,大多数水文站在2002年调水调沙前同流量水位达到历史最高,其后经过冲刷调整,同流量水位开始明显下降。

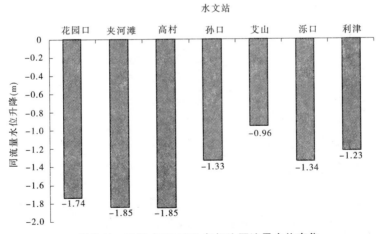

图2-41 2009年和1999年相比同流量水位变化

同流量水位降低表明河床发生冲刷,尤其高村以上河段冲刷幅度大,2009年同流量水位基本与河床边界条件较好的1985年前后持平。孙口以下河段基本恢复到1990年前后的水平(见图2-42)。

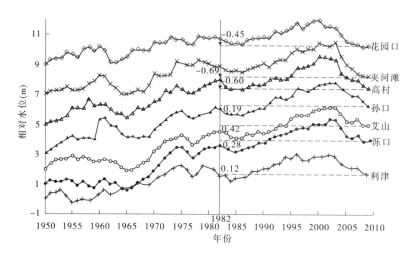

图 2-42　黄河下游水文站同流量(3 000 m³/s)相对水位变化过程

为和三门峡水库清水下泄期比较,表 2-40 给出了两个水库下游水文站同流量水位变化。小浪底水库运用以来的同流量水位下降幅度大于三门峡水库清水下泄期的,泺口及其以上水文站断面同流量水位降幅分别是三门峡水库清水下泄期的 1.51 倍、1.47 倍、2.94 倍、1.35 倍、2.13 倍和 3.72 倍;利津断面更呈相反特点,小浪底水库清水下泄期下降1.23 m,而三门峡水库清水下泄期淤积抬升 0.34 m。不过应说明的是,三门峡水库清水下泄期为 1960～1964 年,而小浪底水库的拦沙期年限为 1999～2009 年,两者冲刷历时不一致,不过,就平均水位变化而言,小浪底水库运用 10 a 来,大多水文站的下降幅度仍大于三门峡水库清水下泄期的。

表 2-40　清水下泄期的同流量水位变化比较　　　　　　　　　　(单位:m)

水文站	三门峡水库清水下泄期			小浪底水库运用以来		
	1960 年	1964 年	水位变化	1999 年	2009 年	水位变化
花园口	92.25	91.36	-0.89	93.66	91.92	-1.74
夹河滩	73.56	72.30	-1.26	76.78	74.93	-1.85
高村	60.77	60.14	-0.63	63.04	61.19	-1.85
孙口	46.66	45.67	-0.99	48.10	46.77	-1.33
艾山	38.35	37.90	-0.45	40.66	39.70	-0.96
泺口	27.41	27.05	-0.36	30.38	29.04	-1.34
利津	11.41	11.75	0.34	13.25	12.02	-1.23

2. 平滩流量变化

随着小浪底水库下泄清水,黄河下游持续冲刷,平滩流量增加,到 2010 年汛前,黄河下游各水文站断面(花园口至利津)平滩流量分别为 6 500 m³/s、6 000 m³/s、5 300 m³/s、4 000 m³/s、4 000 m³/s、4 200 m³/s 和 4 400 m³/s,较 2002 年分别增加了 2 400 m³/s、3 100 m³/s、3 450 m³/s、1 900 m³/s、1 200 m³/s、1 500 m³/s、1 500 m³/s,见图 2-43。

2002 年 7 月 4～14 日,小浪底水库进行了首次调水调沙试验。在水库泄放 2 800 m³/s

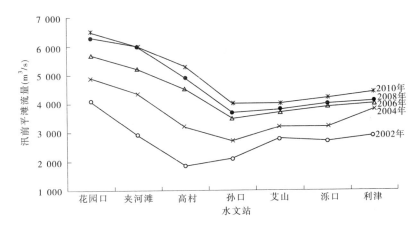

图 2-43 黄河下游主要站平滩流量变化过程

洪水过程中,高村附近河段在 1 850 m³/s 流量时发生漫滩,平滩流量达到了历史最小值,同时成为当时平滩流量最小、直接制约下游河道排洪输沙的瓶颈,将其称之为瓶颈河段。随着清水冲刷在下游河道的沿程发展,瓶颈河段的位置不断下移,最小平滩流量也在明显增大,2003 年、2004 年瓶颈河段位于徐码头附近,最小平滩流量约 3 000 m³/s。至 2010 年进一步向下移至孙口—艾山河段,最小平滩流量约 4 000 m³/s。只是在孙口上游 36 ~ 24 km 的于庄和徐沙洼断面附近,由于滩唇塌失、平滩流量减小,约为 3 900 m³/s,是目前黄河下游平滩流量最小的局部河段。

(三)河槽冲淤时空变化

1. 冲淤时程变化

根据断面法计算,小浪底水库运用到 2009 年汛后,下游河道主槽冲刷 13.04 亿 m³。其中 2003 年汛期以前因为水小,下游河道冲刷量较小,主要集中在夹河滩以上河段,夹河滩以下河段冲刷不明显,甚至有所淤积(见图 2-44、图 2-45),也就是说全下游自 2003 年

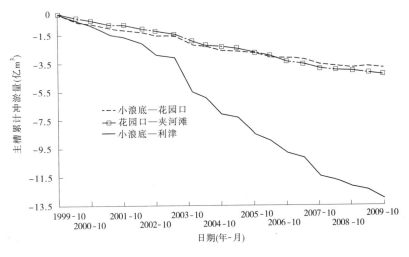

图 2-44 小浪底水库运用以来主槽累计冲淤量过程线

后才开始全线冲刷。

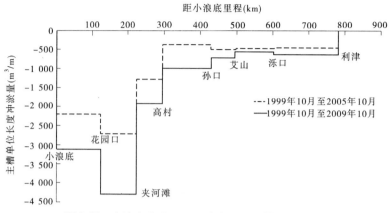

图2-45　小浪底水库运用以来各河段主槽单位长度冲淤量

2. 冲淤沿程变化

冲刷量在河段分配上极不均匀,具有"上段大、下段小、中间段更小"的特点。高村以上河段占下游河道长度的38%,冲刷量却占到全下游的73%(见图2-45),单位河长的冲刷量超过了 3 000 m³/m,尤其是花园口—夹河滩河段的单位河长冲刷量接近4 300 m³/m。夹河滩—高村、高村—孙口、孙口—艾山、艾山—泺口河段分别约为 1 925 m³/m、995 m³/m、723 m³/m 和 539 m³/m。泺口—利津河段约 613 m³/m,稍大于艾山—泺口河段的。同时由图2-45还可以看出,1999 年汛后至 2005 年汛后,单位河长冲刷量最小的河段在高村—孙口河段,反映了瓶颈河段随冲刷历时增长,逐渐向下游发展的过程。

3. 调水调沙期间的冲淤变化

2002 年 7 月至 2009 年小浪底水库共进行了 9 次调水调沙(其中 2007 年 2 次,其他年份各 1 次)。表 2-41 给出了历次调水调沙各流量级水量和沙量,可以看到大于 1 500 m³/s 的水量占调水调沙期总水量的94%以上,占1999～2009年总水量的15%,占1999～2009年大于 1 500 m³/s 总水量的60%。

表2-41　历次调水调沙各流量级水沙量统计

序号	开始时间 (年-月-日)	历时 (d)	进入下游(小黑武)各流量级水量(亿 m³)						沙量(亿 t)	
			0～800 m³/s	800～1 500 m³/s	1 500～2 600 m³/s	>1 500 m³/s	>2 600 m³/s	合计	进入 下游	利津
1	2002-07-04	12	0	0	3.3	27.2	23.9	27.2	0.32	0.51
2	2003-09-06	13	0	0	26.2	26.2	0	26.2	0.75	1.21
3	2004-06-19	25	2.6	1.2	14.8	42.8	28.0	46.6	0.04	0.70
4	2005-06-16	16	0	0.9	4.1	39.1	35.0	40.0	0.02	0.61
5	2006-06-09	21	0	0.8	5.2	56.8	51.6	57.6	0.08	0.65
6	2007-06-19	15	0	1.0	3.2	39.6	36.4	40.6	0.24	0.51

序号	开始时间 (年-月-日)	历时 (d)	进入下游(小黑武)各流量级水量(亿 m³)						沙量(亿 t)	
			0 ~ 800 m³/s	800 ~ 1 500 m³/s	1 500 ~ 2 600 m³/s	>1 500 m³/s	>2 600 m³/s	合计	进入 下游	利津
7	2007-07-29	10	0	1.0	3.5	23.7	20.2	24.7	0.46	0.45
8	2008-06-19	20	2.4	0	5.0	41.5	36.5	43.9	0.46	0.60
9	2009-06-19	18	0.6	0.7	7.0	45.0	38.0	46.3	0.04	0.39
合计		150	5.6	5.6	72.3	341.9	269.6	353.1	2.42	5.61

根据沙量平衡法计算,9 次调水调沙下游河道共冲刷泥沙 3.395 亿 t(见表 2-42),占 2002 ~ 2009 年断面法冲刷总量 15.342 亿 t 的 22%,其中高村—艾山和艾山—利津河段调水调沙期间冲刷量分别为 1.264 亿 t 和 0.630 亿 t,分别占 2002 ~ 2009 年断面法冲刷量的 45.4% 和 24.4%。

表 2-42　历次调水调沙下游各河段冲淤量统计

序号	开始时间 (年-月-日)	历时 (d)	各河段冲淤量(亿 t)				
			小浪底— 花园口	花园口— 高村	高村— 艾山	艾山— 利津	小浪底— 利津
1	2002-07-04	12	−0.051	0.044	−0.112	−0.079	−0.198
2	2003-09-06	13	−0.105	−0.148	−0.176	−0.053	−0.482
3	2004-06-19	25	−0.169	−0.147	−0.197	−0.151	−0.664
4	2005-06-16	16	−0.180	−0.220	−0.180	0.010	−0.570
5	2006-06-09	21	−0.101	−0.185	−0.192	−0.123	−0.601
6	2007-06-19	15	−0.065	−0.046	−0.101	−0.075	−0.287
7	2007-07-29	10	0.094	0.013	−0.076	−0.032	−0.001
8	2008-06-19	20	0.023	−0.065	−0.118	−0.048	−0.208
9	2009-06-19	18	−0.093	−0.100	−0.112	−0.079	−0.384
合计		150	−0.647	−0.854	−1.264	−0.630	−3.395
2002 ~ 2009 年断面法 冲淤量(亿 t)	(8 a)		−3.569	−6.405	−2.784	−2.584	−15.342
调水调沙期冲刷量 占年冲刷量(%)			18	13	45	24	22

4. 与三门峡水库清水下泄期比较

表 2-43 为两个水库清水下泄期的冲刷效率比较。三门峡水库清水下泄期花园口站的总水量为 2 320 亿 m³,利津以上总冲刷量为 16.52 亿 m³,小浪底水库运用以来的 1999 年 10 月至 2009 年 10 月,花园口站的总水量为 2 316 亿 m³,利津以上冲刷量为 13.04 亿

m³,两个时期的总水量接近,前者冲刷量略大。从单位水量的冲淤面积看,艾山以上河段单位水量的冲刷面积三门峡水库清水下泄期要大于小浪底水库清水下泄期,而艾山以下河段正相反。

表 2-43　两个水库清水下泄期的冲刷效率比较

河段			小浪底—花园口	花园口—高村	高村—艾山	艾山—利津	利津以上
河段长(km)			123.97	173.02	197.95	287.12	782.06
1960年9月至1964年10月	进口断面水量(亿 m³)	总水量	2 320	2 320	2 313	2 446	2 320
		$Q>1\ 200\ \mathrm{m^3/s}$	1 995	1 995	1 980	2 130	1 995
		$Q>1\ 500\ \mathrm{m^3/s}$	1 817	1 817	1 828	1 998	1 817
		$Q>2\ 500\ \mathrm{m^3/s}$	1 226	1 226	1 235	1 392	1 226
	冲淤量(亿 m³)		−5.43	−6.60	−3.57	−0.91	−16.52
	单位长度冲刷量(m³/m)		4 380.1	3 814.6	1 803.5	316.9	2 112.4
1999年10月至2009年10月	进口断面水量(亿 m³)	总水量	2 316	2 316	2 084	1 894	2 316
		$Q>1\ 200\ \mathrm{m^3/s}$	670	670	624	657	670
		$Q>1\ 500\ \mathrm{m^3/s}$	560	560	519	560	560
		$Q>2\ 500\ \mathrm{m^3/s}$	347	347	330	334	347
	冲淤量(亿 m³)		−3.86	−5.71	−1.79	−1.68	−13.04
	单位长度冲刷量(m³/m)		3 113.7	3 300.2	904.3	585.1	1 667.4

若考虑到两个时期来水条件和历时不同,其冲刷强度差别很大。以花园口站为例,三门峡水库清水下泄期流量大于 1 200 m³/s、大于 1 500 m³/s 和大于 2 500 m³/s 的水量分别占总水量的 86%、78% 和 53%,而小浪底水库运用以来上述各流量级的水量占总水量的比例仅分别为 29%、24% 和 15%。1999 年 10 月以来花园口站最大日均流量仅 4 280 m³/s(2007 年 6 月 28 日),而三门峡水库拦沙期花园口站最大日均流量为 8 700 m³/s(1964 年 7 月 28 日),大于 4 280 m³/s 的水量达 604 亿 m³。这说明两个时期的来水条件差别十分悬殊,单位水量的冲刷量不能客观反映实际的冲刷效率的差异。

(四)主槽横断面调整

以主槽宽度和横断面形态说明主槽的横向变化。

1. 主槽横向展宽及塌滩

分析 1999～2009 年汛后艾山以上主槽宽度变化过程(见图 2-46)可以看出,在 1999～2009 年清水下泄过程中,铁谢—花园口、花园口—夹河滩、夹河滩—高村、高村—孙口和孙口—艾山河段的主槽宽度分别由 1999 年的 922 m、650 m、627 m、504 m 和 477 m,增加到 2009 年汛后的 1 165 m、1 116 m、826 m、579 m 和 525 m,分别增加了 243 m、466 m、199 m、75 m 和 48 m,增幅为 26%、72%、32%、15% 和 10%。花园口—夹河滩河段主槽展宽最明显,其他河段展宽幅度稍小,艾山以下河段主槽宽度变化不大,以冲深为主。

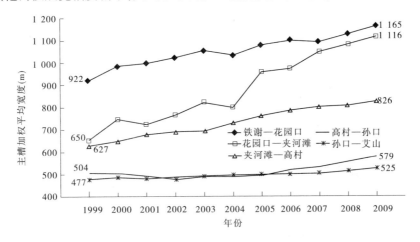

图 2-46 1999～2009 年艾山以上河段主槽宽度变化

2. 横断面形态变化

由表 2-44 可见,由于断面横向和纵向的变化程度不同,水深的增幅在 36%～149%,而河宽的增幅只有 −4%～72%,水深增幅大于河宽,因此各河段的宽深比 $\frac{\sqrt{B}}{h}$(其中 B 为河宽,h 为水深)都呈减小的特点(见图 2-47)。这说明在艾山以上河段向宽深方向发展,艾山以下河段趋于窄深。

表 2-44 小浪底水库运用前后黄河下游断面形态指标变化

河段	河宽			水深			宽深比		
	1999 年 (m)	2009 年 (m)	变幅(%)	1999 年 (m)	2009 年 (m)	变幅(%)	1999 年 (m)	2009 年 (m)	变幅(%)
铁谢—花园口	922	1 165	26	1.5	3.74	149	20.2	9.1	−55
花园口—夹河滩	650	1 116	72	1.71	2.76	61	14.9	12.1	−19
夹河滩—高村	627	826	32	1.97	3.47	76	12.7	8.3	−35
高村—孙口	504	579	15	1.91	3.85	102	11.8	6.2	−47
孙口—艾山	477	525	10	2.52	3.92	56	8.7	5.9	−32
艾山—泺口	447	431	−4	3.52	4.78	36	6.0	4.3	−28
泺口—利津	421	429	2	3.14	4.47	42	6.5	4.6	−26

(五)下游河道冲刷发展趋势

1. 下游河道冲刷发展规律

通过建立小浪底水库运用以来下游河段累计冲淤量和累计水量的关系,了解每个河段的冲刷发展趋势;同时建立冲淤量和来水条件、前期冲淤量的关系,以便于分析预估未来的冲淤发展趋势。

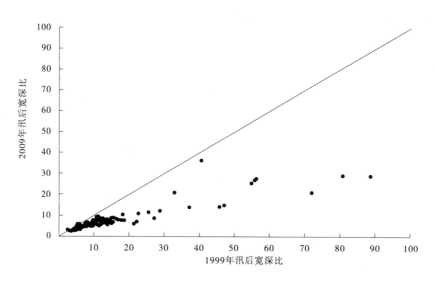

图2-47 小浪底水库运用前后黄河下游大断面宽深比对比

1）高村以上河段

图2-48为依据断面法计算的高村以上三个河段汛期累计单位河长冲淤量和累计水量的关系。三个河段有共同的特点,即随着冲刷(夹河滩—高村河段自2003年5月开始)的发展,冲刷强度有逐渐减弱的趋势。

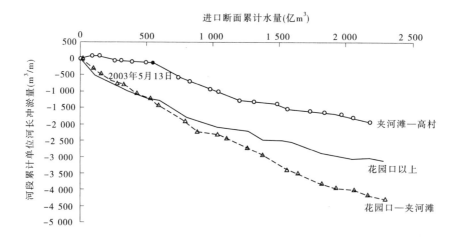

图2-48 高村以上河段累计单位河长冲淤量和累计水量的关系

通过回归分析得到:

花园口以上河段 $\sum \Delta A = 2.777 \sum W - 0.09 \Delta A_{已冲}$ （相关系数0.997）(2-24)

花园口—夹河滩河段 $\sum \Delta A = 2.56 \sum W - 0.35 \Delta A_{已冲}$ （相关系数0.950）

(2-25)

夹河滩—高村河段 $\sum \Delta A = 1.81 \sum W - 0.081 \Delta A_{已冲}$ （相关系数0.910）

(2-26)

式中：$\sum \Delta A$ 为自 1999 年汛后（夹河滩以上河段）或 2003 年 5 月（夹河滩—高村河段）平均累计单位河长冲淤量，$\mathrm{m^3/m}$；$\sum W$ 为河段进口站累计水量，亿 $\mathrm{m^3}$；$\Delta A_{已冲}$ 为前期累计单位河长冲淤量，$\mathrm{m^3/m}$。

2）高村—艾山河段

图 2-49 给出了高村—孙口、孙口—艾山河段累计单位河长冲淤量和累计水量的关系。统计计算不同流量级的水量，将其与断面法河段平均单位河长冲淤量建立关系，通过回归分析，得到如下关系：

高村—孙口河段

$$\Delta A = 0.05 W_{Q\leqslant 800} - 0.01 W_{800<Q\leqslant 1\,500} + 0.48 W_{1\,500<Q\leqslant 2\,600} + 2.915 W_{Q>2\,600} \quad (2\text{-}27)$$

孙口—艾山河段

$$\Delta A = -0.23 W_{Q\leqslant 800} - 0.975 W_{800<Q\leqslant 1\,500} + 1.23 W_{1\,500<Q\leqslant 2\,600} + 1.99 W_{Q>2\,600} \quad (2\text{-}28)$$

式中：ΔA 为河段单位河长冲淤量，$\mathrm{m^3/m}$，冲刷时取正值；$W_{Q\leqslant 800}$、$W_{800<Q\leqslant 1\,500}$、$W_{1\,500<Q\leqslant 2\,600}$、$W_{Q>2\,600}$ 分别为高村断面流量小于等于 800 $\mathrm{m^3/s}$、流量介于 800 $\mathrm{m^3/s}$ 和 1 500 $\mathrm{m^3/s}$ 之间、流量介于 1 500 $\mathrm{m^3/s}$ 和 2 600 $\mathrm{m^3/s}$ 之间和流量大于 2 600 $\mathrm{m^3/s}$ 的水量，亿 $\mathrm{m^3}$。

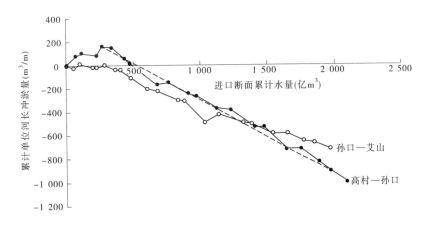

图 2-49　高村—艾山河段累计单位河长冲淤量和累计水量的关系

式（2-27）、式（2-28）显示，$W_{800<Q\leqslant 1\,500}$ 的系数分别为 -0.01 和 -0.975，说明介于 800 $\mathrm{m^3/s}$ 和 1 500 $\mathrm{m^3/s}$ 的流量过程会引起该河段微淤，尤其是孙口—艾山河段最为明显；$W_{1\,500<Q\leqslant 2\,600}$ 和 $W_{Q>2\,600}$ 的系数均大于 0，说明流量大于 1 500 $\mathrm{m^3/s}$ 时河道发生冲刷；两个河段 $W_{Q>2\,600}$ 的系数比 $W_{1\,500<Q\leqslant 2\,600}$ 的系数大，表明流量越大，冲刷效果越好。

3）艾山—利津河段

大汶河在艾山以上 14 km 处向干流河道加水，因此艾山以下河段冲淤特性还受东平湖加水的影响。艾山—泺口河段的累计单位河长冲淤量和累计水量关系显示，该河段自 2006 年开始出现冲刷效率明显转弱的趋势，见图 2-50。为区分干流来水和东平湖加水的影响，在建立定量关系时，分别计算艾山和泺口断面黄河干流部分不同流量级的水量以及东平湖加水量。

河段平均单位河长冲淤量与艾山或泺口干流部分不同流量级水量和东平湖加水量的

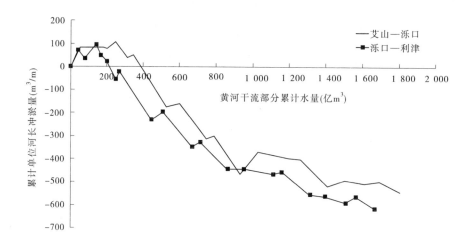

图 2-50 艾山—利津河段累计单位河长冲淤量和来水量的关系

关系如下：

艾山—泺口河段

$$\Delta A = -0.27W_{Q \le 800} - 1.59W_{800 < Q \le 1\,500} + 1.37W_{1\,500 < Q \le 2\,600} + 2.22W_{Q > 2\,600} + 4.39W_{东}$$
$$（相关系数 0.95）\tag{2-29}$$

泺口—利津河段

$$\Delta A = -0.33W_{Q \le 800} - 1.77W_{800 < Q \le 1\,500} + 1.50W_{1\,500 < Q \le 2\,600} + 1.61W_{Q > 2\,600} + 3.83W_{东}$$
$$（相关系数 0.92）\tag{2-30}$$

式中：ΔA 为河段单位河长冲淤量，m^3/m，冲刷时取正值；$W_{Q \le 800}$、$W_{800 < Q \le 1\,500}$、$W_{1\,500 < Q \le 2\,600}$、$W_{Q > 2\,600}$ 分别为艾山或泺口断面干流部分流量小于等于 800 m^3/s、流量介于 800 m^3/s 和 1 500 m^3/s 之间、流量介于 1 500 m^3/s 和 2 600 m^3/s 之间和流量大于 2 600 m^3/s 的水量，亿 m^3；$W_{东}$ 为东平湖向黄河的加水量，亿 m^3。

式(2-29)、式(2-30)中 $W_{Q \le 800}$ 和 $W_{800 < Q \le 1\,500}$ 的系数小于 0，表明小于 1 500 m^3/s 的流量级会导致艾山—利津河段淤积，并且 $W_{800 < Q \le 1\,500}$ 为 -1.59 和 -1.77，其绝对值比 $W_{Q \le 800}$ 的系数的绝对值大得多，这意味着 800~1 500 m^3/s 的流量级比小于等于 800 m^3/s 的流量级更容易引起河段淤积。两个河段 $W_{Q > 2\,600}$ 的系数均比 $W_{1\,500 < Q \le 2\,600}$ 的系数大，意味着流量越大冲刷效率越高；$W_{东}$ 的系数分别为 4.39 和 3.83，是 $W_{Q > 2\,600}$ 系数的 2 倍左右，这说明自小浪底水库运用以来，东平湖加水量的冲刷效率是干流来水的 2 倍左右。

需要说明的是，根据以往的研究，东平湖向黄河干流加水的冲刷作用不但与加水量的多少有关，还与加水流量的大小、加水的时机等有关。加水的流量越大，"增冲"的效果越好；在干流大流量时加水，比在小流量期间加水的"增冲"效果好。

2. 未来 2 a 黄河下游平滩流量预测

以下采用 3 种方法，预估在小浪底水库近期运用方式条件下、进入下游的平均来水来沙条件下，未来 2 a 黄河下游各河段的平滩流量恢复程度。

方法 1：以 2007~2009 年(指运用年)的平均情况作为估算基础，根据进入下游的平均水沙条件和平滩流量变化情况,以平均单位水量的平滩流量增加值为准,预测未来2 a 的平滩流量增加量,见表2-45。结果表明各河段的平滩流量在未来2 a 将会不同程度地增加,在未来 2 a,平滩流量最小的艾山断面的平滩流量将分别达到 4 100 m³/s 和 4 200 m³/s。

表2-45　未来2 a 黄河下游平滩流量预估计算成果(方法1)

水文站		花园口	夹河滩	高村	孙口	艾山	泺口	利津
各运用年水量 (亿 m³)	2007 年	269.7	262.8	259.8	250.8	248.7	230.3	204.0
	2008 年	236.1	222.3	220.8	206.7	197.1	176.8	145.6
	2009 年	232.2	216.8	208.9	202.8	187.9	165.6	132.9
	合计	738.0	701.9	689.5	660.3	633.7	572.7	482.5
	平均	246.0	234.0	229.8	220.1	211.2	190.9	160.8
汛前平滩流量 (m³/s)	2007 年	6 000	5 800	4 700	3 650	3 700	3 850	4 100
	2010 年	6 500	6 000	5 300	4 000	4 000	4 200	4 400
单位水量的平滩流量增量 (m³/(s·亿 m³))		0.68	0.28	0.87	0.53	0.47	0.61	0.62
未来平滩 流量(m³/s)	2011 年	6 667	6 067	5 500	4 117	4 100	4 317	4 500
	2012 年	6 833	6 133	5 700	4 233	4 200	4 433	4 600

方法2:根据小浪底水库运用以来黄河下游各河段平滩流量与河段累计冲淤面积关系,以最近 2 a 的平均冲刷强度,作为未来 2 a 的冲刷强度,预测未来 2 a 的平滩流量增加量。由表2-46 可见,未来 2 a 黄河下游平滩流量仍将增加,平滩流量最小的孙口—艾山河段也将达到 4 125 ~ 4 250 m³/s。

表2-46　未来2 a 黄河下游平滩流量预估计算成果(方法2)

河段		花园口 以上	花园口— 夹河滩	夹河滩— 高村	高村— 孙口	孙口— 艾山	艾山— 泺口	泺口— 利津
近 2 a 河段冲刷面积 增加量(m²)		231	472	327	274	126	25	58
近 2 a 河段平滩流量 增加量(m³/s)		200	100	200	350	250	200	250
单位冲刷面积平滩 流量增量(m³/(s·m²))		0.87	0.21	0.61	1.28	1.98	8.00	4.31
单位河长冲淤量 (m³/m)	2011 年	115.32	235.91	163.57	137.18	62.83	12.40	29.12
	2012 年	231	472	327	274	126	25	58
平滩流量 (m³/s)	2010 年	6 500	6 000	5 300	4 000	4 000	4 200	4 400
	2011 年	6 600	6 050	5 400	4 175	4 125	4 300	4 525
	2012 年	6 700	6 100	5 500	4 350	4 250	4 400	4 650

方法3：根据上文回归分析建立的河段平均单位河长冲淤量与各流量级水量、前期冲淤量的定量关系，计算未来2 a 的单位河长冲淤量。其中未来的来水条件按最近3 a（2007～2009运用年）的平均情况考虑，计算这三年的年均水量及各流量级的水量，流速按2009年调水调沙期间洪峰流量的对应流速考虑，计算结果见表2-47。到2011年，平滩流量最小的孙口—艾山河段的平滩流量接近4 050 m³/s，同期艾山—泺口的平滩流量约为4 250 m³/s，2012年孙口—艾山河段的平滩流量约为4 100 m³/s，艾山—泺口的平滩流量在4 300 m³/s左右。

表2-47 未来2 a 黄河下游平滩流量预估计算成果（方法3）

河段		花园口以上	花园口—夹河滩	夹河滩—高村	高村—孙口	孙口—艾山	艾山—泺口	泺口—利津
进口断面近3 a 年均水量（亿m³）	总水量	242	242	230	226	217	203	182
	<800 m³/s	122	122	121	127	129	158	137
	800～1 500 m³/s	68	68	59	51	40	3	4
	1 500～2 600 m³/s	8	8	8	7	7	23	23
	>2 600 m³/s	44	44	42	41	41	19	18
流速（m/s）		1.58	2.04	2.30	2.23	2.18	1.87	2.12
单位河长冲淤量（m³/m）	2011年	371	445	262	128	21	28	15
	2012年	337	429	240	128	21	28	15
平滩流量（m³/s）	2010年	6 500	6 000	5 300	4 000	4 000	4 200	4 400
	2011年	7 086	6 907	5 901	4 286	4 047	4 252	4 432
	2012年	7 618	7 782	6 454	4 571	4 094	4 303	4 464

（六）主要认识

（1）小浪底水库运用10 a，大流量较少，65%的水量集中在1 000 m³/s 以下的流量，大于2 000 m³/s 的水量为485亿 m³，只有三门峡水库运用初期相同流量级水量1 512亿 m³ 的32%，且没有大于4 500 m³/s 的流量。

（2）小浪底水库运用10 a 冲刷效率与三门峡水库清水下泄期总体相近，但艾山以上河段前者小于后者，而艾山以下河段相反。

（3）随着持续冲刷，下游同流量水位下降，平滩流量增大，至2010年汛前各水文站都已达到或超过4 000 m³/s。10 a 来冲刷不断向下游发展，瓶颈河段不断下移，近期艾山附近河段将成为黄河下游排洪能力最小的河段。

（4）流量过程仍是影响高村以下河道冲刷的首要因素，较大流量具有更好的冲刷效果。小浪底水库运用以来，东平湖向黄河干流加水对艾山以下河段有显著的"增冲"作用。

（5）采用多种方法对下游平滩流量进行预估，未来1～2 a，在近期小浪底水库运用方式下,根据近 3 a 下游来水来沙平均情况预测,下游河道最小平滩流量将达到或超过 4 100 m³/s(艾山附近)。

四、下游河势变化特点及成因分析

(一)小浪底水库运用后游荡性河段河势变化特点

小浪底水库拦沙运用 10 a 来,下游来水来沙条件发生较大变化,同时河道整治工程也在不断完善,由此游荡性河段河势表现出与运用前不同的一些新特点。

1. 游荡强度变化

图 2-51 为铁谢—伊洛河口、花园口—黑岗口和夹河滩—高村三个典型河段 1960 ~ 2008 年主流摆幅变化过程。由图 2-51 可以看出,各河段主流摆幅都有减弱,其中花园口—黑岗口河段主流摆幅显著减弱,2000 ~ 2008 年平均主流摆幅为 345 m,仅占 1960 ~ 1964 年主流摆幅的 30%。各河段不同时期主流摆幅见表 2-48。

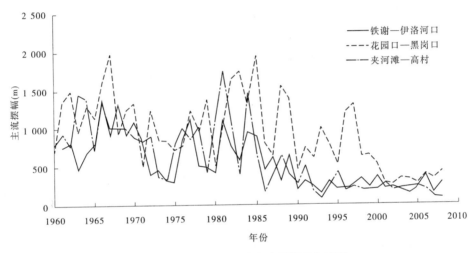

图 2-51 典型河段平均主流摆幅变化过程

表 2-48 各河段、各时期主流平均摆幅

河段	各时期主流平均摆幅(m)				
	1960 ~ 1964 年 ①	1974 ~ 1985 年 ②	1986 ~ 1999 年 ③	2000 ~ 2008 年 ④	④/① (%)
铁谢—伊洛河口	674	710	320	220	33
花园口—黑岗口	1 156	1 180	880	345	30
夹河滩—高村	1 065	910	290	170	16

从 2000 ~ 2009 年各河段河湾个数与整治工程匹配情况以及治导线上工程靠河概率的分析也可以了解到,河势有向规划流路调整的趋势。

图 2-52、图 2-53 为典型河段 2000 年与 2009 年河势套绘图。可以看出,目前各河段

水流较为规顺,流路趋于规划流路方向发展,特别是黑岗口—夹河滩河段,曾在 2002 ~ 2005 年出现严重的畸形河湾,与规划流路基本呈反方向,但经过 2006 年 3 月的人工裁湾,流路调整与规划流路基本一致。

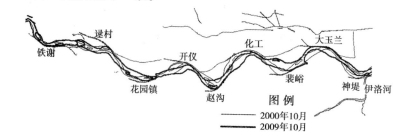

图 2-52　铁谢—伊洛河口河段河势套绘图

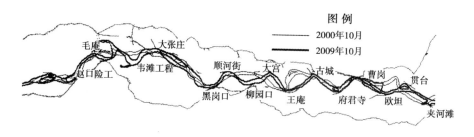

图 2-53　黑岗口—夹河滩河段河势套绘图

在流路调整的同时,工程靠河概率增加。目前,工程靠河概率最大的是禅房—高村河段,其次是铁谢—伊洛河口河段,其他各河段也逐步向规划流路发展。

1)铁谢—伊洛河口河段

1993 ~ 1999 年该河段整治工程靠河概率最大,达 97%。2000 年以来,逯村、花园镇和神堤工程靠河不够稳定(见图 2-54),特别是逯村工程多年来仅下首靠河,总体工程靠河概率为 73%。

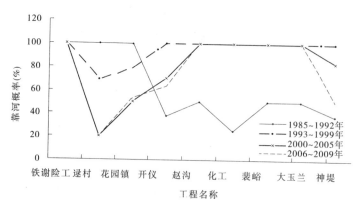

图 2-54　铁谢—伊洛河口河段工程靠河概率

2）花园口—黑岗口河段

由图2-55可以看出,花园口—黑岗口河段总体上工程靠河情况改善不大,只有三官庙工程2006年以来靠河概率增加显著,九堡和韦滩工程始终未靠河,说明该河段工程位置与目前水沙特性不够适应,需要尽快对整治工程进行调整。

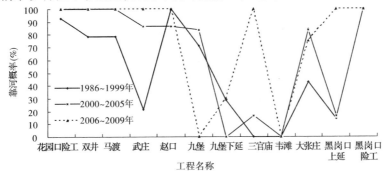

图2-55　花园口—黑岗口河段工程靠河概率

3）黑岗口—夹河滩河段

经过2006年3月人工裁湾后,该河段工程靠河概率显著增加,只有柳园口险工、欧坦堤工程靠河还不理想(见图2-56)。

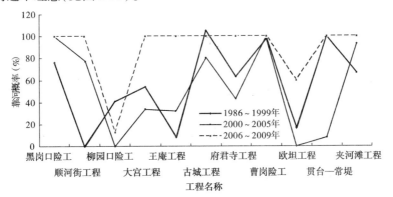

图2-56　黑岗口—夹河滩河段工程靠河概率

4）夹河滩—高村河段

由图2-57可以看出,夹河滩—高村河段整治工程1993年以来靠河概率大大增加,特别是2000年之后,治导线上工程靠河概率达到100%,说明该河段整治工程与目前来水特性已经基本适应。

图2-58为1960～2008年各河段主河槽宽深比变化过程。截至1998年,铁谢—伊洛河口和夹河滩—高村河段河道整治工程长度分别占河道长度的101%和71%。由图2-58可见,在整治工程的制约下,十几年来河势较稳定。

由图2-58统计,铁谢—伊洛河口河段:2000～2008年 $\dfrac{\sqrt{B}}{h} = 5.5 \sim 10.8$;夹河滩—高

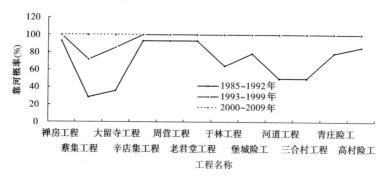

图 2-57　夹河滩—高村河段工程靠河概率

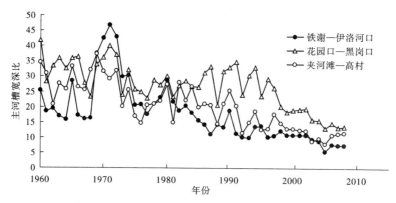

图 2-58　1960～2008 年各河段主河槽宽深比变化过程

村河段: 2000～2008 年 $\dfrac{\sqrt{B}}{h}$ = 7.9～12.2。

依据陆中臣等(1991)利用主河槽宽深比判别河型的指标,可知:$50 > \dfrac{\sqrt{B}}{h} \geqslant 24$ 时为游荡河流;$7 \leqslant \dfrac{\sqrt{B}}{h} < 18$ 时为顺直(分汊)河流;$3.5 \leqslant \dfrac{\sqrt{B}}{h} < 7$ 时为弯曲河流。

在一些河流上,符合 $7 \leqslant \dfrac{\sqrt{B}}{h} < 18$ 这一范围的河道表示为顺直(分汊)河段,在黄河上应为过渡性河段。2000～2008 年铁谢—伊洛河口和夹河滩—高村两个河段主河槽宽深比基本上在这一指标范围内,尤其夹河滩—高村河段的河势更加稳定,从指标数值上看已具有从游荡河道向弯曲河道过渡的特点,或者说初步具备了过渡性河段的特征。

2. 河势的分维特征

根据分形与分维理论判别,夹河滩—高村河段的河势也明显趋于规顺。分形学(分形与分维理论)是 20 世纪 70 年代由 Mcmdelbort 首次提出的,用于研究介于极端有序和极端无序之间的状况。如河流及海岸线的形状、山形的起伏、星云的分布、碎片的分布等。分维是对这些具有自相似性的结构及现象进行有效量度的参数,是指在更深、更广泛的意义上定义 n 维空间中超越"长度、面积、体积"旧概念的度量,是一个分形集"充满空间的程度"。例如,一个分形集的分维值为 1.16 ,是指它在空间的分布比一维空间复杂,比二维空间简单。

河势、流域等的形状和分布等无法用准确的数字形式表达,但其中又存在某些规律性,分形与分维理论揭示了这些随机现象内部隐含的规律性。设特征尺度为 r,由该特征尺度度量的数目为 $N(r)$,两者的数学表达式为

$$N(r) = cr^{-D} \qquad (2\text{-}31)$$

式中:c 为关联函数;D 为分维值。

D 值可由下式求得

$$D = -\lim(\lg N/\lg r) \qquad (2\text{-}32)$$

即 D 值可由 N 和 r 在双对数坐标图上投影直线的斜率求得。

为此,在现有河湾要素如弯曲系数、主流摆幅、弯曲半径等的基础上,引入主流线和河势平面形态的分形分维数,以此反映主流的弯曲程度及河势的不规则程度。

根据历年主流线图,利用 ArcInfo 软件定义控制点,进行影像校正,并矢量化河势图。根据分维理论和计算方法,编制分维数计算程序,采取不同度量尺度,分别计算得到历年黄河主流线的分形分维值(见图2-59)。分维值越大,说明主流越弯曲。结合河势图分析表明,主流线分维值大于 1.05 一般是出现了畸形河湾。如 1993 年的花园口—夹河滩和夹河滩—高村河段曾出现过畸形河湾,分维值达到 1.06;再如 2003 ~ 2005 年花园口—夹河滩河段出现的畸形河湾,最大分维值达到近 1.08,是自 1985 年以来出现的最严重的畸形河湾。

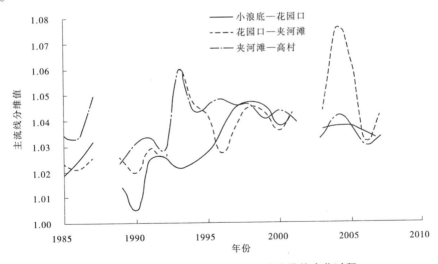

图 2-59　黄河下游 1985 年以来主流线分维值变化过程

用同样的方法得到历年黄河河势平面形态的分维值(见图2-60)。由图2-60可以看出,自 1982 年以来,各河段的分维值总体趋于减小,说明河势越来越规顺。特别是 2004 年之后,除黑岗口—夹河滩河段因畸形河湾河势散乱、分维值较大外,其他三个河段分维值都较小。

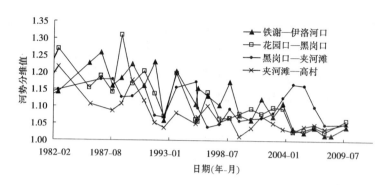

图 2-60　黄河下游典型河段 1982 年以来河势分维值变化过程

3. 存在的问题

尽管 2000 年以来河势趋于规顺,并向规划流路方向发展,但也存在一些问题。主要有工程靠河位置下挫、下败,畸形河湾增多等。

1) 河势下挫、下败,心滩增多

2000 年以来,由于长期来水为清水、小水,主槽下切、展宽,多数工程靠河位置摆动不定,使得工程下首滩地原来辅助送溜的作用大大减弱,出溜后水面展宽,下游工程上首心滩增多。

2) 畸形河湾增多

2002 ~ 2005 年,在大宫与夹河滩之间河段出现多处畸形河湾(见图 2-61),这是自1985 年以来该河段出现的最严重的畸形河湾。畸形河湾的产生给工程防护和滩区生产安全带来了很大压力。

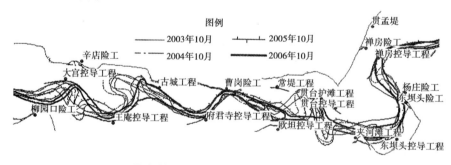

图 2-61　大宫—夹河滩河段畸形河湾

主流弯曲系数的变化可反映畸形河湾出现的情况(见图 2-62)。1993 ~ 1995 年、2002 ~ 2005 年黑岗口—夹河滩河段主流弯曲系数显著增大,最大值分别达到 1.4 和 1.8,说明这两个时期出现了畸形河湾。

(二)河势变化成因分析

影响河势变化的条件为水沙和河床边界两个方面。

图 2-63 ~ 图 2-65 为各河段主流平均摆幅与年来水量关系。可以看出,河势变化与来水条件有着非常直接的关系。同时,在相同水量条件下,主流摆幅存在一定的变幅,而2002 年以来主流摆幅最弱,这说明整治工程对约束河势也起到了重要作用。

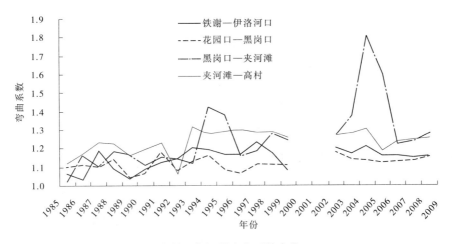

图 2-62　各河段弯曲系数变化

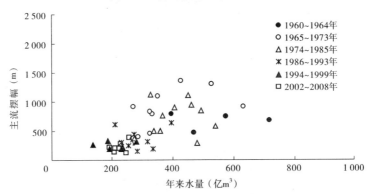

图 2-63　铁谢—伊洛河口河段主流摆幅与年来水量关系

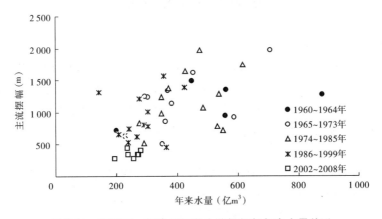

图 2-64　花园口—黑岗口河段主流摆幅与年来水量关系

(三)畸形河湾成因分析

1960 年以来,游荡性河段发生畸形河湾较为明显的有 5 次,其中 4 次发生在黑岗口—夹河滩河段,具体情况见表 2-49。

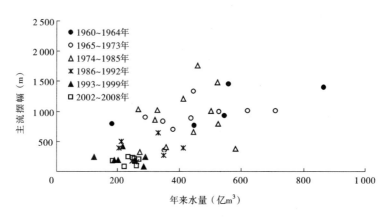

图 2-65　夹河滩—高村河段主流摆幅与年来水量关系

表 2-49　畸形河湾发生河段及时间

畸形河湾发育时间	河段	畸形河湾消失时间	消失原因
1975~1977 年	王家堤—新店集	1978 年	自然裁弯
1979~1984 年	欧坦—禅房	1985 年	自然裁弯
1981~1984 年	柳园口—古城	1985 年	自然裁弯
1993~1995 年	黑岗口—古城	1996 年	自然裁弯
2002~2005 年	柳园口—夹河滩	2006 年 3 月	人工裁弯

为什么在黑岗口—夹河滩河段频频出现畸形河湾呢? 这要从水流条件和边界条件进行探寻。

1.持续小水,河势趋弯

常发生畸形河湾河段的来水控制站为花园口水文站,通过分析 1960 年以来花园口水文站的年水量和汛期水量(见图 2-66)发现,在每次畸形河湾出现的前一年或前几年,来水量都特别偏枯,且畸形河湾发展期间来水也不大,持续小水使畸形河湾得以发展。多数裁弯都是遇洪水自然裁弯的。若把 1960~1985 年年均水量 450 亿 m³ 作为平均情况来看,则有:

(1)1993~1995 年发生畸形河湾之前的 1991 年、1992 年,来水量平均仅 241 亿 m³,仅有 450 亿 m³ 的 54%,且之后连续几年为枯水期,直到"96·8"大水过后畸形河湾才消失。

(2)2000 年、2001 年也为特枯水年,年水量仅为 164 亿 m³,仅为 450 亿 m³ 的 36%,之后也是连续几年小水,到 2006 年 3 月底人工裁弯才使畸形河湾消失。

2.河床纵比降平缓

通过 3 000 m³/s 水位差和每年主流线长度,点绘了 1985~2008 年 4 个河段的河道比

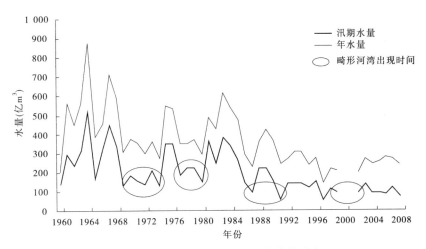

图 2-66 花园口站 1960~2008 年水量过程

降变化过程(见图 2-67)。从图中可以看出,黑岗口—夹河滩河段比降最小,水流容易坐湾。虽然治导线上整治工程长度占河道长已达 90%(截至 2001 年年底),但在 2005 年年底前,该河段的整治工程对河势控制较弱,除黑岗口、曹岗险工靠河较好外,其他工程靠河概率仅为 34%,是游荡性河段靠河概率最低的河段。河道整治工程对河势控制作用较弱,使得主流自由摆动空间大,这为畸形河湾的发展提供了空间。

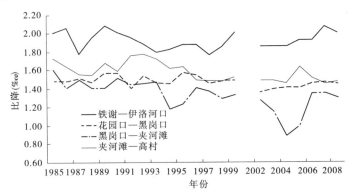

图 2-67 1985~2008 年各河段河道比降

3. 水流最小能耗的需要

畸形河湾形成的根本原因在于水流能量分配的需要。河流调整的结果,除满足输沙平衡要求外,还力求使水流所消耗的功率达到最小。按照杨志达的理论,单位重量的水流在单位时间内所消耗的能量力求达到当地具体条件所许可的范围内的最小值。数学表达式为

$$UJ = 最小 \tag{2-33}$$

水流连续方程

$$U = \frac{Q}{Bh} \tag{2-34}$$

水流运动方程

$$U = \frac{1}{n}h^{2/3}J^{1/2} \tag{2-35}$$

联解式(2-33)、式(2-34)、式(2-35),得

$$UJ = n^{-0.6}Q^{0.4}J^{1.3}B^{-0.4} = 最小 \tag{2-36}$$

耗能最小值的设想,可以通过三种方式来满足:加大河流阻力、减小比降、增加河宽。

小浪底水库拦沙运用初期,为满足水流平衡、单位能耗最小的需求,河流必然要依靠增加流路(加大河流阻力)、减小比降(增加河长)和河道展宽来实现,这是畸形河湾出现的机理所在。

(四)主要认识和建议

1. 主要认识

小浪底水库投入运用 10 a 来,下游来水量的 65% 集中在 1 000 m^3/s 流量以下,9 次调水调沙最大下泄流量仅为 4 000 m^3/s 左右。除洪水期有低含沙异重流排沙外,其余为清水下泄。在前期河道萎缩情况下,游荡性河段平面形态发生了较大变化,变化特点为:

(1)主流摆幅显著减弱,河势总体趋于规顺。

(2)局部河段出现工程靠河位置下挫、下败,心滩增多。

水沙条件是影响河势变化的重要因素,同时河道整治工程在限制主流摆动、规顺河势方面起到了重要作用。

(3)主流线、河势分维值能够较为客观、准确地反映主流的弯曲度和河势的不规则程度(散乱程度),这是对现有河型判别指标的一种有益补充。

(4)畸形河湾发生的前提条件为来水偏枯且持续小水,常发生在黑岗口—夹河滩河段的原因是该河段河道比降小、整治工程控制较弱、水流弯曲有较大的自由空间。

2. 建议

(1)从畸形河湾发生、发展过程看,连续枯水是造成畸形河湾的内在因素,工程与水沙条件不适应、控制河势弱是造成畸形河湾的外在原因。因此,建议小浪底水库控制运用应尽量避免长期下泄小水,而应有一定幅度的流量涨落过程,这样有利于降低下游,尤其是黑岗口—夹河滩河段畸形河湾的出现概率。

(2)从河势调整情况看,凡是整治工程较完善、对河势控制较好的河段,均不易发生畸形河湾。从目前各河段整治工程靠河情况看,九堡和韦滩工程靠河较差,应尽快完善花园口—黑岗口河段的河道整治工程。

五、黄河三角洲海域海洋动力、输沙、海岸演变特征

(一)黄河三角洲海域波流动力特征

1. 流速空间分布

流速是影响输沙的重要因素之一。黄河河口平面二维潮流数学模型模拟结果表明,无论黄河入海流量为 0 还是 5 000 m^3/s(暂不考虑含沙量),渤海流速分布有三个特点(见图 2-68):

(1)黄河三角洲沿岸有三个高流速中心(0.4 ~ 0.6 m/s),分别位于渤海湾的西北角、三角洲东北角(即刁口河—神仙沟沟口附近海域)、清水沟流路突出沙嘴附近,其中清水

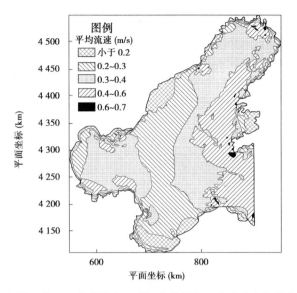

图 2-68　黄河入海流量为 0 时相应的渤海平均流速空间分布

沟流路突出沙嘴附近的高流速中心范围较小。

（2）渤海湾流速强于莱州湾。

（3）自秦皇岛至莱州湾存在一个低流速带。

在入海流量由 0 增加到 5 000 m^3/s 时,流场主要差距是在入海口附近 10 km 左右的范围内平均流速由 0.29 m/s 增大为 0.35 m/s,增加了 0.06 m/s,可见入海流量对渤海流场的影响不明显。

2. 水深分布

总的来说,渤海水深分布为:岸边浅,渤海海峡最深,渤海湾比莱州湾水深(见图 2-69)。

图 2-69　渤海地形等高程线　（黄海基面,单位:m）

3.渤海潮流挟沙能力指标空间分布

在比较渤海海域不同地点潮流挟沙能力相对大小时,采用罗肇森经验公式

$$S_* = 0.296 \times 2\,650 \times \left(\frac{1\,000}{\gamma_w}\right)^{12.8} \frac{V^2}{gh} \qquad (2\text{-}37)$$

式中:γ_w 为泥沙干容重。

用此公式估算黄河入海流量分别为 0、5 000 m^3/s 时的渤海潮流挟沙能力,可知其共同特点是:

(1)黄河三角洲附近海区挟沙能力呈带状分布,浅水区的挟沙能力(0.5 ~ 6 kg/m^3)大于深水区(小于 0.5 kg/m^3);

(2)渤海湾挟沙能力大于莱州湾(不包括清水沟沟口附近海域);

(3)自秦皇岛至莱州湾,存在一个低挟沙能力带,阻止了黄河高含沙水流挟带的泥沙向外输移。

黄河入海流量由 0 提高到 5 000 m^3/s 时,潮流挟沙能力的主要差距存在于口门附近顺出流方向约 13 km、左右两侧约 10 km 范围内(见图 2-70)。在此范围内平均挟沙能力由 2.56 kg/m^3 增大为 3.81 kg/m^3,仅增加了 1.25 kg/m^3,可见入海流量对水流挟沙能力的影响也不明显。

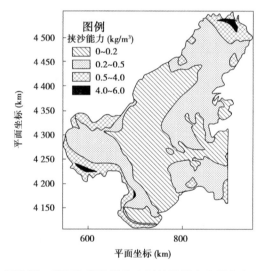

图 2-70　黄河入海流量为 0 时挟沙能力空间分布

4.黄河三角洲海域波浪及其沿岸输沙能力

黄河三角洲海域波浪来自多个方向,但是以东北方向为主(见图 2-71)。最大破波水深约 4.9 m。采用美国海岸工程研究中心(CERC)提出的沿岸输沙率计算公式,计算了黄河三角洲海域波浪形成的沿岸输沙率,发现通过三角洲北部海岸中部且垂直于海岸线的断面的年平均净沿岸输沙率约为 20 万 m^3/a,方向向西,而通过三角洲东部海岸中部且垂直于海岸线的断面的年平均净沿岸输沙率约为 2 万 m^3/a,方向向东南(见图 2-72)。

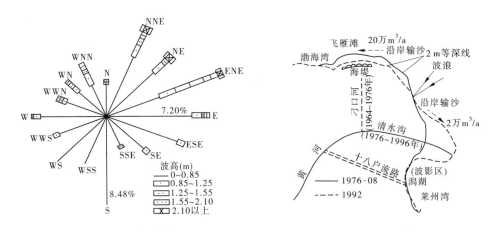

注:线段长短表示频率

图 2-71　黄河三角洲滨海区深水波浪玫瑰图　　　　图 2-72　年平均净沿岸输沙率

（二）波流变化对刁口河附近海岸蚀退的影响

黄河三角洲附近海区 36 个地形测验断面布置如图 2-73 所示。1976 年 8 月至 1993 年 10 月,1～19 断面(刁口河和神仙沟流路海岸)演变特征为浅水区明显冲刷,深水区稍有淤积,全断面冲刷量大于淤积量;除滨海区 1、2 断面外,冲刷与淤积转换的深度大多在

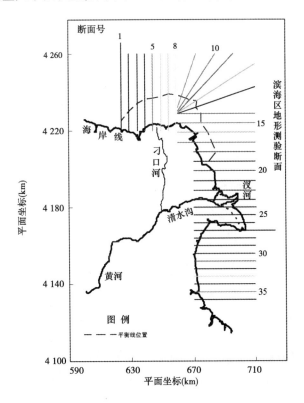

图 2-73　黄河三角洲滨海区 36 个地形测验断面

5~16 m,超过了此海域最大的破波水深值 4.9 m,表明潮流和波浪是近岸蚀退的主要因素。

实测资料分析还表明,随着海岸浅水区的冲刷,海岸泥沙粗化,而深水区海岸粗泥沙(粒径大于 0.05 mm)的比例稍有减低,但仍在 10%~20%(见图 2-74),这表明浅水区海岸蚀退的细泥沙只有很少一部分直接淤积在下段,而大多数漂移到渤海深海(地形测区以外);还表明无论泥沙粗细,一旦进入深水区,很难再被起动、输移。

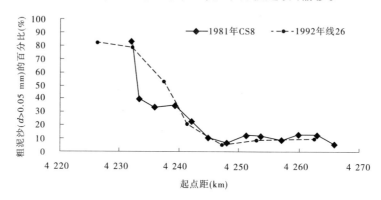

(注:1981 年 CS8、1992 年线 26 断面与断面 8 在同一位置)

图 2-74 滨海区断面 8 附近河床质粗泥沙百分比

1984 年西河口以下清水沟河长约为 53 km。以 1984 年地形为基础,用黄河河口平面二维水流数学模型分别模拟了刁口河向北、清水沟向东延伸 10 km、20 km、30 km、40 km、50 km、60 km 情况下渤海流场的变化,发现随着口门的延伸(沙嘴向海突出),口门附近流速增大,但是延伸 40 km 后,流速达到最大,口门继续延伸,流速变化不大(见图 2-75)。

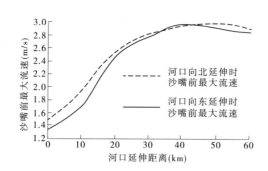

图 2-75 黄河河口延伸距离与口门流速的关系

(三)主要认识及建议

1. 主要认识

(1)黄河三角洲海域海洋动力挟沙能力空间分布特点是沿岸浅水区较强、深水区较弱;在渤海波流动力作用下海岸浅水区蚀退、粗化,淤积在深水区的泥沙很难再被海洋动力起动、输移。

(2)加大黄河入海流量对渤海海洋动力挟沙能力的影响不明显,仅限于口门附近 10~20 km 范围内;河口延伸达到 40 km 距离(以 1984 年地形为基础,此时西河口以下清水沟河长达到 53 km),口门附近流速达到最大,再延伸后口门流速变化不大。

（3）刁口河流路停止行河以后,由于缺乏黄河入海水沙供应、当地飞雁滩围堤的修建,刁口河附近海岸蚀退。蚀退形态将逐渐适应当地的动力条件,海岸蚀退速率逐渐减小。

2.建议

（1）把黄河细泥沙相对均匀地输送到三角洲沿岸的浅水区,借助于海洋动力把较细的泥沙带到深海区,同时考虑到较粗的泥沙不能被海洋动力带到渤海深海,总是淤积在滨海区的特点,应结合黄河三角洲经济开发等需求合理处理较粗泥沙,如通过放淤抬高三角洲地面高程、改良土质。

（2）考虑到沙嘴向海延伸距离、泥沙特性、工程等因素会影响海洋动力向外海输沙,还需要对海洋动力输沙等做进一步深入研究。

第三章　主要认识和建议

一、主要认识

(一)2009 年基本情况

(1)2009 年降雨量偏少 8%,但干流水沙偏少较多,除唐乃亥外,头道拐以下径流减少 25%以上,利津偏少 60%以上,龙门和潼关的沙量均减少 90%以上,除汛前调水调沙外,干流没有发生大流量过程(编号洪水)。

(2)河龙区间作为黄河泥沙尤其是多沙粗沙的主要来源区,区间径流、泥沙量大幅度减少是水利水保综合治理等人类活动影响和降雨等自然因素变化的综合结果。1997～2006 年河龙区间实测年均水沙量分别为 29.70 亿 m^3 和 2.17 亿 t,较 1950～1969 年实测年均水沙量 73.3 亿 m^3 和 9.94 亿 t 分别减少了 43.6 亿 m^3 和 7.77 亿 t,分别占 1950～1969 年系列均值的 59%和 78%。其中,水利水保综合治理等人类活动影响年均减水减沙量分别为 29.90 亿 m^3 和 3.5 亿 t,分别占总减水减沙量的 68.6%和 45.0%,而因降雨减少 10.2%所引起的年均减水减沙量分别为 13.70 亿 m^3 和 4.27 亿 t,分别占总减水减沙量的 31.4%和 55.0%。

(二)下游河道冲淤演变及发展趋势

(1)小浪底水库拦沙运用,下游河道持续冲刷,平滩流量全线达到 4 000 m^3/s,基本达到了维持黄河下游河道排洪输沙等基本功能的河槽低限指标,对排洪输沙起瓶颈作用的河段逐步下移到艾山附近河段。

(2)下游河道持续清水冲刷、床沙粗化,并伴随着断面形态的调整,各河段冲刷效率都有所降低,但冲刷效率的降低具有空间和时间分布的集中性。冲刷效率的降低主要集中在高村以上河段,并且随着冲刷的发展,冲刷效率持续降低。高村以下尤其是艾山以下河段冲刷效率降低幅度较小,并主要集中在 2005 年以前,2006 年以后床沙粗化程度以及冲刷效率的降低幅度较小。

(3)下游各河段河床粗化程度和断面形态调整幅度的不同,决定了各河段冲刷效率的变化幅度;同时,花园口以下河段冲刷效率降低幅度较小,还与上段冲淤调整所引起的本河段来沙条件的变化有关。

高村以下河段水文站断面输沙能力的降低主要由上游河段来沙条件的变化引起,占降低值的 67%～88%,自身粗化和断面形态的变化仅占 12%～33%;而夹河滩输沙能力的降低前者仅占 32%,后者占 68%。

(4)在冲刷发展过程中,各河段横断面形态变化特征不同,高村以上河道主槽展宽、单宽流量减小、水动力作用减弱,主槽横断面形态由尖瘦的"V"形向宽深的"U"形发展。

因河型、河性及工程控导作用的不同,下游不同河段冲刷方式也存在很大的差异。高村以下尤其是艾山以下河段主要表现为主槽下切,而高村以上游荡性河段主槽下切与展宽并存。高村以上河段在河势游荡摆动过程中,塌高滩、淤低滩,嫩滩(低滩)发育,主槽宽度明显增大,单宽流量减小,致使水动力条件(挟沙能力因子 V^3/h)持续降低,冲刷能力相应减弱。在横断面分布上,下游河道的冲刷首先表现为深泓点的下切,在高村以上河段同时伴随主槽的展宽;当冲刷发展到一定程度后,河底部分的床沙发生累计性粗化,冲刷下切强度明显减弱,而河岸的冲刷不会造成累计性粗化,其减弱的程度明显偏小,致使冲刷趋于横向展宽方向发展,河槽形态也逐渐由尖瘦的"V"形向宽深的"U"形发展。

(5)调水调沙运用对增大下游河道的冲刷效果具有重要影响。

在现有河道边界条件(粗化)下,调水调沙期冲刷效率随平均流量的增大而增大,4 000 m^3/s 流量级全断面冲刷效率最大,继续增大流量到 4 500 m^3/s,因部分嫩滩淤积,全断面冲刷效率略有降低,但主槽冲刷效率仍是提高的。尤其是艾山以下窄河段,小水期是淤积的,更加突出了大流量过程的冲刷效果;同时,床沙粗化对本河段冲刷效率影响程度不高。因此,建议调水调沙期尽可能增大洪峰平均流量(不漫滩),提高下游河道冲刷效果。

(6)小浪底水库拦沙运用 10 a 来,由于水库长期下泄小流量过程,加之河道整治工程的不断完善,游荡性河段游荡摆动特性明显减弱,河势趋于规划治导线方向发展,但同时部分河段也存在较为明显的河势下挫、下败现象,畸形河湾发展较为严重。

随着河道整治工程的不断完善,小浪底水库拦沙运用阶段游荡性河段河势变化范围、主流摆动幅度、河相系数都显著减小,弯曲系数有所增大,游荡摆动特性明显减弱。2009年河势较 1999 年明显趋于规划治导线方向发展,尤其是黑岗口—古城河段,控导工程靠河概率显著提高。但长期持续小水,易于在控导工程对河势控制弱、河道纵比降较小的河段出现畸形河湾。同时持续清水冲刷、控导工程下首塌滩,含沙量较高的水流所形成的滩坎塌失、辅助送溜的作用减弱,河势下挫、下败现象较为明显;部分控导工程上首心滩增多、局部河势散乱,增加了工程的防洪(防护)压力。

(7)在渤海水动力、输沙、黄河河口三角洲海岸演变规律等方面也取得了一些新认识。初步提出了水动力及其挟沙能力空间分布规律:渤海湾水动力及其挟沙能力强于莱州湾;秦皇岛至莱州湾,自南向北,存在一个低流速和低挟沙能力带;利津入海流量对水动力和挟沙能力的影响主要仅在口门附近 10~20 km。

(三)小浪底库区异重流排沙效果

近年来,在汛前塑造异重流过程中,对接水位及相应异重流运行距离相近,影响小浪底水库排沙的主要因素是入库水沙条件和库区 HH37 断面以上的地形条件。

(1)入库水沙对异重流塑造起着关键作用。在调水调沙过程中,如果遇潼关以上来水量大,小浪底入库流量持续时间长,水库排沙比增大;在三门峡水库泄放非汛期蓄水过程中,水量越大,塑造的洪峰越大,相应 HH37 断面以上的冲刷也越大(或少淤积),形成异重流前锋的能量就越大;在三门峡水库敞泄期间,潼关来水越集中,洪水持续时间越长,在小浪底水库形成异重流的后续动力就越强,同时也会使小浪底水库 HH37 断面以上形成冲刷或减少淤积;入库细泥沙颗粒含量、小浪底水库床沙组成也是影响排沙的主要原因。

(2)在同样水沙条件下,2008 年地形有利于异重流排沙,而 2009 年由于 HH37 断面以上河床倒坡存在,减少了泥沙向坝前的输移。

二、建议

(一)关于下游河道及河口治理的建议

(1)调水调沙运用对增大下游河道,尤其是艾山以下窄河段的冲刷效果具有重要影响,建议在调水调沙期适当增大调控流量。

(2)基于艾山—泺口河段冲刷效率较低,艾山附近及艾山—泺口河段将成为平滩流量相对较小的瓶颈河段,拟进一步开展大汶河加水对艾山以下窄河道冲淤影响的研究,探讨提高艾山—泺口河段冲刷效果的可能措施(比如,利用东平湖调蓄部分 9 月、10 月水量,补充春灌需水,同时增大汛前调水调沙水量)。

(3)把部分入海泥沙通过多流路相对均匀地输送到三角洲海域的浅水区,充分利用渤海湾海洋动力输沙到深海(滨海区地形测区以外),减缓河口淤积延伸的速率。

(二)关于小浪底库区异重流排沙的建议

1.对提高 2010 年汛前调水调沙期小浪底水库排沙比的建议

2010 年汛前调水调沙期小浪底库区异重流塑造条件基本与 2009 年汛前接近,HH37 断面以上库段的冲刷补给沙量少,异重流排沙效果主要取决于潼关水沙过程和小浪底坝前水位。为提高小浪底水库异重流排沙比,建议从以下几方面考虑:

(1)降低小浪底水库排沙期水位。

(2)尽可能维持三门峡水库泄空后 1 000 m^3/s 以上流量的持续时间,同时进一步优化三门峡水库调度,使得万家寨来流与三门峡水库泄流准确衔接。

(3)在三门峡水库临近泄空的排沙期至万家寨水库来流之前,适当控制库水位下降速度,分散三门峡排沙过程,控制含沙量不超过 350 kg/m^3,相应输沙率不超过 600 t/s,以避免由于含沙量过高而在小浪底库区产生大量淤积。

2.加强汛期排沙的建议

在主汛期小浪底水库低水位运用情况下,如果潼关流量大于 1 000 m^3/s 且持续 3 d 以上,输沙率大于 50 t/s 能够维持 1 d 以上,建议小浪底水库和三门峡水库联合运用,遇汛期适当时机可延长三门峡水库敞泄时间,增强异重流输移后续动力。在桐树岭监测浑水层,如果桐树岭出现异重流,应及时开启排沙洞,减少小浪底水库的淤积。

建议 2010 年调水调沙结束后,对 HH37 断面以上进行一次断面观测,同时加强河堤水沙因子站流量、含沙量的观测,并恢复麻峪水位站的观测。

第二部分　专题研究报告

第一专题 2009 年黄河河情及近期水沙变化

　　根据黄河报汛资料,对 2009 年(水库运用年,指 2008 年 11 月至 2009 年 10 月,后同)的黄河水文情势进行了分析。2009 年汛期没有发生大暴雨洪水,干支流水势平稳;与多年平均相比,流域降水量虽然偏少,但局部区域(山陕区间)偏多;干支流实测径流量除唐乃亥偏多外,其余各站均有不同程度的减少;实测沙量减少更多,特别是龙门和潼关站出现实测历史最小值,分别仅 0.579 亿 t 和 1.133 亿 t;小北干流河道和三门峡库区均发生不同程度冲刷;黄河下游河槽继续冲刷,平滩流量继续增加。2009 年黄河 8 座主要水库汛期蓄水总量增加 118.6 亿 m^3,是库区下游河道实测水量大幅度减少的重要原因。

第一章 流域降水及水沙特点

一、降水特点

根据报汛资料统计,2009 年(指日历年)黄河流域年降水量 420 mm(不含内流区,下同),与 1956~2000 年同期平均 456.9 mm 相比,全年偏少 8%。降雨主要集中在汛期(7~10 月),为 269 mm,与多年汛期平均 290 mm 相比,偏少 7%;主汛期(7~8 月)降雨量为 192 mm,占年降水量的 46%,与多年同期均值 194 mm 基本持平。

降雨区域分布不均。就汛期来讲,与多年同期均值相比,山陕区间(山西和陕西)偏多 21.1%、汾河偏多 9.8%、黄河下游偏多 7.4%;北洛河、龙三(龙门—三门峡)干流、小花(小浪底—花园口)干流分别偏少 17.9%、1.6% 和 11.7%,兰托(兰州—托克托)区间、三小(三门峡—小浪底)区间、沁河偏少 20%~26.4%(见图 1-1)。汛期降雨量最大发生在大汶河的下港,降雨量为 428 mm(见表 1-1)。

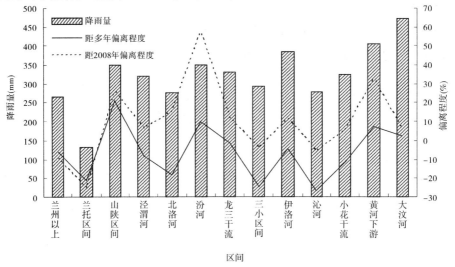

图 1-1　2009 年汛期黄河流域各区间降雨量

主要来沙区山陕区间汛期降雨量 350 mm,其中主汛期降雨量 260 mm,与多年同期相比,汛期和主汛期分别偏多 21.1% 和 24%;秋汛期(9~10 月)降雨量 90 mm,与多年同期均值基本持平。

8 月流域降雨量 103.3 mm,较多年同期偏多 10%,除兰托区间、北洛河分别偏少 19.5% 和 11.3%,大汶河基本持平外,其他区域不同程度偏多,其中山陕区间、泾渭河(泾河、渭河)、伊洛河、小花干流、黄河下游偏多 20%~35%(见图 1-2)。

二、水沙变化特点

2009 年干流主要控制站唐乃亥、头道拐、龙门、潼关、花园口和利津站年水量分别为 258.15 亿 m³、170.43 亿 m³、181.47 亿 m³、208.43 亿 m³、230.52 亿 m³ 和 128.24 亿 m³

表1-1 2009年黄河流域降雨情况

区域	6月		7月		8月		9月		10月		7~10月		最大点雨量（mm）	
	雨量（mm）	距平（%）	雨量（mm）	距平（%）	雨量（mm）	距平（%）	雨量（mm）	距平（%）	雨量（mm）	距平（%）	雨量（mm）	距平（%）	量值	地点
兰州以上	48	-32.0	74	-19.1	99	12.9	66	-3.6	26	-23.3	265	-5.9	221	玛曲
兰托区间	9	-66.8	40	-29.5	52	-19.5	30	-4.8	9	-32.8	131	-21.2	136	头道拐
山陕区间	22	-57.4	126	24.6	134	31.5	77	31.4	13	-52.7	350	21.1	230	化子坪
泾渭河	42	-35.1	107	-1.7	127	24.9	59	-34	27	-46	320	-8.5	294	大峪
北洛河	32	-45.6	113	1.5	97	-11.3	52	-32.9	14	-63.4	276	-17.9	178	志丹
汾河	22	-63.5	105	-7.3	125	18.7	102	56	19	-46.8	351	9.8	180	芦家庄
龙三干流	59	-3.8	109	-1.9	118	12	71	-8.3	32	-22.5	330	-1.6	244	王坪
三小区间	24	-62.1	68	-54.1	121	9.1	63	-19.3	40	-19	292	-24.5	204	坡头
伊洛河	55	-25.0	120	-17.9	158	35.3	72	-14.7	35	-36.5	385	-4.3	282	栾川
沁河	38	-45.7	68	-54.2	121	0.2	61	-12.2	29	-27.9	279	-26.4	244	山路坪
小花干流	21	-65.4	108	-24.4	138	31.1	62	-15.4	16	-65	324	-11.7	265	小关
黄河下游	47	-27.9	189	23.4	151	20.2	53	-15.2	12	-66.5	405	7.4	290	高村
大汶河	79	-7.4	267	25.6	151	-0.1	38	-40.4	17	-50.4	473	2.4	428	下港

注：距平指与1956～2000年均值相比增减比例。

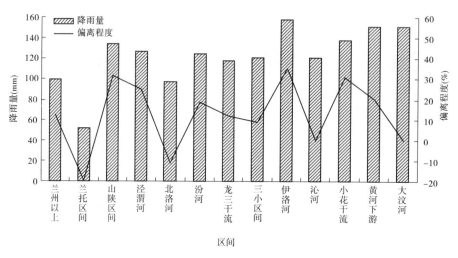

图 1-2 2009 年 8 月黄河流域各区间降水量

（见表 1-2），与 1956～2000 年平均值 203.8 亿 m³、227.37 亿 m³、280.83 亿 m³、364.68 亿 m³、403.59 亿 m³ 和 331.18 亿 m³ 相比，除唐乃亥偏多 27% 外，其他各站偏少程度基本从上至下逐渐增加，从头道拐的 25% 增加到利津的 61%。汛期水量沿程变化特点同全年的，其中唐乃亥增多 31%，其他各站偏少程度高于全年，从兰州的 29% 增加到利津的 68%（见图 1-3）。

表 1-2 2009 年黄河流域主要控制站水沙量统计

水文站	水量（亿 m³）			沙量（亿 t）		
	运用年	汛期	汛期占全年（%）	运用年	汛期	汛期占全年（%）
唐乃亥	258.15	160.31	62	0.103	0.087	84
兰州	299.58	119.40	40	0.080	0.062	78
头道拐	170.43	63.90	37	0.466	0.228	49
吴堡	169.25	55.76	33	0.260	0.061	23
龙门	181.47	63.99	35	0.579	0.369	64
华县	39.99	22.12	55	0.603	0.576	96
河津	3.44	2.20	64	0	0	
洑头	2.07	1.19	57	0.009	0.009	100
三门峡入库	226.97	89.50	39	1.191	0.954	80
潼关	208.43	84.96	41	1.133	0.748	66
三门峡	220.46	85.02	39	1.981	1.615	82
小浪底	211.99	66.64	31	0.036	0.034	94
黑石关	12.68	6.40	50	0	0	
武陟	0.79	0.09	11	0	0	

水文站	水量(亿 m³)			沙量(亿 t)		
	运用年	汛期	汛期占全年(%)	运用年	汛期	汛期占全年(%)
进入下游	225.46	73.13	32	0.036	0.034	94
花园口	230.52	74.72	32	0.271	0.079	29
夹河滩	211.59	70.03	33	0.467	0.106	23
高村	202.67	71.19	35	0.590	0.200	34
孙口	195.98	72.67	37	0.582	0.179	31
艾山	184.35	73.02	40	0.630	0.236	38
泺口	162.43	71.87	44	0.501	0.201	40
利津	128.24	64.00	50	0.549	0.239	44

注:三门峡入库为龙门+华县+河津+洑头,进入下游为小浪底+黑石关+武陟。

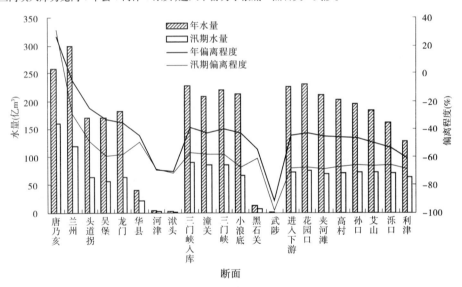

图 1-3 2009 年主要干支流水文断面实测水量

2009 年支流主要控制站华县(渭河)、河津(汾河)、洑头(北洛河)、黑石关(伊洛河)、武陟(沁河)来水量分别为 39.99 亿 m³、3.44 亿 m³、2.07 亿 m³、12.68 亿 m³、0.79 亿 m³,与 1956~2000 年平均值 70.08 亿 m³、11.31 亿 m³、6.98 亿 m³、27.91 亿 m³、8.96 亿 m³ 相比,分别偏少 43%、70%、70%、55%、91%。汛期减少程度甚于全年的。

2009 年干流主要控制站龙门、潼关、花园口和利津站年沙量分别为 0.579 亿 t、1.133 亿 t、0.271 亿 t 和 0.549 亿 t(见表 1-2),与 1956~2000 年平均值 8.219 亿 t、11.878 亿 t、10.542 亿 t 和 8.395 亿 t 相比,分别偏少 93%、90%、97%、93%(见图 1-4),其中龙门和潼关为有实测资料以来最小值;支流主要控制站华县(渭河)、洑头(北洛河)以及河口镇—龙门区间年沙量分别为 0.603 亿 t、0.009 亿 t 和 0.539 亿 t,与 1956~2000 年平均值

3.561 亿 t、0.771 亿 t 和 7.7 亿 t 相比,偏少程度分别为 83%、99% 和 93%。

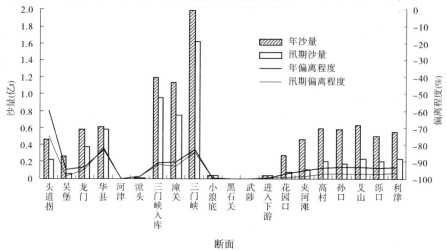

图 1-4 2009 年主要干支流水文断面实测沙量

由表 1-2 可以看出,干流水文站汛期水量占全年比例除唐乃亥外,其余均不足 60%,其中头道拐、吴堡、龙门和潼关分别只有 37%、33%、35% 和 41%,花园口—利津在 30% ~ 50%。

2009 年干流潼关以上各站未发生 3 000 m³/s 以上流量过程。在小浪底水库汛前调水调沙期间,花园口和利津分别出现 11 d 和 9 d 流量大于 3 000 m³/s 的径流过程(见表 1-3)。1 000 m³/s 以下流量级历时占全年的比例除兰州外,其余在 60% 以上,特别是下游花园口和利津达到 90% 以上。也就是说,黄河干流大流量过程进一步减少。

表 1-3 2009 年干流主要站各流量级出现情况 （单位:d）

时段	流量级 (m³/s)	水文站						
		唐乃亥	兰州	头道拐	龙门	潼关	花园口	利津
全年	<1 000	227	173	305	318	303	329	350
	1 000 ~ 2 000	129	192	60	45	60	22	3
	2 000 ~ 3 000	9	0	0	2	2	3	3
	≥3 000	0	0	0	0	0	11	9
汛期	<1 000	2	31	100	100	112	103	116
	1 000 ~ 2 000	112	92	23	23	10	17	2
	2 000 ~ 3 000	9	0	0	0	1	2	2
	≥3 000	0	0	0	0	0	1	3

由图 1-5 可以看出,干流大部分水文站全年最大流量分别出现在桃汛期和汛前调水调沙期间,头道拐、龙门、潼关和花园口全年最大流量分别为 1 410 m³/s、2 750 m³/s、2 370 m³/s 和 4 190 m³/s。除了调水调沙洪水,黄河干流没有发生编号洪水,只有中游干流和部

分支流出现了几次小的洪水过程。

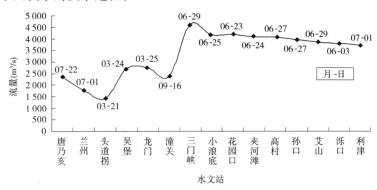

图1-5 2009年干流各站最大流量变化

河龙区间(河口镇—龙门)是黄河泥沙尤其是粗泥沙来源区,2006～2009年汛期降雨基本为平、丰年份,但是水沙量持续偏少,沙量出现了历史较小值(见图1-6),总体呈现减少趋势。

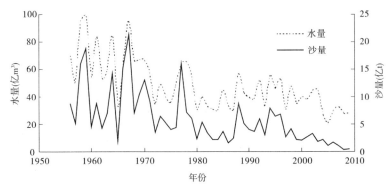

图1-6 河龙区间实测水沙量历年过程

2009年河龙区间汛期降雨量为350 mm(见表1-4),实测水沙量分别为9.150亿m³和0.375亿t,与多年同期相比,降雨量偏多19%,而实测水沙量分别偏少66%和94%;其中主汛期降雨量260 mm,实测水沙量分别为2.920亿m³和0.275亿t,与多年同期相比,降雨量偏多25%,实测水沙量分别偏少83%和95%。汛期实测沙量减少幅度大于水量。

表1-4 2009年汛期河龙区间降雨和水沙变化

时段	项目	2009年	1956～2000年均值	距1956～2000年均值(%)
汛期	降雨量(mm)	350	294	19
	水量(亿m³)	9.150	26.99	−66
	沙量(亿t)	0.375	6.044	−94
主汛期	降雨量(mm)	260	208.7	25
	水量(亿m³)	2.920	17.29	−83
	沙量(亿t)	0.275	5.225	−95

注:水沙1998年以后为河曲—龙门区间数据,河龙区间引水没有考虑。

由河龙区间主汛期降雨径流关系可以看出(见图1-7),径流量随着降雨量的增大而增大。1973前出现降雨量偏大的年份较多,1973年后降雨量大的年份减少了,1977年由于遇大暴雨,局部地区还有垮坝现象,所以点子偏上。1990年以后与大规模治理前(1972年前)相比,在中常降雨条件下,区间径流量有一定幅度的减少。2000年以来降雨径流关系总体上与1990～1999年接近,但2007～2009年实测区间径流量有减少趋势。尤其是2009年,区间径流量明显偏少。

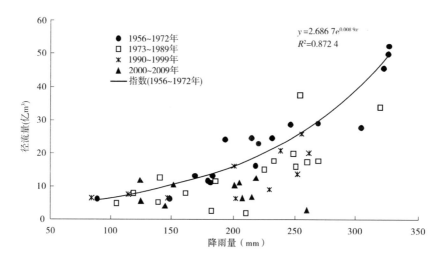

图1-7　河龙区间主汛期降雨量与径流量关系

进入21世纪后河龙区间主汛期水沙关系有明显改变,同样水量条件下的输沙量显著减少(见图1-8),同样10亿 m³ 水量条件下,1956～1972年来沙3.6亿 t,而2000～2009年仅来沙仅1.34亿 t,减少63%。

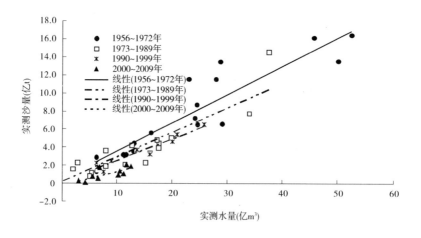

图1-8　河龙区间主汛期水量与沙量关系

第二章　主要水库运用情况

一、水库蓄水情况

截至 2009 年 11 月 1 日,黄河流域 8 座主要水库蓄水总量 305.15 亿 m³(见表 2-1),其中龙羊峡水库蓄水量 224 亿 m³,占总蓄水量的 73.4%;刘家峡水库和小浪底水库蓄水量分别为 26.4 亿 m³ 和 33.0 亿 m³,分别占总蓄水量的 8.6% 和 10.8%。与 2008 年同期相比,蓄水总量增加 44.86 亿 m³,主要是龙羊峡水库增加 44 亿 m³。

2009 年非汛期 8 座水库共补水 73.74 亿 m³,其中龙羊峡、刘家峡和小浪底水库分别为 44.0 亿 m³、4.0 亿 m³ 和 19.6 亿 m³;汛期增加蓄水 118.6 亿 m³,其中龙羊峡为 88.0 亿 m³,特别是龙羊峡主汛期蓄水达到 50.0 亿 m³,占该水库汛期的 57%,汛期蓄水由过去的以秋汛期为主,变为主汛期占主导。

二、典型水库运用情况

(一)龙羊峡水库

龙羊峡水库为多年调节运用,2008 年 11 月 1 日至 2009 年 6 月 14 日,水库水位由 2 581.3 m 下降到全年最低水位 2 564.46 m(见图 2-1),共下降 16.84 m;而后,转入蓄水运用,截至 2009 年 11 月 1 日水库水位升至 2 593.77 m,共上升 29.31 m。与 2008 年同期相比,非汛期少补水 3 亿 m³,汛期多蓄水 58.3 亿 m³,水库最低水位偏低 5.19 m,最高水位偏高 12.65 m。

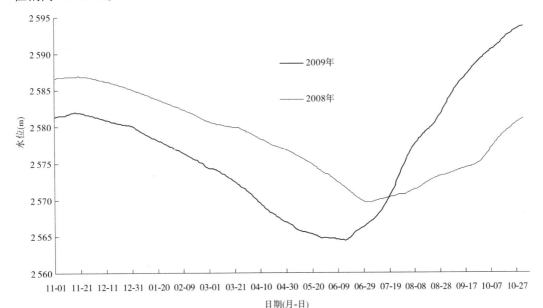

图 2-1　龙羊峡水库运用水位过程线

表2-1　主要水库蓄水情况

项目	2008年11月1日 水位(m)	2008年11月1日 蓄水量(亿m³)	2009年7月1日 水位(m)	2009年7月1日 蓄水量(亿m³)	2009年11月1日 水位(m)	2009年11月1日 蓄水量(亿m³)	非汛期 蓄水变量(亿m³)	汛期 蓄水变量(亿m³)	主汛期 蓄水变量(亿m³)	年 蓄水变量(亿m³)
龙羊峡	2 581.3	180.00	2 566.59	136.00	2 593.77	224.00	-44.00	88.00	50.00	44.00
刘家峡	1 723.6	26.60	1 719.68	22.60	1 723.42	26.40	-4.00	3.80	6.20	-0.20
万家寨	976.79	4.84	964.98	2.13	975.24	4.08	-2.71	1.95	1.30	-0.76
三门峡	316.87	3.40	290.5	0	317.75	3.65	-3.40	3.65	0	0.25
小浪底	241.03	34.40	225.37	14.80	240.63	33.00	-19.60	18.20	2.60	-1.40
陆浑	308.41	2.98	308.87	3.08	313.37	4.38	0.10	1.30	0.84	1.40
故县	522.77	4.49	521.86	4.36	530.05	5.60	-0.13	1.24	0.55	1.11
东平湖	41.84	3.58	41.84	3.58	42.14	4.04	0	0.46	0.19	0.46
合计		260.29		186.55		305.15	-73.74	118.60	61.68	44.86

注:"-"表示水库补水,后同。

由图 2-2 可以看出,2009 年唐乃亥站日均最大流量 2 370 m³/s(7 月 22 日),经过水库调节,出库贵德站仅 728 m³/s,削峰率为 69%,全年出库流量基本上在 800 m³/s 以下。全年入库流量大于 1 000 m³/s 历时 138 d,出库仅 5 d。

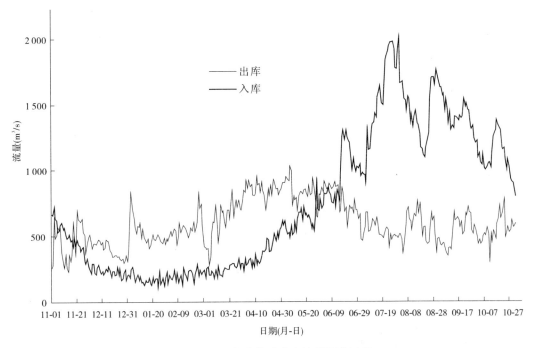

图 2-2　2009 年龙羊峡水库流量调节过程

(二)刘家峡水库

刘家峡水库为不完全年调节,2009 年经历了五个运用阶段(见图 2-3),即 2008 年 11 月 1 日至 2008 年 11 月 13 日,为防凌腾库容,水库泄水,水位下降了 3.04 m;其后转入防凌蓄水,到 2009 年 3 月 17 日水位上升了 13.17 m;而后开始春灌泄水、防汛及排沙泄水,至 7 月 10 日,水库蓄水量和水位达到全年最小值,分别为 21.43 亿 m³ 和 1 718.36 m;7 月 10 日开始防洪运用,10 月 2 日水位达到 1 727.98 m;10 月 2 日以后转入泄水运用。全年水位下降 0.18 m,最高水位和最低水位相差 15.32 m。与 2008 年度相比,运用方式变化不大,但补水量明显小于 2008 年。

刘家峡水库出库过程主要根据防凌、防洪、灌溉和发电控制。由图 2-4 可以看出,2008 年 11 月 13 日至 2009 年 2 月 10 日为防凌封河运用,出库流量比较平稳,在 450 m³/s 左右;2009 年 2 月 15 日至 3 月 15 日为防凌开河运用,出库流量在 300 m³/s 左右;3 月下旬至 6 月中旬为灌溉运用,出库流量在 1 100～1 200 m³/s;汛期入库流量大时水库蓄水,入库流量小时水库根据发电需要补水。

(三)万家寨水库

万家寨水库主要任务是供水结合发电调峰,同时兼有防洪防凌作用,开河期降低水位运用。内蒙古河段开河期间,在确保凌汛期安全情况下,水库采用"先蓄后泄"运用方式,

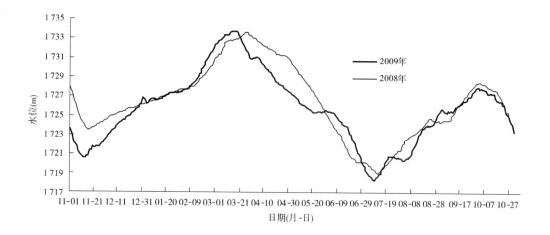

图 2-3 刘家峡水库运用情况

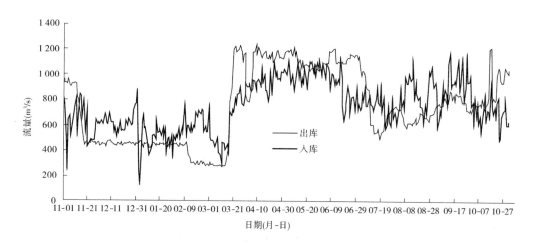

图 2-4 2009 年刘家峡水库进出库流量过程

2009 年 3 月 16～26 日按试验调度预案❶提出的调控指标控泄,其间最高库水位 970. 81 m (见图 2-5),最低库水位 951. 97 m,补水 2. 22 亿 m³,瞬时最大出库流量达到 2 605 m³/s (见图 2-6)。

为配合小浪底水库汛前调水调沙,2009 年 6 月 25 日 12 时,万家寨水库按 1 200 m³/s (见图 2-6)的流量下泄,直到库水位下降到 966 m,然后按进出库平衡运用。水库水位下降 10 m,共补水 1. 91 亿 m³。

(四)三门峡水库

1. 非汛期运用

三门峡水库 2009 年非汛期运用过程较为平稳,基本在 315. 89 m 至 317. 72 m 之间变

❶ 《2009 年利用并优化桃汛洪水冲刷降低潼关高程试验调度预案》,黄河水利科学研究院,黄科技 ZX －2009 － 33 － 89。

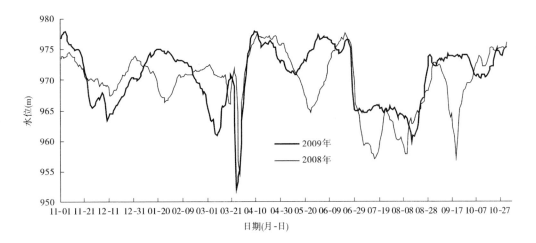

图 2-5 万家寨水库运用情况

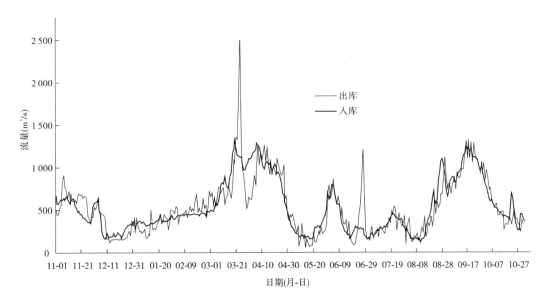

图 2-6 2009 年万家寨水库进出库流量过程

化(见表2-2),最高日均水位317.94 m,如图2-7所示。桃汛到来之前史家滩水位基本在
317~318 m;3月下旬桃汛期间,水库运用水位降至313 m以下,以迎接桃汛洪水,最低水
位312.82 m;之后回升至317~318 m,并持续到6月中旬;6月下旬,为配合小浪底水库调
水调沙并向汛期运用过渡,水库实施敞泄运用,6月23日水位从317 m左右开始下降,至
6月30日降至最低水位298.17 m。非汛期平均水位317.04 m,除3月和6月平均水位低
于317 m外,其他月份在317.05~317.72 m。水位在317~318 m的天数为175 d,占非汛
期运用天数的72%。

表 2-2　2009 年度非汛期史家滩各月平均水位

月份	11	12	1	2	3	4	5	6	平均
水位(m)	317.26	317.06	317.25	317.58	315.89	317.05	317.72	316.52	317.04

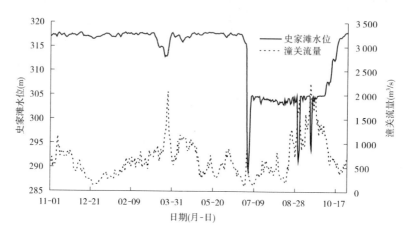

图 2-7　2009 年度非汛期坝前日平均水位过程

2. 汛期运用

自 6 月下旬为配合小浪底水库调水调沙,三门峡水库开始降低水位敞泄运用,7 月 2 日库水位降至最低 289.04 m(见图 2-7),之后库水位逐步抬升,7 月 5 日达到 304.71 m,进入汛期 305 m 控制运用。除汛前调水调沙外,汛期还进行了 2 次敞泄排沙运用,即 8 月 31 日到 9 月 2 日和 9 月 16 日至 17 日,水位低于 300 m 共 9 d。10 月 4 日水库开始蓄水,10 月 24 日蓄到 317 m 以上。汛期平均水位为 305.58 m(见表 2-3),其中 7 月最低,10 月下旬受水库蓄水的影响,水位最高。

表 2-3　2009 年度汛期史家滩各月平均水位

月份	7	8	9	10	平均
水位(m)	302.91	303.49	303.19	312.63	305.58

(五)小浪底水库

2009 年小浪底水库运用分为三个时段:

第一时段为 2008 年 11 月 1 日至 2009 年 6 月 18 日。其中,2008 年 11 月 1 日到 12 月 14 日为防凌蓄水期,库水位逐步抬高至 245.5 m,相应蓄水量由 33.40 亿 m^3 上升到 40.67 亿 m^3。2008 年 12 月 15 日到 2009 年 3 月 8 日为春灌泄水期,其间黄河中下游地区旱情严重,其中山西东南部、河南北部及山东西部为重旱。鉴于河南、山东旱情继续加重,2009 年 1 月 11 日黄河防总启动三级响应,小浪底水库下泄流量由 350 m^3/s 加大到 500 m^3/s,库水位一度下降,2 月 28 日库水位下降至 237.33 m,相应蓄水量减至 27.92 亿 m^3。在此期间向下游补水 13.06 亿 m^3,保证下游春灌用水及河道不断流。根据小浪底水库蓄水情况和下游河道现状,2009 年 3 月 9 日到 6 月 18 日库水位逐步抬高,由 237.79 m 上升至 249.66 m,蓄水量也由 28.58 亿 m³ 抬升至 48.14 亿 m³。

第二时段指 2009 年 6 月 19 日至 7 月 3 日,为汛前调水调沙生产运行期,分为两个阶段:第一阶段从 2009 年 6 月 19 日至 6 月 29 日,为调水期,6 月 19 日调水调沙开始,小浪底水库库水位为 249.04 m,库容 47.02 亿 m³(6 月 19 日 8 时)。第二阶段从 2009 年 6 月 29 日至 7 月 3 日,为水库排沙期,小浪底水库水位 6 月 29 日降至 228.38 m,蓄水量降至 17.36 亿 m³(6 月 29 日 8 时)时,通过万家寨、三门峡、小浪底三座水库联合调度,6 月 30 日 15 时 50 分小浪底水库形成异重流排沙出库。7 月 3 日调水调沙试验结束,库水位下降至 220.95 m,相应水库蓄水量减至 11.82 亿 m³。汛前小浪底水库调水调沙期间水库联合调度过程见第二专题详述。

调水调沙期间小浪底水库水位及库容变化过程见图 2-8。

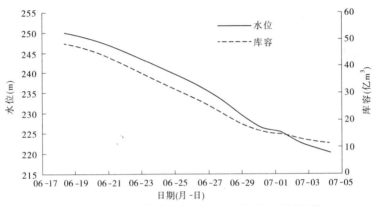

图 2-8　调水调沙期间小浪底水库水位及库容过程线

第三时段为 2009 年 7 月 4 日至 10 月 31 日。8 月 30 日之前,库水位一直维持在汛限水位 225 m 以下,蓄水量在 8.97 亿 m³ 到 15.05 亿 m³ 之间。8 月 30 日之后,水库运用以蓄水为主,库水位持续抬升,最高库水位一度上升至 243.61 m(10 月 1 日),相应水库蓄水量为 37.71 亿 m³。至 10 月 31 日,库水位为 240.62 m,相应水库蓄水量为 31.20 亿 m³。

三、典型水库蓄水对干流水量影响

龙羊峡、刘家峡水库(简称龙刘水库)控制了黄河径流主要来源区的水量,对其下水沙影响比较大;小浪底水库是进入黄河下游的重要控制枢纽,对黄河下游水沙影响比较大。将这三大水库 2009 年蓄泄水量还原后可以看出(见表 2-4),龙刘两库非汛期共补水 48 亿 m³,汛期蓄水 91.80 亿 m³,头道拐实测汛期水量仅 63.90 亿 m³,占全年水量比例仅 37%。如果没有龙刘两库调节,年水量可达 214.23 亿 m³,汛期水量为 155.70 亿 m³,汛期占全年比例可以增加到 73%。

花园口和利津实测汛期水量分别为 74.72 亿 m³ 和 64.00 亿 m³,分别占全年水量的 32% 和 50%,如果没有龙羊峡、刘家峡和小浪底水库调节,花园口和利津汛期水量分别为 184.72 亿 m³ 和 174.00 亿 m³,占全年比例分别为 68% 和 102%。

利津实测非汛期水量为 64.24 亿 m³,如果没有龙羊峡、刘家峡和小浪底水库在非汛期补水,非汛期水量为 -3.36 亿 m³,即利津断流。

表 2-4　2009 年水库运用对干流水量的调节

项目	非汛期 （亿 m³）	汛期 （亿 m³）	年度 （亿 m³）	汛期占全年 （%）
龙羊峡蓄泄水量	−44.00	88.00	44.00	
刘家峡蓄泄水量	−4.00	3.80	−0.20	
龙羊峡刘家峡两库合计	−48.00	91.80	43.80	
头道拐实测水量	106.53	63.90	170.43	37
还原两库后头道拐水量	58.53	155.70	214.23	73
小浪底蓄泄水量	−19.60	18.20	−1.40	
实测花园口水量	155.81	74.72	230.53	32
实测利津水量	64.24	64.00	128.24	50
还原龙羊峡、刘家峡、小浪底水库后花园口水量	88.21	184.72	272.93	68
还原龙羊峡、刘家峡、小浪底水库后利津水量	−3.36	174.00	170.64	102

综上所述,水库调节使水量年内分配发生变化,汛期水量占全年的比例,由实测不足40%,还原后增加至60%以上。

第三章　三门峡水库库区冲淤及潼关高程变化

一、来水来沙条件

(一)水沙量及其分配

2009 年黄河龙门站年水沙量分别为 181.47 亿 m³ 和 0.579 亿 t(见表 3-1),潼关站年水沙量分别为 208.43 亿 m³ 和 1.133 亿 t,渭河华县站年水沙量分别为 39.99 亿 m³ 和 0.603 亿 t。与 1987~2008 年均值相比,龙门站年水沙量分别减少 4.5% 和 85.2%,华县站年水沙量分别减少 16.9% 和 73.1%,潼关站年水沙量分别减少 13.3% 和 82.0%。潼关站年平均含沙量由多年平均的 26.20 kg/m³ 减少为 5.44 kg/m³。可见,2009 年潼关以上干流及支流渭河来水量和来沙量均有不同程度的减少,为枯水少沙年份。

表 3-1　龙门、华县、潼关站水沙量统计

时段	测站	2009 年			1987~2008 年平均		
		龙门	华县	潼关	龙门	华县	潼关
汛期	水量(亿 m³)	63.99	22.12	84.96	78.39	28.85	108.58
	沙量(亿 t)	0.369	0.576	0.748	3.188	1.973	4.741
	含沙量(kg/m³)	5.77	26.00	8.80	40.70	68.40	43.70
全年	水量(亿 m³)	181.47	39.99	208.43	190.01	48.10	240.27
	沙量(亿 t)	0.579	0.603	1.133	3.915	2.244	6.295
	含沙量(kg/m³)	3.19	15.10	5.44	20.60	46.70	26.20
汛期占全年	水量(%)	35	55	41	41	60	45
	沙量(%)	64	96	66	81	88	75

龙门站汛期水沙量占全年的比例分别为 35% 和 64%,潼关站分别为 41% 和 66%,华县站分别为 55% 和 96%。与 1987~2008 年相比,干流汛期水沙量占全年的比例明显减小,支流华县水量比例减小,沙量比例则增加。

(二)洪水特点

2009 年桃汛期洪峰流量为 2 340 m³/s,汛期最大流量为 2 370 m³/s。

1.桃汛期洪水特点

经万家寨水库调控的桃汛洪水过程传播到潼关站,形成一个洪峰和两个沙峰,并且较大的沙峰出现在洪水的落水期,如图 3-1 所示。潼关站洪峰流量为 2 340 m³/s、最大日均流量为 2 060 m³/s,最大瞬时含沙量为 15.9 kg/m³、最大日均含沙量为 14.0 kg/m³。其中流量 2 000 m³/s 以上持续 9.8 h,1 500 m³/s 以上持续 44.4 h,桃汛期间潼关站水量为 11.01 亿 m³,沙量为 0.070 亿 t,平均流量为 1 274 m³/s,平均含沙量为 6.36 kg/m³。

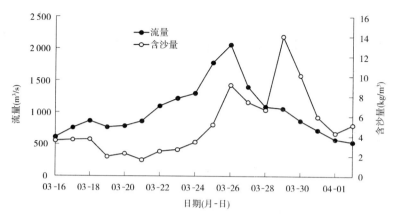

图 3-1　桃汛期潼关站日均流量、含沙量过程

从表 3-2 可以看出,2009 年桃汛期洪量和沙量与 2006 年、2007 年和 2008 年相比偏小,洪峰流量和最大含沙量也偏小。

表 3-2　不同时期桃汛洪水特征值

年份	天数 (d)	水量 (亿 m³)	沙量 (亿 t)	洪峰流量 (m³/s)	最大含沙量 (kg/m³)
2006	14	17.3	0.190	2 570	17.1
2007	8	11.32	0.196	2 850	33.8
2008	14	17.97	0.200	2 790	37.9
2009	10	10.01	0.070	2 340	15.9

2. 汛期洪水特点

图 3-2 为 2009 年汛期龙门、华县、潼关站流量、含沙量过程,汛期龙门站最大流量为 1 850 m³/s;渭河有 2 次洪水过程,洪峰流量分别为 1 120 m³/s 和 1 010 m³/s,还有 1 次高含沙小流量过程,最大含沙量为 417 kg/m³,相应华县流量仅 393 m³/s;汛期潼关洪峰流量大于 1 000 m³/s 的洪水过程有 3 次,最大流量为 2 370 m³/s。

6 月 28 日至 7 月 3 日为调水调沙期万家寨水库补水运用过程,龙门站洪峰流量 1 500 m³/s,最大含沙量 5.82 kg/m³,渭河来水少,到潼关站洪峰流量为 1 020 m³/s,最大含沙量 9.67 kg/m³(见表 3-3)。

8 月 20 日至 8 月 27 日,龙门站流量逐渐增大,在涨水期渭河出现了高含沙水流,最大含沙量达到 417 kg/m³;潼关站洪峰流量为 1 450 m³/s,最大含沙量也达到了 126 kg/m³,为潼关站汛期最大含沙量。

8 月 28 日至 9 月 7 日,干流出现了一次尖瘦洪峰过程,龙门站最大流量 1 850 m³/s,与渭河小洪水过程相遇,到潼关站洪峰流量为 2 070 m³/s,最大含沙量 16.9 kg/m³。

9 月 8 日至 10 月 10 日,干流出现一次持续时间较长的洪水过程,龙门站洪峰流量 1 830 m³/s,最大含沙量 9.25 kg/m³,同时渭河在此期间也出现小洪水过程,最大洪峰 1 010 m³/s,潼关站洪峰流量为 2 370 m³/s,最大含沙量 12.2 kg/m³。

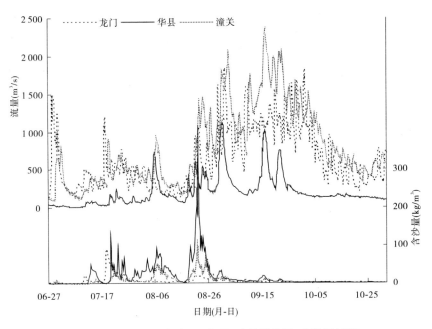

图 3-2　2009 年汛期龙门、华县、潼关站流量、含沙量过程

表 3-3　2009 年汛期洪水特征值

时段 （月-日）	洪水来源	站名	洪峰流量 （m³/s）	最大含沙量 （kg/m³）	水量 （亿 m³）	沙量 （亿 t）	平均含沙量 （kg/m³）
06-28～07-03	黄河	龙门	1 500	5.82	3.45	0.009	2.63
		华县	47	0.416	0.158	0	0.098
		潼关	1 020	9.67	2.43	0.007	2.98
08-20～08-27	黄河	龙门	1 060	24.5	3.98	0.063	15.9
		华县	613	417	2.34	0.263	112
		潼关	1 450	126	6.88	0.260	37.7
08-28～09-07	黄河、 渭河	龙门	1 850	12.6	8.69	0.062	7.19
		华县	1 120	34.2	4.16	0.067	16.1
		潼关	2 070	16.9	11.9	0.100	8.43
09-08～10-10	黄河、 渭河	龙门	1 830	9.25	28.9	0.061	2.13
		华县	1 010	19.3	8.35	0.058	6.99
		潼关	2 370	12.2	39.3	0.171	4.34

二、水库排沙情况

全年入库泥沙量 1.133 亿 t,出库泥沙量 1.981 亿 t,排沙比为 1.75。

非汛期末至汛期初的调水调沙期,库水位降至298.17 m(6 月 30 日),三门峡水库开始排沙。整个调水调沙期内,净冲刷量达 0.540 亿 t(见表 3-4)。入库潼关站流量较小,沙量仅 0.005 亿 t,含沙量也低,出库含沙量瞬时最大达 478 kg/m³(6 月 30 日 9 时),排沙量 0.545 亿 t,排沙比 109。

表 3-4　汛期排沙量统计

时段 (月-日)	敞泄 天数 (d)	史家滩 水位 (m)	潼关		三门峡 沙量 (亿 t)	冲淤量 (亿 t)	单位水量 冲淤量 (kg/m³)	排沙比
			水量 (亿 m³)	沙量 (亿 t)				
06-30～07-03	4	292.78 (敞泄)	2.01	0.005	0.545	−0.540	−268	109
07-04～08-30		303.98	24.70	0.483	0.415	0.068	2.76	0.86
08-31～09-02	3	293.09 (敞泄)	4.55	0.054	0.532	−0.479	−105	9.85
09-03～09-15		304.70	14.30	0.066	0.093	−0.027	−1.90	1.41
09-16～09-17	2	294.46 (敞泄)	3.62	0.033	0.292	−0.259	−71.6	8.85
09-18～10-03		304.75	20.80	0.083	0.097	−0.014	−0.660	1.17
10-04～10-31		313.45 (蓄水)	15.70	0.027	0.004	0.023	1.47	0.148
非敞泄期	115		75.50	0.659	0.609	0.050	0.664	0.924
敞泄期	9		10.18	0.092	1.369	−1.278	−126	14.9
合计			85.68	0.751	1.978	−1.228	−14.3	2.63

三门峡水库进出库日均流量、含沙量过程见图 3-3。

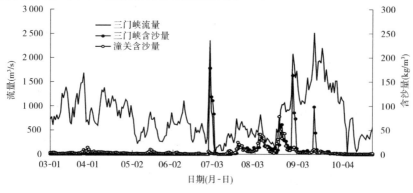

图 3-3　三门峡水库进出库日均流量、含沙量过程

8月31日至9月2日进行了汛期第一次敞泄运用,坝前平均水位293.09 m,运用期净冲刷0.479亿t泥沙,出库含沙量瞬时最大352 kg/m³(8月31日6时),单位水量冲刷量为105 kg/m³,排沙比9.85(见表3-4)。

9月16日至9月17日为汛期第二次敞泄运用,坝前平均水位294.46 m,入库沙量较少,仅0.033亿t,出库沙量0.292亿t,运用期净冲刷0.259亿t泥沙,出库含沙量瞬时最大191 kg/m³(9月16日8时),单位水量冲刷量为71.6 kg/m³,排沙比8.85。

敞泄期共9 d,累计排沙总量1.369亿t,占年排沙总量的69.2%,冲刷量达1.278亿t,平均排沙比14.9,而相应水量为10.18亿m³,仅占汛期水量的11.9%。三门峡水库敞泄期累计冲刷量与入库水量的关系,符合非汛期318 m水位控制、汛期1 500 m³/s敞泄排沙运用以来的基本规律(见图3-4)。

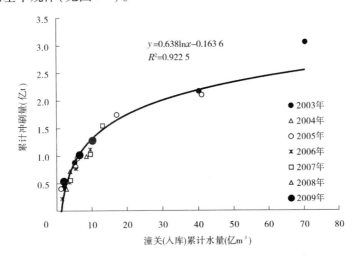

图3-4 三门峡水库敞泄期累计冲刷量与入库水量关系

平水期入库流量小,水库控制水位305 m运用,坝前有一定程度壅水,入库泥沙部分淤积在坝前,平均排沙比为0.957。而汛末由于库水位逐步抬高向非汛期运用过渡,壅水程度增加,排沙比减小,如10月4～31日坝前平均水位313.45 m,排沙比只有0.148,平水期水库排沙比与水库壅水程度关系很大。敞泄期库水位较低,产生溯源冲刷,相应排沙比较大。可见水库冲刷主要集中在敞泄期,冲刷量的大小取决于敞泄期的洪水过程和敞泄时间的长短。

三、库区冲淤分布

根据库区断面测验资料,2009年潼关以下非汛期淤积0.563亿m³,汛期冲刷0.708亿m³,年内冲刷0.146亿m³。小北干流河段非汛期冲刷0.098亿m³,汛期冲刷0.196亿m³,年内冲刷0.294亿m³。

(一)潼关以下库区冲淤分布特点

2009年潼关以下库区各河段冲淤量见表3-5,沿程冲淤分布如图3-5所示。2009年非汛期淤积末端在黄淤35断面,其中淤积强度最大的范围在黄淤18—黄淤28断面之间,黄淤36—黄淤40断面冲刷,总的冲淤量较小。非汛期淤积的河段在汛期都表现为冲刷,同时非汛期冲刷的河段在汛期都有所淤积。黄淤11断面以下在调水调沙敞泄运用期以及汛期敞泄期得到了充分的冲刷,除该河段外,非汛期淤积量大的河段在汛期冲刷量也大。

表3-5   2009年潼关以下库区各河段冲淤量   (单位:亿 m³)

时段	大坝—黄淤12	黄淤12—黄淤22	黄淤22—黄淤30	黄淤30—黄淤36	黄淤36—黄淤41	大坝—黄淤41
非汛期	0.058	0.277	0.220	0.076	−0.068	0.563
汛期	−0.268	−0.243	−0.190	−0.062	0.054	−0.709
全年	−0.210	0.034	0.030	0.014	−0.014	−0.146

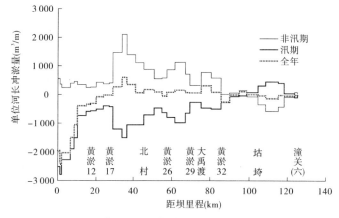

图3-5   2009年冲淤量沿程分布

黄淤17—黄淤30断面非汛期淤积的泥沙在汛期没有被完全冲走而表现为淤积;黄淤17断面以下的冲刷主要得益于敞泄运用,其年冲刷为0.316亿 m³;黄淤36—黄淤41河段年内也发生冲刷,但量值很小。由于2009年汛期流量较小,敞泄时间短,自上而下的沿程冲刷和自下而上的溯源冲刷发展范围小,没能衔接,年内表现为两头冲刷,中间淤积。

(二)小北干流冲淤量及分布

根据实测断面资料,2009年小北干流河段共冲刷泥沙0.293亿 m³,其中非汛期冲刷0.097亿 m³,汛期冲刷0.196亿 m³(见表3-6)。2009年小北干流冲淤量沿程分布见图3-6。

表3-6   2009年小北干流各河段冲淤量   (单位:亿 m³)

时段	黄淤41—黄淤45	黄淤45—黄淤50	黄淤50—黄淤59	黄淤59—黄淤68	全段
非汛期	−0.030	−0.045	−0.065	0.043	−0.097
汛期	0.011	0.003	−0.050	−0.160	−0.196
全年	−0.019	−0.042	−0.115	−0.117	−0.293

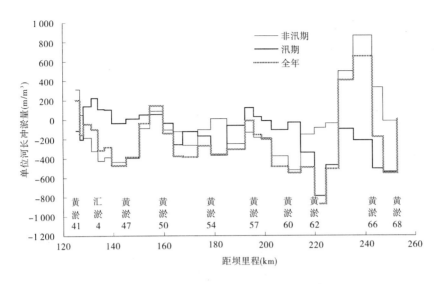

图 3-6 2009 年小北干流冲淤量沿程分布

非汛期淤积主要集中在黄淤 64—黄淤 67 断面,平均淤积强度 611 m³/m,其余河段除个别断面略有淤积外,大都为冲刷。继 2008 年汛期小北干流发生冲刷后,2009 年汛期小北干流再次发生冲刷,冲刷主要集中在黄淤 59 断面以上,占总冲刷量的 82% ,只有个别断面发生淤积,见图 3-7。全年整个河段除黄淤 64—黄淤 66 断面淤积程度较大以及黄淤 41—汇淤 1 断面和黄淤 49—黄淤 50 断面略有淤积外,其余均为冲刷。

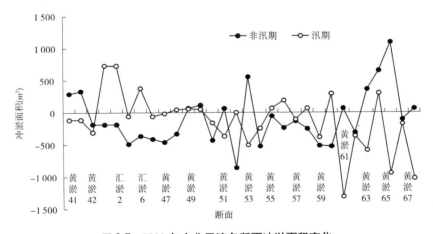

图 3-7 2009 年小北干流各断面冲淤面积变化

三门峡水库 1974 年蓄清排浑运用以来,小北干流河段具有非汛期冲刷、汛期淤积的规律。图 3-8 为 1987 年以来小北干流河段的冲淤量变化,可以看出,非汛期小北干流均为冲刷,平均冲刷量为 0.393 亿 m³;汛期除个别年份外多为淤积,历年冲淤变幅大,汛期的冲淤变化与汛期的水沙条件具有密切关系,汛期来沙量大,淤积量也大。小北干流在 2002 年以前汛期都有明显淤积,2002 年以后淤积量开始减少,到 2008 年和 2009 年汛期,小北干流冲淤特点发生改变,由三门峡水库蓄清排浑运用以来的淤积变为冲刷,分别冲刷 0.162 亿 m^3 和 0.196 亿 m^3。

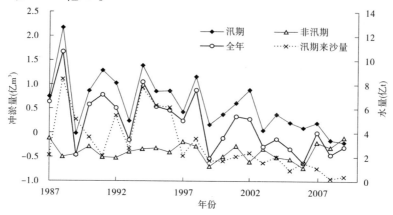

图 3-8　1987 年以来小北干流冲淤量

2008 年、2009 年汛期龙门站来水量分别较 1987 ~ 2007 年同期减少了 17% 和 19%,但来沙量减少幅度很大,分别减少 94% 和 89%,远大于来水量减少幅度,汛期平均含沙量也由 1987 ~ 2007 年的 42.2 kg/m^3 分别减少为 3.14 kg/m^3 和 5.77 kg/m^3,甚至低于非汛期的平均含沙量(见表 3-7)。

表 3-7　2008 年、2009 年龙门站水沙与系列年对比

时间	汛期			全年			汛期占全年	
	水量 (亿 m^3)	沙量 (亿 t)	含沙量 (kg/m^3)	水量 (亿 m^3)	沙量 (亿 t)	含沙量 (kg/m^3)	水量 (%)	沙量 (%)
2008 年	65.4	0.21	3.14	184.4	0.61	3.31	35	34
2009 年	64.0	0.37	5.77	181.5	0.58	3.19	35	64
1987 ~ 2007 年平均	79.0	3.33	42.2	190.3	4.07	21.4	42	82
2008 年较平均减少(%)	17	94	93	3	85	85		
2009 年较平均减少(%)	19	89	86	5	86	85		

从图 3-9 中也可以看出,汛期来沙系数越大,小北干流淤积程度越高,来沙系数越小,小北干流淤积越少,甚至接近于冲刷。2008 年和 2009 年来沙系数分别仅有 0.005 1 kg · s/m^6 和 0.009 6 kg · s/m^6,有利于小北干流河段冲刷。

四、潼关高程变化

(一)非汛期

非汛期三门峡水库最高水位 318 m 控制运用,潼关河段基本不受水库回水的直接影

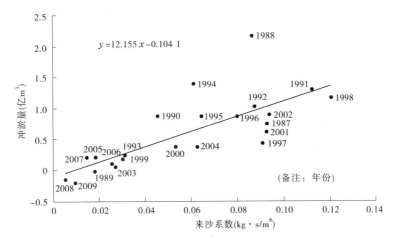

图 3-9　小北干流汛期冲淤量与来沙系数关系

响,潼关高程变化主要受来水来沙的影响。2008 年汛后潼关高程为 327.72 m,至 2009 年汛前为 328.02 m,上升 0.30 m。以桃汛洪水过程为界,将其变化分为 3 个阶段:2008 年汛后至桃汛前为上升阶段,潼关高程抬升 0.43 m,升至 328.15 m;桃汛期潼关站洪峰流量 2 340 m³/s,最大含沙量 15.9 kg/m³,河床发生冲刷调整,潼关高程降至 328.02 m,下降 0.13 m;桃汛后至汛前,潼关站平均流量 618 m³/s,平均含沙量 3.10 kg/m³,潼关高程仍然维持在 328.02 m。

(二)汛期

2009 年汛期场次洪水较少,不同的洪水来源和水沙组合对潼关高程的影响不同,有下降过程,也有抬升过程,汛期累计下降 0.20 m,从 328.02 m 下降到 327.82 m。考虑到非汛期抬升 0.3 m,则全年累计抬升 0.1 m。

表 3-8 为不同来水时段潼关高程变化,图 3-10 为潼关高程和相应潼关流量变化过程。可以看出,2009 年汛期的洪水和平水期潼关高程升降幅度均比较小,3 场洪水中有 2 场抬升、1 场下降,累计冲刷 0.07 m;平水期发生冲刷调整,累计冲刷 0.13 m。汛前调水调沙期,小浪底、三门峡和万家寨水库联合调度,万家寨水库泄水演进到潼关最大日均流量 861 m³/s,潼关高程未发生变化,而在之后的平水期(平均流量 288 m³/s),潼关高程冲刷下降了 0.13 m;8 月 20 日至 8 月 27 日,龙门站洪峰流量 1 060 m³/s,渭河出现高含沙小洪水,华县最大流量 613 m³/s,最大含沙量达 417 kg/m³,到潼关站洪峰流量为 1 450 m³/s,潼关高程抬升 0.18 m;8 月 28 日至 9 月 7 日,渭河出现小洪水,华县最大流量 1 120 m³/s,最大含沙量 34.2 kg/m³,同时干流流量略大,龙门站洪峰流量 1 850 m³/s,到潼关站洪峰流量为 2 070 m³/s,潼关高程抬升 0.05 m;9 月 8 日至 10 月 10 日,龙门站洪峰流量 1 830 m³/s,同时华县也有两场小洪水,最大洪峰流量 1 010 m³/s,到潼关站洪峰流量 2 370 m³/s,由于干流流量较大,洪水持续时间较长(32 d),龙门站水量 28.9 亿 m³,占汛期水量的 45%,潼关站水量 39.3 亿 m³,占汛期水量的 46%,洪水后潼关高程下降 0.30 m。

表 3-8　不同时段潼关高程变化

时段(月-日)		最大日均流量 （m³/s）	平均流量 （m³/s）	平均含沙量 （kg/m³）	潼关高程变化值 （m）
调水调沙	06-28～07-03	861	469	2.98	0
平水	07-04～08-19	810	288	13.0	−0.13
洪水	08-20～08-27	1 300	995	37.7	0.18
洪水	08-28～09-07	1 910	1 249	8.43	0.05
洪水	09-08～10-10	2 250	1 379	4.34	−0.30
平水	10-11～10-31	755	750	1.59	0

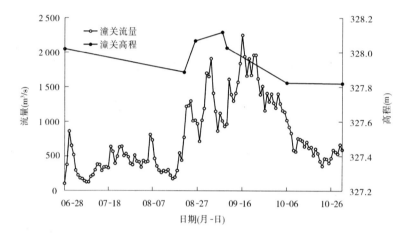

图 3-10　汛期潼关高程、流量变化过程

第四章 小浪底水库库区冲淤变化

一、进出库水沙条件

(一)入库水沙条件

2009年皋落(亳清河)、桥头(西阳河)、石寺(畛水河)等站观测到的入汇水沙量较少,相对干流而言可忽略不计,所以仅以干流三门峡水文站水沙量代表小浪底水库入库值。2009年入库水沙量分别为220.44亿m³和1.981亿t,与1987~2008年相比,水沙量分别减少了4%和68%(见表4-1)。

表4-1 三门峡水文站近年水沙量统计结果

项目	水量(亿m³)			沙量(亿t)		
	汛期	非汛期	全年	汛期	非汛期	全年
2009年	85.01	135.43	220.44	1.615	0.366	1.981
1987~2008年平均	103.23	125.57	228.80	5.724	0.383	6.107

2009年小浪底水库入库洪水过程共有4场,主要发生在汛前调水调沙期和主汛期。三门峡水文站洪水期水沙特征值见表4-2。最大入库日均流量2 520 m³/s(9月16日),最大日均含沙量为178 kg/m³(6月30日)。

表4-2 2009年三门峡水文站洪水期水沙特征值统计

时段 (月-日)	水量 (亿m³)	沙量 (亿t)	流量(m³/s)		含沙量(kg/m³)	
			最大日均	时段平均	最大日均	时段平均
06-27~07-05	5.20	0.545	2 360	669	178.00	54.94
08-18~08-26	5.65	0.189	1 070	726	61.60	27.88
08-28~09-06	11.93	0.603	2 080	1 381	163.00	39.23
09-09~09-24	23.83	0.399	2 520	1 724	98.40	13.70

入库日均流量大于2 000 m³/s流量级出现天数为5 d,其中持续时间2 d(见表4-3);入库日均流量大于1 000 m³/s流量级出现天数为78 d。入库日均含沙量大于100 kg/m³天数为4 d,持续时间3 d(见表4-4)。

表4-3 进出库各级流量持续时间及出现天数　　　　　　　(单位:d)

站名	流量级(m³/s)											
	>3 000		3 000~2 000		2 000~1 000		1 000~800		800~500		<500	
	持续	出现	持续	出现	持续	出现	持续	出现	持续	出现	持续	出现
三门峡			2	5	16	73	4	37	16	115	50	135
小浪底	10	10	2	4	16	19	7	34	34	118	51	118

注:表中持续天数为全年该级流量连续出现最长时间。

表 4-4   进出库各级含沙量持续时间及出现天数   （单位:d）

站名	含沙量级（kg/m³）							
	>100		100~50		50~0		0	
	持续	出现	持续	出现	持续	出现	持续	出现
三门峡	3	4	2	6	36	87	144	268
小浪底					5	9	240	356

注:表中持续天数为全年该级含沙量连续出现最长时间。

（二）出库水量变化

小浪底水库出库站为小浪底水文站,全年出库水量为 211.36 亿 m³,其中汛前调水调沙期间(6 月 19 日至 7 月 3 日)出库水量 42.16 亿 m³,占全年出库总水量的 20%,6 月 25 日出现全年最大出库日均流量 3 950 m³/s;9 月 17 日至 10 月 10 日出现较大下泄洪峰,下泄水量 22.96 亿 m³,最大出库日均流量为 1 540 m³/s(10 月 4 日)。除上述两次较大出库过程外,其他时间出库流量较小且过程均匀,全年有 236 d 出库流量小于 800 m³/s(见表 4-3),大于 3 000 m³/s 流量历时仅 10 d。清水下泄历时 346 d,持续时间 240 d(见表 4-4)。

二、调水调沙期水库排沙情况

全年出库沙量仅为 0.036 2 亿 t,其中 8 月 23 日至 8 月 27 日出库沙量为 0.000 3 亿 t,绝大部分排沙在汛前调水调沙期间(6 月 30 日至 7 月 3 日),出库沙量为 0.035 9 亿 t,排沙比 6.59%(见表 4-5)。最大出库日均含沙量发生在 7 月 1 日,为 7.22 kg/m³。

表 4-5   小浪底水库主要时段排沙情况

时段 （月-日）	水量（亿 m³）		沙量（亿 t）		排沙比 （%）
	三门峡	小浪底	三门峡	小浪底	
06-30~07-03	3.67	8.45	0.544 9	0.035 9	6.59
06-19~07-03 （整个调水调沙期）	8.56	42.16	0.544 9	0.035 9	6.59
08-23~08-27	4.26	1.23	0.144 4	0.000 3	0.21

三、库区冲淤特性

（一）库区冲淤特点

根据库区断面测验资料统计,2009 年小浪底全库区淤积量为 1.722 亿 m³,利用沙量平衡法计算库区淤积量为 1.945 亿 t。根据断面法计算的泥沙淤积分布有以下特点:

（1）2009 年全库区泥沙淤积量为 1.722 亿 m³,其中干流淤积量为 1.230 亿 m³,支流淤积量为 0.492 亿 m³(见表 4-6),分别占总淤积量的 71% 和 29%。

表4-6 各时段库区淤积量

时段		2008年11月至 2009年4月	2009年4月至 2009年10月	2008年11月至 2009年10月
淤积量 （亿 m³）	干流	− 0.115	1.345	1.230
	支流	− 0.075	0.567	0.492
	合计	− 0.190	1.912	1.722

（2）库区淤积大部分集中于4~10月，淤积量为1.912亿 m³，其中干流淤积量1.345亿 m³，占淤积总量的70.35%。汛期干、支流的淤积情况见图4-1。支流淤积主要分布于畛水河、石井河、沇西河、大峪河等较大的支流，其他支流的淤积量均较小。

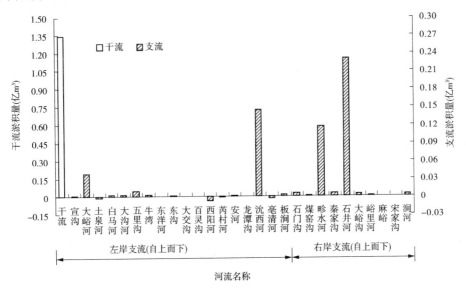

图4-1 汛期干、支流淤积量分布

（3）全年除个别高程间（220~225 m、240~250 m）发生冲刷外，其余高程间均为淤积（见图4-2）。

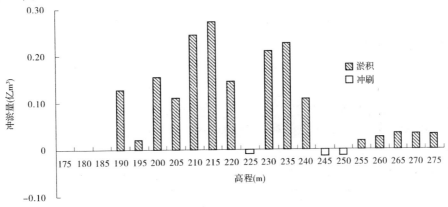

图4-2 不同高程冲淤量分布

（4）泥沙主要淤积在 HH15 断面以下、HH19—HH49 断面之间库段（含支流），淤积量为 1.765 亿 m³，HH49 断面以上库段（含支流）发生冲刷，冲刷量为 0.031 亿 m³。不同库段冲淤量见表 4-7，图 4-3 为断面间冲淤量分布。

表 4-7　小浪底库区不同库段（含支流）冲淤量分布

库段		HH15 以下	HH15—HH19	HH19—HH26	HH26—HH49	HH49—HH56	合计
距坝里程（km）		0 ~ 24.43	24.43 ~ 31.85	31.85 ~ 42.96	42.96 ~ 93.96	93.96 ~ 123.41	
冲淤量（亿 m³）	2008 年 11 月至 2009 年 4 月	-0.275	-0.015	0.013	0.093	-0.006	-0.190
	2009 年 4 ~ 10 月	1.346	0.003	0.071	0.517	-0.025	1.912
	全年	1.071	-0.012	0.084	0.610	-0.031	1.722

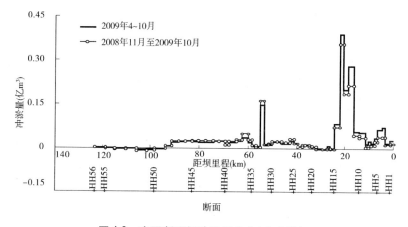

图 4-3　库区断面间冲淤量分布（含支流）

（5）支流泥沙主要淤积在沟口附近，沟口向上沿程减少。

（二）库区淤积形态

1.干流淤积形态

1）纵向淤积形态

2008 年 11 月至 2009 年 4 月下旬，三门峡水库大部分时段下泄清水，小浪底水库进库沙量仅为 0.002 亿 t；库水位在 237.33 m 至 245.50 m 之间变化，高于水库淤积三角洲面高程，因此干流纵向淤积形态在此期间变化不大（见图 4-4）。

2009 年 10 月小浪底库区干流仍保持三角洲淤积形态，由图 4-4、表 4-8 可以看出，按三角洲淤积形态划分，各库段比降 2009 年 10 月较 2008 年 10 月调整不大。

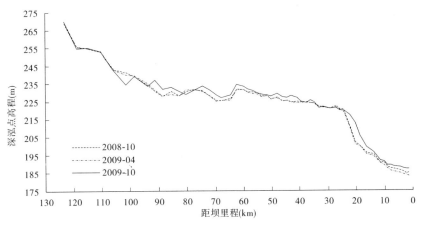

图 4-4　干流纵剖面套绘（深泓点）

表 4-8　干流纵剖面三角洲淤积形态要素统计

日期（年-月）	顶点		坝前淤积段	前坡段		洲面段		尾部段	
	距坝里程（km）	深泓点高程（m）	距坝里程（km）	距坝里程（km）	比降（‰）	距坝里程（km）	比降（‰）	距坝里程（km）	比降（‰）
2008-10	24.43	220.25	0～20.39	20.39～24.43	45.69	24.43～93.96	2.5	93.96～123.41	12.1
2009-10	24.43	219.75	0～11.42	11.42～24.43	21.59	24.43～93.96	2	93.96～123.41	12.36

三角洲顶坡段在 HH37 断面以下基本上是按照大约 3‰的比降向坝前推进的,位于三角洲前坡段的 HH9—HH15 断面为本年度淤积量最大的库段,干流淤积量为 0.91 亿 m³;而 HH37 断面以上的峡谷型窄深河段冲淤调整剧烈,HH37—HH49 库段虽产生一定淤积,但仍延续此库段 2008 年的淤积形态,形成比降为 0.2‰的倒坡。

2) 横断面淤积形态

不同库段冲淤过程及形态有较大差异。根据 2008 年 11 月至 2009 年 10 月期间三次库区横断面套绘图,HH1—HH9 断面位于坝前淤积段,整体表现为非汛期密实固结,汛期全断面淤积抬高。其中 HH1—HH5 断面无明显滩槽,而 HH6—HH9 断面汛期滩槽同步抬高恢复至 2008 年 11 月地形。HH10—HH14 断面位于三角洲前坡段,属于该期间淤积量最大的库段,汛期表现为全断面淤积抬高,如 HH13 断面抬升幅度最大,约为 12 m。HH15—HH17 断面为三角洲洲面段,由于所处库段为狭窄河道(八里胡同)过渡到宽浅河道的弯道段,汛期表现为冲槽淤滩,如位于三角洲顶点的 HH15 断面。HH18—HH49 断面位于三角洲淤积形态的洲面段,挟沙水流在此库段进入回水区,主槽含沙量大,泥沙颗粒粗,挟沙水流多为超过饱和状态,绝大多数断面汛期以淤槽为主,如 HH37 断面。HH50—HH52 断面位于三角洲顶坡与尾部过渡段,汛期随着库水位降低,发生全断面冲刷,例如 HH51 断面,冲刷幅度达到约 6 m;HH53—HH56 断面处于三角洲尾部段,河道形态窄深,坡度陡,断面形态变化不大,例如 HH55 断面。

2.支流淤积形态

全年支流淤积量为 0.492 亿 m³,其中非汛期与干流同时期表现一致,由于淤积物的密实固结总体表现为冲刷,冲刷量为 0.075 亿 m³;汛期淤积量为 0.567 亿 m³,其中大峪河、沇西河、畛水河、石井河等支流淤积量较大(见表4-9)。支流入汇沙量很少,支流的淤积主要是干流来沙倒灌所致。

表4-9　典型支流冲淤量　(单位:亿 m³)

支流	对应干流断面	2008 年 11 月至 2009 年 4 月	2009 年 4～10 月	全年
大峪河	HH3—HH4	− 0.017	0.038	0.021
畛水河	HH11—HH12	− 0.049	0.117	0.068
石井河	HH13—HH14	− 0.025	0.231	0.206
东洋河	HH18	− 0.007	0	− 0.007
西阳河	HH23—HH24	− 0.002	− 0.007	− 0.009
沇西河	HH32—HH33	0.017	0.145	0.162
全部支流	—	− 0.075	0.567	0.492

汛期小浪底水库三角洲洲面及其以下库段床面进一步发生冲淤调整,在小浪底库区回水末端以下形成异重流。根据典型支流纵剖面图,HH1—HH15 断面主要是异重流及浑水水库淤积,发生异重流期间,水库运用水位较高,库区大峪河、畛水河、石井河等较大的支流多位于干流异重流潜入点下游。由于异重流清浑水交界面高程超出支流沟口高程,干流异重流沿河底向支流倒灌,并沿程落淤,表现为支流沟口淤积较厚,沟口以上淤积厚度沿程减小。随干流淤积面的抬高,支流沟口淤积面同步上升,支流淤积形态取决于沟口处干流的淤积面高程。HH16—HH28 断面之间的干流库段位于三角洲洲面段,属于明流倒灌,支流沟口淤积面随着干流淤积面的调整而调整,支流内部的调整幅度小于沟口处。而在 2009 年调水调沙期间,该库段干流主要表现为淤槽,支流冲淤变化不大,沟口淤积面高于干流,而支流内部发生一定的密实固结,从而致使支流沟口与支流内部最低断面的高差达到近 5 m,如东洋河、西阳河等。

由表4-10 可以看出,库区内较大的支流除大峪河还没有形成拦门沙坎外,其余均形成较为明显的拦门沙坎,且拦门沙坎有逐步抬高的趋势。2009 年畛水河、沇西河抬高较多,而从拦门沙坎高差绝对值来看西阳河最大,达到4.98 m。

四、库容变化

从图4-5 中可以看出,2009 年库区的冲淤变化较小,截至 2009 年 10 月,水库 275 m 高程下干流库容为 53.541 亿 m³,支流库容为 48.088 亿 m³,总库容为 101.629 亿 m³。

表 4-10　典型支流拦门沙坎统计(平均河底高程)

支流		2008 年 10 月			2009 年 4 月			2009 年 10 月		
		高程(m)	断面	高差(m)	高程(m)	断面	高差(m)	高程(m)	断面	高差(m)
大峪河	最高处	189.60	DY4	4.22	188.35	DY4	4.80	188.91	DY4	1.94
	最低处	185.38	DY2		183.55	DY2		186.97	DY2	
畛水河	最高处	199.44	ZSH1	-2.83	198.57	ZSH1	-2.80	201.65	ZSH1	-3.67
	最低处	196.61	ZSH4		195.77	ZSH5		197.98	ZSH4	
石井河	最高处	207.31	SJH3	0.39	206.87	SJH1	-1.13	215.41	SJH1	-1.57
	最低处	206.92	SJH1		205.74	SJH2		213.84	SJH3	
东洋河	最高处	223.36	DYH1	-4.25	222.95	DYH1	-4.69	223.42	DYH1	-4.86
	最低处	219.11	DYH4		218.26	DYH4		218.56	DYH4	
西阳河	最高处	227.57	XYH1	-3.94	227.60	XYH1	-4.35	227.90	XYH1	-4.98
	最低处	223.63	XYH3		223.25	XYH3		222.92	XYH3	
沇西河	最高处	229.48	YXH1+1	-1.83	229.68	YXH1	-1.93	230.10	YXH1	-2.50
	最低处	227.65	YXH2		227.75	YXH2		227.60	YXH2	

注:表中高差"+"为支流内部断面高程高于沟口附近断面;"-"为支流沟口附近断面高程高于内部断面,即形成拦门沙坎。

按断面法计算,1999 年 9 月至 2009 年 10 月小浪底水库全库区的淤积量为 25.830 亿 m³。其中,干流淤积量为 21.238 亿 m³,支流淤积量为 4.592 亿 m³,分别占总淤积量的 82.22% 和 17.78%。随着水库淤积的发展,水库的库容也随之变化,淤积量集中在高程 225 m 以下(见图 4-6)。

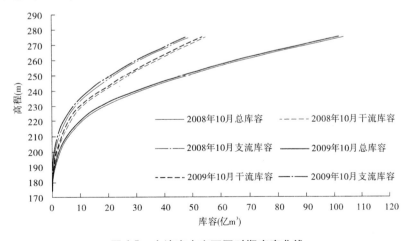

图 4-5　小浪底水库不同时期库容曲线

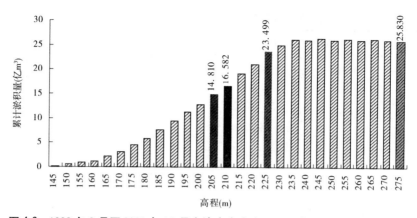

图 4-6　1999 年 9 月至 2009 年 10 月小浪底水库库区不同高程累计淤积量分布

第五章　黄河下游河道冲淤演变

一、水沙概况

2009 年进入黄河下游的水沙量分别为 225.46 亿 m³ 和 0.036 亿 t（见表 5-1），其中汛期（7~10 月）占年比例分别为 32.4% 和 94.4%；利津年水沙量分别为 128.24 亿 m³ 和 0.549 亿 t，其中汛期占年比例分别为 49.9% 和 43.5%。下游年引水引沙量分别为 85.43 亿 m³ 和 0.205 亿 t，其中引水量占来水量的 37.9%，非汛期引水量占全年引水量的 77.5%；引水河段集中在孙口—利津。

表 5-1　2008 年 11 月至 2009 年 10 月黄河下游来水来沙、引水引沙情况

水文站	来水量（亿 m³）		来沙量（亿 t）		区间引水量（亿 m³）		区间引沙量（亿 t）	
	全年	汛期	全年	汛期	全年	汛期	全年	汛期
小黑武	225.46	73.13	0.036	0.034				
花园口	230.52	74.72	0.271	0.079	5.17	1.87	0.003	0.001
夹河滩	211.59	70.03	0.467	0.106	11.46	2.59	0.020	0.003
高村	202.67	71.19	0.590	0.200	11.78	2.61	0.030	0.007
孙口	195.98	72.67	0.582	0.179	10.71	2.89	0.032	0.010
艾山	184.35	73.02	0.630	0.236	10.89	3.06	0.033	0.009
泺口	162.43	71.87	0.501	0.201	16.22	1.75	0.040	0.004
利津	128.24	64.00	0.549	0.239	19.20	4.41	0.047	0.014
合计					85.43	19.18	0.205	0.048

注："小黑武"指小浪底 + 黑石关 + 武陟，后同。

由图 5-1 可以看出，2009 年进入下游的洪水有 2 场，一场为调水调沙塑造成的洪水，一场为秋汛期干流和渭河同时来水时三门峡水库泄水排沙、小浪底水库调峰所形成的小洪水过程。

2009 年秋汛洪水期间，三门峡水库出库最大流量和最大含沙量分别为 4 120 m³/s 和 191 kg/m³，小浪底水库出库最大流量 1 720 m³/s，水库基本没有排沙。秋汛洪水期间下游冲淤情况见表 5-2。

二、河道冲淤演变

根据黄河下游河道 2008 年 10 月、2009 年 4 月和 2009 年 10 月三次统测大断面资料，计算了 2009 年不同时期各河段的冲淤量，结果见表 5-3。可以看出，全年全下游主槽冲刷 0.924 亿 m³，其中 2009 年 4~10 月冲刷 0.729 亿 m³，占年冲刷量的 79%。全年冲刷主要集中在花园口—孙口河段，冲刷量占全下游的 71% 多；其中花园口—夹河滩河段冲刷量最大，占全河的 32%；艾山—泺口河段冲刷最少，占全河的 4%。

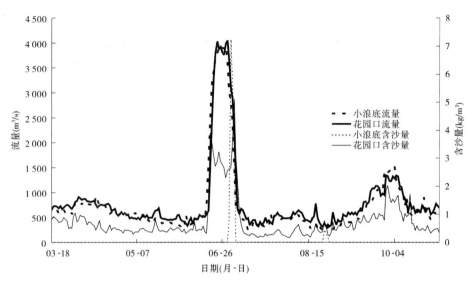

图 5-1　2009 年花园口流量和含沙量过程

表 5-2　2009 年 9 月 14 日至 10 月 11 日下游冲淤情况

水文站	最大流量 （m³/s）	最大含沙量 （kg/m³）	水量 （亿 m³）	沙量 （亿 t）	冲淤量 （亿 t）
小浪底	1 720	0	25.33	0	
小黑武			26.68	0	
花园口	1 390	2.12	25.11	0.029	-0.030
夹河滩	1 350	2.78	23.29	0.039	-0.012
高村	1 470	3.79	23.80	0.065	-0.026
孙口	1 300	3.57	22.74	0.057	0.004
艾山	1 250	5.88	22.60	0.090	-0.034
泺口	1 200	4.82	20.80	0.055	0.029
利津	1 150	10.40	18.53	0.053	-0.004

表 5-3　2009 年度冲淤量断面法计算成果

河段	冲淤量（亿 m³）			占全下游 （%）
	2008 年 11 月至 2009 年 4 月	2009 年 4~10 月	2008 年 11 月至 2009 年 10 月	
白鹤—花园口	0.063	-0.126	-0.063	7
花园口—夹河滩	-0.165	-0.130	-0.295	32
夹河滩—高村	-0.064	-0.088	-0.152	16
高村—孙口	-0.095	-0.117	-0.212	23

河段	冲淤量（亿 m³）			占全下游（%）
	2008 年 11 月至 2009 年 4 月	2009 年 4～10 月	2008 年 11 月至 2009 年 10 月	
孙口—艾山	−0.010	−0.035	−0.045	5
艾山—泺口	0.009	−0.047	−0.038	4
泺口—利津	0.047	−0.090	−0.043	5
利津—汊 3	0.020	−0.096	−0.076	8
全下游	−0.195	−0.729	−0.924	100

从 1999 年 10 月小浪底水库投入运用到 2009 年汛后，黄河下游利津以上河段主槽累积冲刷 13.045 亿 m³，其中花园口以上、花园口—夹河滩、夹河滩—高村、高村—孙口、孙口—艾山、艾山—泺口、泺口—利津河段冲刷量分别为 3.858 亿 m³、4.324 亿 m³、1.391 亿 m³、1.317 亿 m³、0.468 亿 m³、0.584 亿 m³、1.103 亿 m³，冲刷集中在高村以上河段，占全部冲刷量的 73%，高村—艾山河段占总冲刷量的 14%。

三、汛前调水调沙

汛前调水调沙期间（2009 年 6 月 10 日至 7 月 4 日），黄河下游各断面均实现了河道主槽的全线冲刷，下游河道共冲刷 0.387 亿 t。通过调水调沙，进入河口地区的水量较大，为河口淡水湿地进行补水，并且兼顾了滨海生态用水需求。

（一）水沙演进过程

汛前调水调沙期间，小浪底水库出库最大流量和最大含沙量分别为 4 080 m³/s 和 12.1 kg/m³，花园口最大流量和最大含沙量分别为 4 220 m³/s 和 7.5 kg/m³，利津最大流量和最大含沙量分别为 3 730 m³/s 和 15.0 kg/m³（见表 5-4）。

表 5-4　2009 年调水调沙期间黄河下游洪水特征值

水文站	流量			含沙量	
	最大流量（m³/s）	相应水位（m）	出现时间（月-日 T 时:分）	最大含沙量（kg/m³）	出现时间（月-日 T 时:分）
小浪底	4 080	137.05	06-25T10:00	12.1	07-02T00:00
花园口	4 220	92.69	06-25T14:00	7.5	07-03T07:18
夹河滩	4 060	75.77	06-24T12:00	7.7	06-19T20:00
高村	4 080	62.31	06-27T09:54	9.1	07-04T20:00
孙口	3 960	48.49	06-27T19:12	13.0	06-22T08:00
艾山	3 860	41.48	06-29T22:06	18.1	06-21T20:00
泺口	3 800	30.76	06-30T04:00	10.9	06-23T19:26
利津	3 730	13.31	07-01T01:00	15.0	06-25T12:00

调水调沙期间,花园口站洪峰流量为 4 220 m³/s,沿程到利津衰减为 3 730 m³/s(见图 5-2)。最大含沙量由花园口站的 7.5 kg/m³ 增加到艾山站的 18.1 kg/m³,利津最大含沙量为 15.0 kg/m³(见图 5-3)。

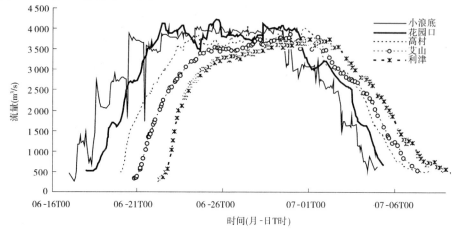

图 5-2　2009 年调水调沙期间洪峰演进过程

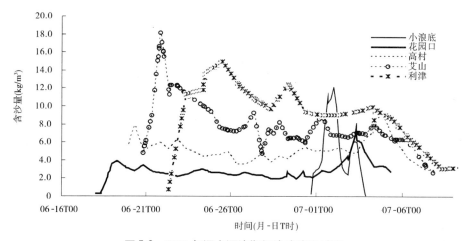

图 5-3　2009 年调水调沙期间沙峰演进过程

(二)冲淤效果

1.冲淤量和冲刷效率

考虑沿程引水引沙量,分河段的冲淤量见表 5-5。小浪底至利津河段共冲刷 0.388 亿 t,平均冲刷效率为 8.4 kg/m³,其中高村—孙口河段冲刷量最大,为 0.1 亿 t,冲刷效率也居全下游最大,为 2.3 kg/m³。与 2008 年调水调沙相比,夹河滩以上(2008 年为 0.19 kg/m³)和艾山至利津(2008 年为 3.53 kg/m³)河段冲刷效率在 2009 年明显增加。

2.同流量水位变化

2009 年汛前调水调沙涨水期和 2008 年调水调沙同期相比,同流量(3 000 m³/s)水位,除花园口和泺口升高外,其余均有不同程度降低,其中高村、孙口、利津三站同流量水位下降超过 0.1 m,以高村、孙口站下降最多(见表 5-6)。

表 5-5　2009 年汛前调水调沙期间下游河道冲淤量计算

水文站	历时（d）	水量（亿 m³）	沙量（亿 t）	河段			
				引水量（亿 m³）	引沙量（亿 t）	冲淤量（亿 t）	冲淤效率（kg/m³）
小浪底	16.8	45.255	0.036				
黑石关	16.8	0.779	0				
武陟	16.8	0.002	0				
小黑武	16.8	46.04	0.036				
花园口	16.8	45.21	0.125	0.82	0.004	−0.093	−2.0
夹河滩	16.8	45.08	0.188	1.19	0.005	−0.069	−1.5
高村	17.2	42.45	0.212	2.01	0.008	−0.032	−0.7
孙口	17.1	41.87	0.302	2.25	0.010	−0.1	−2.3
艾山	17.0	39.39	0.314	0.47	0.003	−0.014	−0.3
泺口	17.2	38.66	0.307	0.41	0.003	0.004	0.1
利津	17.0	37.87	0.387	0.45	0.003	−0.084	−2.2
全下游				7.60	0.036	−0.388	

注:河段冲淤效率为河段冲淤量/进口水量。

表 5-6　2009 年调水调沙涨水期与 2008 年调水调沙涨水期各流量级水位对比　（单位:m）

水文站	各流量级下水位对比						
	1 000 m³/s	1 500 m³/s	2 000 m³/s	2 500 m³/s	3 000 m³/s	3 500 m³/s	4 000 m³/s
花园口	0.06	0.16	0.17	0.13	0.08	0.17	0.09
夹河滩	−0.23	−0.11	−0.09	−0.10	−0.09	0.30	0.05
高村	−0.39	−0.27	−0.20	−0.20	−0.19	−0.27	−0.42
孙口	−0.24	−0.23	−0.27	−0.32	−0.36	−0.33	
艾山	−0.04	0.03	0.05	0.02	0	−0.09	
泺口	−0.04	0.05	0	−0.02	0.08	0.02	
利津	−0.22	−0.19	−0.15	−0.11	−0.11	−0.14	
全下游	0.36	0.26	0.19	0.18	0.15	0.10	

注:"−"表示 2009 年下降值。

(三)河口生态调度

2009 年结合调水调沙开展了黄河下游生态调度,重点是向河口三角洲湿地保护区有计划地补水,改善河口地区生态环境。通过调水调沙,自 6 月 24 日 6 时开始向河口自然保护区补水,到 7 月 4 日 14 时停止补水。本次生态调度,河口自然保护区 1 万 hm² 淡水湿地人工补水历时 10 d,补水量 1 508 万 m³,补水保护区面积较 2008 年增加 0.348 万 hm²,河口生态得到恢复。

(四)生产堤偎水情况

与 2008 年调水调沙相比,2009 年同期生产堤偎水长度明显减少。从 6 月 22 日开始,下游河段部分滩区出现生产堤偎水,其中河南河段生产堤偎水总长度为 3 120 m,偎水范围:开封刘店滩区生产堤偎水 1 600 m,最大水深 0.54 m;兰考北滩东坝头险工下首至蔡集控导工程上首生产堤偎水 1 020 m,最大水深 1.1 m;范县辛庄滩山东李庄村南生产堤偎水 500 m,最大水深 0.1 m。山东河段共有 8 处滩区 11 段生产堤偎水,偎水总长度为 11 135 m,最大生产堤偎水长度 3 625 m(东平湖于楼滩),最小生产堤偎水长度 100 m(济南邢家渡滩),最大水深为 1.8 m(蔡楼滩)。表 5-7、表 5-8 分别为 2009 年调水调沙期间河南、山东生产堤偎水情况。

生产堤偎水主要原因是:串沟进水;部分生产堤外滩面较低,嫩滩进水。

表 5-7 2009 年调水调沙期间河南黄河滩区生产堤偎水情况统计

滩名	生产堤	偎水情况				出现时间 (月-日 T 时:分)
		长度 (m)	位置	最大水深 (m)	出水高度 (m)	
刘店滩区	刘店滩区	1 600	备战路—杜庄	0.54	2.00	06-22T20:00
兰考北滩	东坝头险工下首至蔡集控导工程上首	320	生产堤 7 + 030 ~ 7 + 350	1.10	0.75	06-21T21:00
兰考北滩	东坝头险工下首至蔡集控导工程上首	700	生产堤 5 + 400 ~ 6 + 100	0.10	1.85	06-22T20:00
辛庄滩	山东李庄村南	500	山东旧城浮桥上 900 ~ 1 400 m 处	0.10	1.60	06-23T17:00

表 5-8 2009 年调水调沙期间山东黄河滩区生产堤偎水情况统计

滩名	生产堤	偎水情况				出现时间 (月-日 T 时:分)
		长度 (m)	位置	最大水深 (m)	出水高度 (m)	
于楼滩	于楼工程前	3 625	313 + 075 ~ 316 + 700	0.30	2.10	06-24T06:00
蔡楼滩	程那里险工 17# 坝下至蔡楼控导工程上首	1 700	蔡楼控导 4# 坝最上游 1 个垛	0.10	2.00	06-23T16:01
	蔡楼控导工程下首至朱丁庄工程 1# 坝	1 000	325 + 070 ~ 326 + 070	1.0 ~ 1.6	2.30	06-27T10:00
	朱丁庄工程至路那里险工 12# 坝	1 200	333 + 200 ~ 334 + 400	0.80 ~ 1.80	1.70	06-23T12:00

滩名	生产堤	偎水情况				出现时间（月-日 T 时:分）
		长度（m）	位置	最大水深（m）	出水高度（m）	
水坡滩	董桥	580	73 + 620	0.48	1.50	06-24T20:00
大庞滩	大庞滩	450	112 + 600	0.90	1.60	06-23T10:00
传辛	郭中寨	1 000	72 + 360 ~ 73 + 360	0.47	1.65	06-25T16:00
黄河	吴寨	600	74 + 000 ~ 74 + 600	0.47	1.50	06-25T16:00
邢家渡	邢家渡	100	145 + 930 ~ 146 + 030	0.85	1.35	06-23T16:00
	范家铺	300	156 + 600 ~ 156 + 900	0.55	1.45	06-23T16:00
纸坊滩	纸坊滩	180	65 + 320 ~ 65 + 500		2.30	06-22T17:00
		250	67 + 800 ~ 68 + 050		1.00	06-24T09:00
		150	64 + 900 ~ 65 + 050		2.10	06-28T19:00

四、平滩流量变化

经过 10 a 清水冲刷,2010 年汛前黄河下游平滩流量在 4 000 ~ 6 500 m^3/s,最小平滩流量仍然在孙口附近(见表 5-9),与 2009 年汛前相比,增加 0 ~ 300 m^3/s。

表 5-9　2009 年主要水文站平滩流量变化　　　　　(单位:m^3/s)

项目	花园口	夹河滩	高村	孙口	艾山	泺口	利津
2009 年汛前	6 500	6 000	5 000	3 850	3 900	4 200	4 300
2010 年汛前	6 500	6 000	5 300	4 000	4 000	4 200	4 400
较 2009 年汛前增加值	0	0	300	150	100	0	100

小浪底水库运用以来,孙口—艾山河段过流能力一直比较小,被称为"驼峰"河段或瓶颈河段,2010 年汛前该河段平滩流量在 3 900 ~ 4 100 m^3/s,较 2009 年汛前增加 0 ~ 200 m^3/s(见图 5-4)。

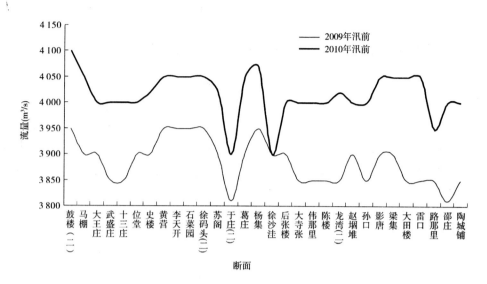

图5-4 "驼峰"河段平滩流量变化

第六章 2000～2009 年水沙变化特点

一、干流水量和沙量变化情况

从不同时期干流水文站水量变化(见表 6-1)可以看出,2000～2009 年干流沿程水文站水量与 1920～1960 年相比,自上而下均有不同程度减少,减少幅度沿程增加,唐乃亥站为 6%,兰州站为 14%,头道拐站为 41%,龙门站为 47%,潼关站为 50%,花园口站为52%。汛期占全年比例 1920～1960 年平均在 60% 左右,近期除唐乃亥站仍然维持 60%左右外,其余站则下降到 40% 左右。

从不同时期干流水文站沙量变化(见表 6-2)可以看出,近期干流沿程水文站沙量与1920～1960年相比,自上而下均有不同程度减少,头道拐站减少 72%,龙门站减少 83%,潼关站减少 78%,花园口站减少 93%。汛期占全年比例 1920～1960 年平均在 80%～90%,近期则下降到 50%～70%。

可以看出,沙量减少幅度大于水量减幅。

二、汛期水量沿程大幅度减少的原因

分析表明,水库大量蓄水是水库下游汛期水量大幅度减少的原因之一。下面以兰州水文站为例进行说明。

(一)兰州水量组成

兰州站多年平均天然径流量 324.16 亿 m³,由两部分组成,一部分是唐乃亥站以上的河源区来水,另一部分是唐乃亥—兰州区间来水。唐乃亥以上控制流域面积 12.19 万km²,占兰州以上控制流域面积的 55%,天然径流量 197.51 亿 m³,占兰州的 61%(见表 6-3),是兰州来水的主体;唐乃亥—兰州区间主要汇入支流有大夏河、洮河、湟水、庄浪河和大通河等,天然径流量 126.65 亿 m³,占兰州站的 39%。

(二)兰州以上径流丰枯特点

兰州和唐乃亥站历年天然径流量过程见图 6-1,可以看出兰州和唐乃亥站丰、枯基本同步。1919～2009 年唐乃亥和兰州站 91 a 平均天然年径流量分别为 195.59 亿 m³ 和322.25 亿 m³,最大值分别为 329.3 亿 m³ 和 540.5 亿 m³,较平均值偏多 68% 左右,最小值分别为 95.1 亿 m³ 和 160.4 亿 m³,较平均值偏少 51% 左右。从图 6-1 中还可以看出,91 a中大于平均值 25% 的丰水年唐乃亥和兰州站分别有 12 a 和 13 a,小于平均值 25% 的枯水年唐乃亥和兰州站分别有 13 a 和 10 a。

同时还可以看出,1922～1932 年水量明显偏枯,唐乃亥和兰州站平均天然年径流量分别为 145.6 亿 m³ 和 242.2 亿 m³,较多年平均值分别偏少 26% 和 25%;1981～1986 年水量明显偏丰,两站平均天然年径流量分别达到 259.9 亿 m³ 和 388.8 亿 m³,较多年平均值分别偏多 33% 和 21%;1987～2009 年虽然水量偏枯,唐乃亥和兰州站平均天然年径流量分别为 182.8 亿 m³ 和 299.4 亿 m³,较多年平均值均偏少 7%,但丰枯年份是交替的,1989 年、1999 年、2005 年、2009 年水量偏丰,唐乃亥站分别较多年平均值偏多 68%、25%、31%、35%,兰州站分别较多年平均值偏多 50%、8%、28%、15%。

表6-1 不同时期干流水文站实测水量统计

水文站	项目	1950~1959年	1960~1969年	1970~1979年	1980~1989年	1990~1999年	2000~2009年	1920~1960年
唐乃亥	汛期水量(亿 m³)	110.69	135.98	121.88	148.49	98.93	103.76	111.33
	年水量(亿 m³)	189.54	216.22	203.60	240.20	175.96	173.68	185.41
	汛期占全年(%)	58.4	62.9	59.9	61.8	56.2	59.7	60.0
兰州	汛期水量(亿 m³)	188.33	216.53	163.21	175.26	104.09	110.46	187.09
	年水量(亿 m³)	317.04	356.76	317.58	332.46	260.62	267.5	310.14
	汛期占全年(%)	59.4	60.7	51.4	52.7	39.9	41.3	60.3
头道拐	汛期水量(亿 m³)	149.60	167.80	124.20	130.30	58.70	53.90	154.90
	年水量(亿 m³)	248.00	270.70	232.10	237.80	158.80	146.90	249.70
	汛期占全年(%)	60.3	62.0	53.5	54.8	37.0	36.7	62.0
龙门	汛期水量(亿 m³)	191.49	202.89	150.55	146.62	80.22	65.91	195.18
	年水量(亿 m³)	323.61	336.84	283.03	275.15	200.11	170.48	323.96
	汛期占全年(%)	59.2	60.2	53.2	53.3	40.1	38.7	60.2
潼关	汛期水量(亿 m³)	258.20	264.10	196.00	208.60	108.50	92.10	257.40
	年水量(亿 m³)	433.60	451.10	356.80	367.40	251.20	210.40	424.40
	汛期占全年(%)	59.5	58.5	54.9	56.8	43.2	43.8	60.7
花园口	汛期水量(亿 m³)	298.04	287.66	214.92	240.39	116.31	86.03	291.74
	年水量(亿 m³)	489.86	505.79	381.34	409.53	261.18	230.08	475.85
	汛期占全年(%)	60.8	56.9	56.4	58.7	44.5	37.4	61.3

表 6-2　不同时期干流水文站实测沙量

水文站	项目	1950~1959 年	1960~1969 年	1970~1979 年	1980~1989 年	1990~1999 年	2000~2009 年	1920~1960 年
头道拐	汛期沙量(亿 t)	1.253	1.462	0.899	0.776	0.251	0.202	1.171
	年沙量(亿 t)	1.539	1.825	1.150	0.973	0.426	0.398	1.430
	汛期占全年(%)	81.4	80.1	78.2	79.8	59.0	50.8	81.9
龙门	汛期沙量(亿 t)	10.742	10.120	7.809	3.880	4.125	1.353	9.239
	年沙量(亿 t)	11.901	11.327	8.683	4.690	5.109	1.815	10.468
	汛期占全年(%)	90.3	89.3	89.9	82.7	80.7	74.5	88.3
潼关	汛期沙量(亿 t)	14.570	12.030	11.190	6.250	5.850	2.450	13.210
	年沙量(亿 t)	16.870	14.190	13.180	7.790	7.920	3.420	15.700
	汛期占全年(%)	86.4	84.8	84.9	80.2	73.9	71.6	84.1
花园口	汛期沙量(亿 t)	13.341	8.617	10.540	6.705	5.740	0.679	12.612
	年沙量(亿 t)	15.583	11.139	12.375	7.730	6.888	1.033	14.956
	汛期占全年(%)	85.6	77.4	85.2	86.7	83.3	65.7	84.3

表6-3　兰州站天然径流量组成(1919~2000年)

项目	年	主汛期	秋汛期	非汛期	汛期占全年(%)
唐乃亥以上(亿m³)	197.51	62.82	55.80	78.89	60
唐乃亥—兰州(亿m³)	126.65	39.67	33.51	53.47	58
兰州站(亿m³)	324.16	102.49	89.31	132.36	59
唐乃亥以上/兰州(%)	61	61	62	60	

注:1956~2000年数据来自水资源评价。

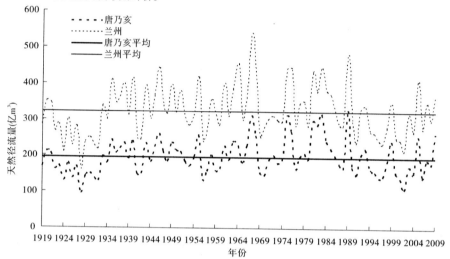

图6-1　兰州和唐乃亥站年天然径流量过程

(三)龙刘水库调蓄过程和特点

刘家峡水库1968年10月开始蓄水运用,龙羊峡水库1986年10月开始蓄水。龙刘水库都是以发电为主的水电站,全年采用蓄丰补枯的运行方式,即每年将汛期的水量拦蓄起来,调蓄到非汛期下泄,遇到丰水年,可将多余的水量拦蓄起来,调蓄到枯水年和非汛期使用,这样可以提高电站的发电效益及灌溉效益。

1.调蓄概况

龙羊峡水库库容大,是多年调节水库,调节库容193.6亿m³,占唐乃亥站1919~2000年平均天然径流量197.51亿m³的98%,可将丰水年水量调节到枯水年,如丰水年1989年和2005年水库增加蓄水量均超过60亿m³,而枯水年2002年和2006年则补水超过40亿m³。年内汛期除2002年补水外(见图6-2),均以蓄水为主,非汛期则以补水为主,汛期蓄水以主汛期最多。

刘家峡水库库容较小,是不完全年调节水库,兴利库容仅41.5亿m³,主要是将汛期水量调节到非汛期(见图6-3)。龙羊峡水库修建前,刘家峡水库承担着自身的径流调节和发电任务以及盐锅峡、八盘峡、青铜峡水电站的径流调节任务,同时又要承担黄河上游的防洪、防凌和灌溉用水的调节任务。

龙羊峡水库建成后,从梯级开发总体效益最大的原则出发,仍以刘家峡水库承担黄河

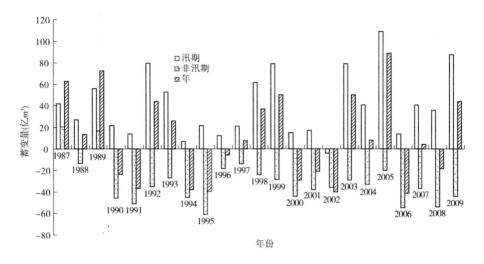

图 6-2 龙羊峡水库调蓄情况

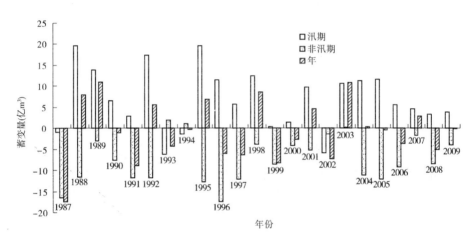

图 6-3 刘家峡水库调蓄情况

上游防洪、防凌和灌溉任务为主较合理,龙羊峡水库则承担自身的径流调节和发电任务,以及对刘家峡水库的径流补偿调节任务。也就是说,龙羊峡水库的开发任务是以发电为主,同时配合刘家峡水库担负下游的防洪、防凌和灌溉任务。由于龙刘两库的互补作用大,并且龙羊峡水库的蓄、补水运用必须经过刘家峡水库运用才能反映到水库下游,因此在分析刘家峡水库或龙羊峡水库运用对下游水沙变化的影响时必须把龙刘两库放在一起考虑。

两库联合运用以来,年平均增加蓄水量 8.84 亿 m^3,增加蓄水量最大的年份为 2005 年(见图 6-4),达到 88.5 亿 m^3,年补水量最多的年份为 2002 年,达到 47.4 亿 m^3。汛期以蓄水为主,平均增加蓄水量 47.4 亿 m^3,增加蓄水量最大的年份为 2005 年,达到 120.6 亿 m^3。汛期蓄水中主汛期最多,平均增加蓄水量 28.67 亿 m^3,最多达到 70 亿 m^3(2005 年);而秋汛期平均增加蓄水量 18.72 亿 m^3,最多达到 50.6 亿 m^3(2005 年),2002 年补水

17.9 亿 m³(见图 6-5);非汛期以补水为主,平均补水 39 亿 m³,补水最多的年份为 2006 年,达到 67.2 亿 m³。

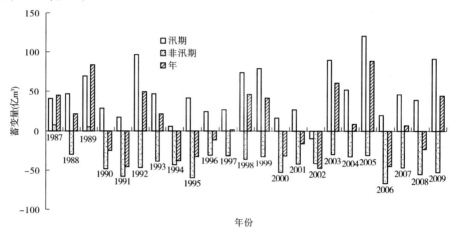

图 6-4　两库联合运用调蓄情况(一)

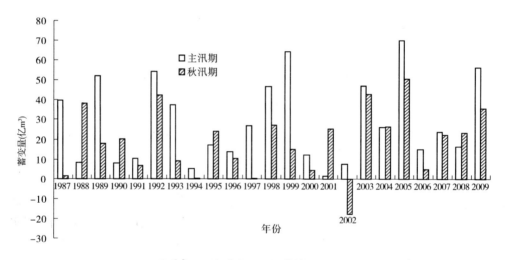

图 6-5　两库联合运用调蓄情况(二)

2. 不同年份调蓄特点

龙羊峡和刘家峡两库调节库容 235.1 亿 m³,分别占唐乃亥和兰州 1919～2000 年平均天然径流量的 119% 和 73%,因此调蓄能力非常强,蓄水量与来水量成正比。也就是说,来水多,蓄水也多。由于两库汛期以蓄水为主,因此汛期来水与蓄水关系能反映出不同来水条件下的调蓄特点。汛期和年蓄变量均与来水量成正比(见图 6-6、图 6-7),当汛期来水量由 70 亿 m³ 增加到 170 亿 m³,两库蓄变量也由 20 亿 m³ 增加到 120 亿 m³ 时,蓄变量占来水量的比例也从 28% 提高到 70%。

就汛期来说,如果前期蓄水量很大,后期即便来水也没有能力多蓄。但龙羊峡水库运用以来,由于遇到枯水系列,没有连续的丰水年,水库一直没有蓄满,因此这个特点不明显,基本上是来多少蓄多少。如果水库前期蓄水量较小,水库就有较大的库容蓄水,那么

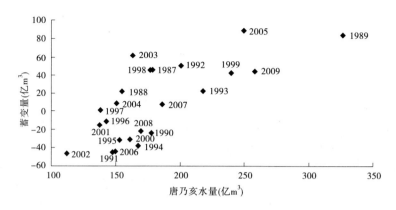

图 6-6　两库年蓄变量与来水量关系

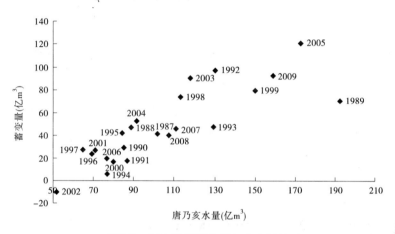

图 6-7　两库汛期蓄变量与来水量关系

水库可以多蓄水,这一特点在两库运用期间反映得非常清楚。如 1992 年、1998 年和 2003 年汛期蓄水量明显偏高,主要是两库前一年或前几年(1991 年、1997 年、2002 年)来水偏枯,造成水库蓄水量少,汛初两库蓄水量仅分别为 83. 22 亿 m³、92. 18 亿 m³ 和 80. 6 亿 m³ (见图 6-8)。这说明对于唐乃亥来水来说,两库调蓄能力非常强,非连续丰水年,两库都能大量蓄水。

与汛期不同,非汛期两库补水量与唐乃亥来水量关系不大,与水库兴利和下游需要有关,两库补水量基本在 30 亿 ~70 亿 m³(见图 6-9)。水库蓄水量对非汛期补水影响较大。如 2006 年非汛期两库补水 67. 2 亿 m³,11 月 1 日两库蓄水量达到 267. 3 亿 m³,其中龙羊峡水库蓄水量为 235 亿 m³。

(四)两库调蓄对兰州站径流量的影响

由表 6-4 可以看出,1968 年以前,兰州站汛期径流量占全年比例为 60%,其中主汛期占全年比例为 32%,随着水库相继投入运用,汛期和主汛期占全年比例逐渐减小,两库运用期间,汛期和主汛期占全年比例分别为 42% 和 22%;如果仅将水库蓄水还原,不考虑用水还原,汛期和主汛期占全年比例与 1968 年以前基本接近。

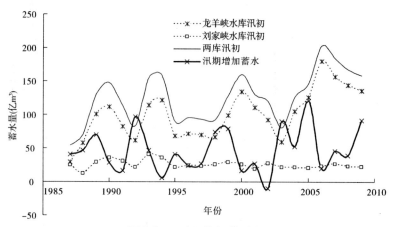

图6-8 两库汛期调蓄过程

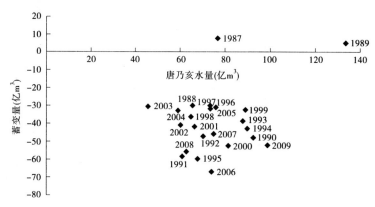

图6-9 两库非汛期蓄变量与来水量关系

表6-4 兰州不同时段水量变化

项目	时段	水量(亿 m³)					不同时段占全年比例(%)		
		主汛期	秋汛期	汛期	非汛期	运用年	汛期	主汛期	秋汛期
实测	1968 年以前	103.58	91.64	195.22	127.19	322.41	60	32	28
	1969~1986 年	88.17	82.42	170.59	156.28	326.87	52	27	25
	1987~2009 年	57.73	53.17	110.90	154.86	265.76	42	22	20
还原	1969~1986 年	100.67	96.80	197.47	131.54	329.01	60	31	29
	1987~2009 年	86.40	71.90	158.30	116.32	274.62	57	31	26

注:主汛期为7~8月,秋汛期为9~10月,汛期为7~10月,非汛期为11月到次年6月。

1.对径流量及其年内分配的影响

点绘不同时期唐乃亥站与兰州站水量关系(见图6-10~图6-12)知,天然情况和刘家峡单库运用时期,唐乃亥站与兰州站水量关系均比较密切,相关系数 R^2 达到0.96,唐乃亥站水量大,兰州站水量也大,基本上是正比关系;两库运用期间,由于水库调蓄能力大,唐乃亥站水量与兰州站水量相关程度减弱,相关系数 R^2 减小到0.4,即无论唐乃亥站水量如何变化,兰州站年水量均为200亿~300亿 m³,但水库还原以后,唐乃亥站与兰州站水量仍然成正比关系。

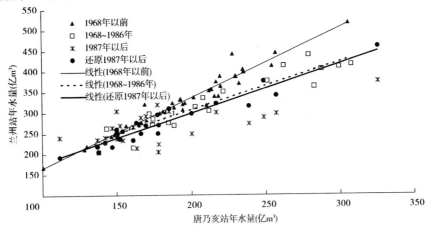

图 6-10 唐乃亥站与兰州站年水量关系

1968~1986 年刘家峡水库单库调节,兰州站汛期水量与唐乃亥站汛期水量的正相关关系虽然较水库运用前稍有降低,但基本上仍是丰枯同步。1987~2008 年,龙羊峡和刘家峡水库联合调节,两库汛期蓄水量随唐乃亥站水量增大而增大,出库流量基本按兴利要求下泄,无论来水多少,龙羊峡出库流量一般不足 800 m³/s。唐乃亥站汛期水量在 50 亿 m³ 到 190 亿 m³ 之间变化,兰州站汛期水量基本稳定在 80 亿~140 亿 m³(见图 6-11)。2009 年唐乃亥站汛期径流量 158.6 亿 m³,属偏丰年份,但兰州站汛期实测水量也只有 117.9 亿 m³。若该汛期水量条件下,刘家峡单库运用,兰州站汛期相应水量可能达到 200 亿 m³;在天然情况下,兰州站汛期相应水量可能达到 260 亿 m³。

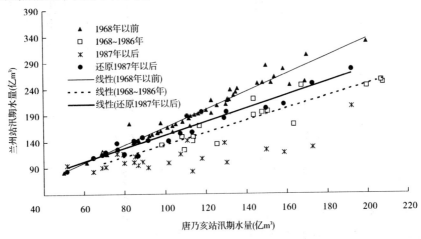

图 6-11 唐乃亥站与兰州站汛期水量关系

非汛期兰州站水量与唐乃亥站水量关系不大,即无论唐乃亥站水量如何变化,兰州站水量自 1987 年以后均在 110 亿 m³ 至 210 亿 m³ 之间变化(见图 6-12)。

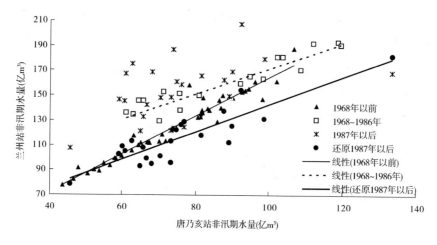

图 6-12　唐乃亥站与兰州站非汛期水量关系

2. 对兰州流量级的影响

1986 年以前,唐乃亥站和兰州站年最大流量基本丰枯同步,1987 年后则明显改变,特别是 2003 年以后,唐乃亥站还有比较大的洪峰流量,而兰州站最大流量仅 2 160 m³/s 左右(见图 6-13)。

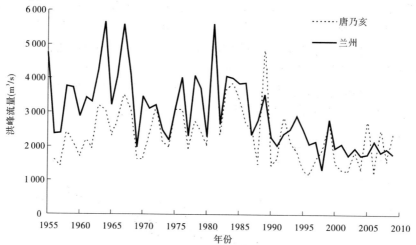

图 6-13　唐乃亥站和兰州站历年最大洪峰流量过程

由于水库蓄水运用,拦蓄大流量过程,因此水库下游大流量历时缩短。1968 年以前,全年流量大于 1 500 m³/s 历时 97.3 d,其中汛期 85.6 d,汛期占全年的 88%;随着水库相继运用,刘家峡单库运用时全年流量大于 1 500 m³/s 历时 55.4 d,其中汛期 49.2 d,汛期占全年的 89%;两库联合运用时的 1987～2009 年,全年流量大于 1 500 m³/s 历时减少到 10.7 d,其中汛期 8.1 d,汛期两库还原后达到 21.4 d。由此可见,两库运用后,兰州站较大流量级历时大幅度减少,特别是汛期(见图 6-14)。

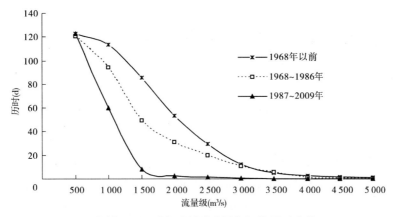

图6-14 不同时段兰州站流量级汛期历时变化

第七章 主要认识及建议

一、主要认识

(1)2009 年为枯水枯沙年,与多年均值相比,降雨偏少 8%,干流主要控制站水量除唐乃亥偏多 27%外,其余偏少,从兰州减少 5%到利津减少 61%,沙量偏少 90%以上。潼关年水沙量分别为 208.43 亿 m^3 和 1.133 亿 t。龙门和潼关沙量出现历史最小值。

(2)2009 年干流没有出现编号洪水,主要水文站最大流量出现在桃汛期和汛前调水调沙期,头道拐、龙门、潼关和花园口全年最大流量分别为 1 410 m^3/s、2 750 m^3/s、2 370 m^3/s 和 4 190 m^3/s。

(3)2009 年河龙区间主汛期降雨量达 260 mm,实测水沙量分别为 2.92 亿 m^3 和 0.275 亿 t。与多年同期相比,降雨量偏多 25%,水沙量分别偏少 83%和 95%。水沙呈减少趋势。

(4)截至 2009 年 11 月 1 日,黄河流域八座主要水库蓄水总量 305.15 亿 m^3,非汛期八大水库共补水 73.74 亿 m^3,汛期增加蓄水 118.6 亿 m^3,汛期蓄水由过去的以秋汛期为主,变为主汛期占主导。

(5)龙羊峡水库 2009 年汛期蓄水 88 亿 m^3,占汛期入库水量的 55%,使得头道拐实测汛期水量仅 63.9 亿 m^3,占全年水量比例仅 37%。如果没有龙刘两库调节,汛期水量为 155.7 亿 m^3,汛期占全年比例可以增加到 73%。如果没有龙羊峡、刘家峡和小浪底水库调节,花园口汛期水量为 184.72 亿 m^3,占全年比例为 68%,利津非汛期可能断流。

(6)潼关以下库区为非汛期淤积、汛期冲刷,年内累计冲刷泥沙 0.146 亿 m^3。小北干流河段非汛期和汛期均表现为冲刷,继 2008 年汛期发生冲刷后,2009 年汛期再次发生冲刷。潼关高程仍然为非汛期抬升、汛期下降,全年累计抬升 0.10 m,汛后潼关高程为 327.82 m。

(7)小浪底水库除调水调沙期间出库流量较大外,其他时间出库流量较小且过程均匀,年最大出库日均流量为 3 950 m^3/s(6 月 25 日),全年仅有 9 d 排沙出库,出库沙量为 0.036 亿 t。

(8)小浪底水库全年泥沙淤积量为 1.721 亿 m^3,主要集中于汛期,其中干流淤积量为 1.230 亿 m^3,支流淤积量为 0.492 亿 m^3;全年除个别高程间(220~225 m、240~250 m)发生冲刷外,其余高程间均为淤积;从库段淤积部位来看,淤积主要发生在 HH15 断面以下、HH19—HH49 断面之间库段(含支流),淤积量为 1.766 亿 m^3,HH49 断面以上库段冲刷 0.031 亿 m^3。

(9)截至 2009 年 10 月,小浪底水库 275 m 高程下干流库容为 53.541 亿 m^3,支流库容为 48.088 亿 m^3,总库容为 101.629 亿 m^3。从 1999 年 10 月至 2009 年 10 月,小浪底全库区淤积量为 25.830 亿 m^3,年均淤积 2.583 亿 m^3。其中,干流淤积量为 21.238 亿 m^3,支流淤积量为 4.592 亿 m^3,分别占总淤积量的 82.22%和 17.78%。

(10)黄河下游河段全年主槽共冲刷 0.924 亿 m^3,其中 2009 年 4~10 月冲刷 0.729

亿 m^3,占全年冲刷量的79%,2008年11月至2009年4月冲刷0.195亿 m^3,占全年冲刷量的21%。全年冲刷主要集中在花园口—孙口河段,冲刷量占全下游的71%,其中花园口—夹河滩冲刷量最大,占全河的32%。孙口以下河段冲刷较少,其中艾山—泺口河段为最小。

(11)汛前调水调沙历时15.27 d,小浪底水库入库水沙量分别为8.06亿 m^3 和0.467亿 t,出库水沙量分别为43.95亿 m^3 和0.037亿 t,水库排沙比8%。小浪底至利津河段共冲刷0.388亿 t,除艾山—泺口河段略有淤积外,其余河段均发生冲刷,其中高村—孙口河段冲刷量最大,为0.1亿 t,占总冲刷量的26%。孙口河段冲刷效率最大,为2.3 kg/m^3,泺口则发生淤积。

(12)2010年汛前,高村以上平滩流量在5 000 m^3/s 以上,孙口—艾山河段平滩流量在4 000 m^3/s 左右,与2009年汛前相比,增加0~300 m^3/s。

(13)2000~2009年黄河干流水沙自上而下均有不同程度减少,减少幅度沿程增加,沙量减少幅度大于水量。水库调蓄是汛期沿程水量减少的主要原因。

二、建议

(1)2009年流域降雨总体偏少8%,干流大部分断面径流偏少50%以上,泥沙偏少90%以上。也就是说,在降雨减少并不多的条件下,径流量明显偏少,泥沙量减少更多,其原因何在,是非常值得研究的。建议全面收集相关资料,从雨强、各类水保措施作用等方面分析径流和泥沙显著减少的原因,以及今后产流产沙的发展趋势。

(2)龙羊峡、刘家峡、小浪底等大型水库的调节作用及全河水库的联合调度,对黄河干流防洪安全具有重要作用,保证了沿黄灌区及城镇用水、保证了黄河下游不断流,但是减少了进入水库下游的洪水和大流量过程。如2009年唐乃亥站水量偏丰,汛期平均流量1 495 m^3/s,但出库平均流量仅590 m^3/s,洪峰流量2 300 m^3/s 时水库削减1 660 m^3/s,严重削减了宁蒙河段较大流量过程,减少了河床冲刷的机会,也减小了进入黄河中游的基流。为了遏制宁蒙河段主槽淤积萎缩的趋势,维持或扩大主槽过流能力,建议考虑优化龙羊峡水库汛期蓄水过程。

(3)在汛前调水调沙期,为了在小浪底水库塑造异重流排沙,三门峡水库基本泄空后与万家寨水库下泄1 200 m^3/s 对接,相应三门峡水库敞泄3~5 d。而目前,三门峡水库汛期运用方式为流量大于1 500 m^3/s 时敞泄运用,水动力条件较调水调沙期1 200 m^3/s 偏好,建议小浪底和三门峡水库联合运用,遇汛期适当时机可延长三门峡水库敞泄时间,增强异重流输移后续动力,并适时开启小浪底水库排沙洞,增加水库排沙能力。

第二专题 小浪底水库异重流排沙效率主要影响因素及敏感性分析

调水调沙是综合处理泥沙的措施之一,对减缓河道淤积具有重要作用。然而,调水调沙是一项十分复杂的系统工程,为使调水调沙达到所期望的减淤目标,有许多关键技术需要进一步深入研究。

作为调水调沙关键技术的汛前调水调沙人工异重流塑造,就是在中游未发生洪水的情况下,通过联合调度万家寨、三门峡和小浪底水库,充分利用万家寨、三门峡水库汛限水位以上的蓄水,冲刷三门峡库区非汛期淤积的泥沙和堆积在小浪底库区尾部段的泥沙,在小浪底库区塑造异重流并排沙出库,实现小浪底水库排沙及调整库尾淤积形态的目标。塑造异重流可变水库弃水为输沙水流,达到排泄库区泥沙,减少水库淤积的目的。2004~2009年,基于干流水库群联合调度进行了6次人工塑造异重流,2004~2009年汛前调水调沙期间,三门峡水库共排沙2.966亿t,小浪底水库出库沙量共0.872亿t,排沙比29.4%。但汛前异重流排沙比相差很大,2008年高达61.8%;2005年、2009年排沙比仅分别为4.4%和6.6%。尤其是2009年汛前调水调沙,异重流运行距离最短,入库泥沙0.545亿t,小浪底水库出库泥沙0.036亿t,排沙比仅为6.6%,仅约为平均排沙比的1/5;而2010年第十次调水调沙,三门峡水库排沙0.352亿t,小浪底出库沙量0.527亿t,水库排沙比高达149.7%。

本专题主要通过研究小浪底水库的运用情况,包括2009年度库区水沙条件、水库调度方式及过程,库区冲淤特性、库区淤积形态及库容变化,分析了异重流排沙的主要影响因素,包括异重流潜入后的运行规律及主要影响因素、异重流潜入点以前的沙源情况及主要影响因素;根据实测资料,分析了异重流传播时间、三门峡水库调度与潼关来水组成、入库细泥沙颗粒含量及边界条件的影响作用、小浪底库区河堤站的输沙过程和小浪底水库异重流排沙综合影响因素等。在此基础上,提出了提高小浪底水库异重流排沙比的措施建议和小浪底水库异重流排沙建议。

第一章　小浪底水库运用概况

一、2009年库区水沙条件

2009年(指水库运用年,下同)皋落(亳清河)、桥头(西阳河)、石寺(畛水河)等入汇水沙量较少,相对干流而言可忽略不计,因而仅以干流三门峡站水沙量代表小浪底水库入库值。2009年入库水沙量分别为220.44亿m³、1.99亿t,见表1-1。与三门峡水文站1987~2008年枯水少沙系列实测的水沙量相比,2009年入库水沙量分别是多年平均水量228.80亿m³的96.35%、多年平均沙量6.107亿t的32.59%,仍为枯水少沙年份。

表1-1　三门峡水文站近年水沙量统计结果

年份	水量(亿m³)			沙量(亿t)		
	汛期	非汛期	全年	汛期	非汛期	全年
1987	80.81	124.55	205.36	2.71	0.17	2.88
1988	187.67	129.45	317.12	15.45	0.08	15.53
1989	201.55	173.85	375.40	7.62	0.50	8.12
1990	135.75	211.53	347.28	6.76	0.57	7.33
1991	58.08	184.77	242.85	2.49	2.41	4.90
1992	127.81	116.82	244.63	10.59	0.47	11.06
1993	137.66	157.17	294.83	5.63	0.45	6.08
1994	131.60	145.44	277.04	12.13	0.16	12.29
1995	113.15	134.21	247.36	8.22	0	8.22
1996	116.86	120.67	237.53	11.01	0.14	11.15
1997	50.54	95.54	146.08	4.25	0.03	4.28
1998	79.57	94.47	174.04	5.46	0.26	5.72
1999	87.27	104.58	191.85	4.91	0.07	4.98
2000	67.23	99.37	166.60	3.34	0.23	3.57
2001	53.82	81.14	134.96	2.83	0	2.83
2002	50.87	108.39	159.26	3.40	0.97	4.37
2003	146.91	70.70	217.61	7.55	0.01	7.56
2004	65.89	112.50	178.39	2.64	0	2.64
2005	104.73	103.80	208.53	3.62	0.46	4.08
2006	87.51	133.49	221.00	2.07	0.25	2.32
2007	105.71	122.06	227.77	2.51	0.61	3.12
2008	80.02	138.10	218.12	0.74	0.59	1.33
2009	85.01	135.43	220.44	1.62	0.37	1.99
平均	102.44	126.00	228.44	5.55	0.38	5.93

从年内分配看,汛期入库水量为85.01亿m³,占全年入库水量220.44亿m³的38.6%,非汛期入库水量为135.43亿m³,占全年入库水量的61.4%;全年入库沙量为

1.99 亿 t,绝大部分来自汛期,其中汛前调水调沙期间(6 月 29 日至 7 月 3 日),三门峡水库下泄沙量为 0.55 亿 t,占全年入库沙量的 27.8%(见图 1-1)。

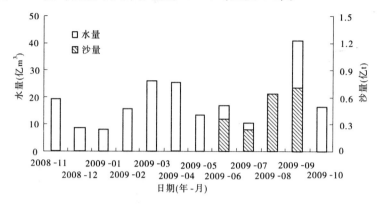

图 1-1 2009 年三门峡水文站水沙量年内分配

小浪底水库出库站为小浪底水文站,2009 年出库水量为 211.36 亿 m³,其中 7～10 月出库水量为 66.75 亿 m³,占全年出库水量的 31.58%。2009 年汛前调水调沙期间(6 月 19 日至 7 月 3 日)出库水量 42.16 亿 m³,占全年出库总水量的 19.95%,6 月 25 日出现全年最大出库日均流量 3 950 m³/s;9 月 17 日至 10 月 10 日出现较大下泄洪峰,下泄水量 22.96 亿 m³,最大出库日均流量为 1 540 m³/s(10 月 4 日)。除上述两次较大出库过程外,全年有 236 d 出库流量小于 800 m³/s。

全年出库沙量仅为 0.036 亿 t,绝大部分排沙在汛前调水调沙期间(6 月 30 日至 7 月 3 日),出库沙量为 0.035 9 亿 t。最大出库日均含沙量发生在 7 月 1 日,为 7.22 kg/m³。

出库水沙量年内分配及水沙过程分别见表 1-2、图 1-2 及图 1-3。

表 1-2 小浪底水库出库水沙量年内分配

年份	月份	水量(亿 m³)	沙量(亿 t)
2008	11	11.94	0
	12	10.97	0
2009	1	11.41	0
	2	19.81	0
	3	15.98	0
	4	18.29	0
	5	12.26	0
	6	43.95	0.002
	7	16.09	0.034
	8	10.33	0
	9	18.88	0
	10	21.44	0
汛期		66.74	0.034
非汛期		144.61	0.002
全年		211.36	0.036

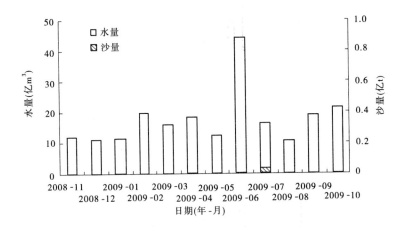

图 1-2 2009 年小浪底出库水沙量年内分配

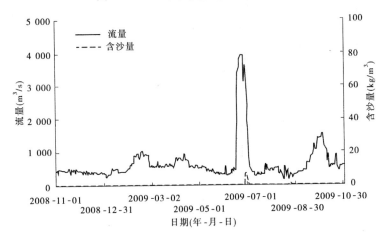

图 1-3 2009 年小浪底水文站日均流量、含沙量过程

二、水库调度方式及过程

2009 年水库运用可划分为如下三个时段：

第一时段为 2008 年 11 月 1 日至 2009 年 6 月 18 日。其中,2008 年 11 月 1 日到 12 月 14 日为防凌蓄水期,库水位逐步抬高至 245.5 m,相应蓄水量由 33.40 亿 m³ 上升到 40.67 亿 m³。2008 年 12 月 15 日到 2009 年 3 月 8 日为春灌泄水期。其间黄河中下游地区旱情严重,其中山西东南部、河南北部及山东西部为重旱。鉴于河南、山东旱情继续加重,2009 年 1 月 11 日黄河防总启动三级响应,小浪底水库下泄流量由 350 m³/s 加大到 500 m³/s,库水位一度下降,2 月 28 日库水位下降至 237.33 m,相应蓄水量减至 27.92 亿 m³。在此期间向下游补水 13.06 亿 m³,保证下游春灌用水及河道不断流。根据小浪底水库蓄水情况和下游河道现状,2009 年 3 月 9 日到 6 月 18 日库水位逐步抬高,由 237.79 m 上升至 249.66 m,蓄水量也由 28.58 亿 m³ 增加至 48.14 亿 m³。

第二时段指 2009 年 6 月 19 日至 7 月 3 日,为汛前调水调沙生产运行期。该时段调水调沙生产运行分为两个阶段:第一阶段从 6 月 19 日至 6 月 29 日,为调水期,6 月 19 日调水调沙开始,小浪底水库库水位为 249.04 m,库容 47.02 亿 m^3(6 月 19 日 8 时)。利用小浪底水库下泄一定流量的清水,冲刷下游河槽。同时,按照尽快扩大主槽行洪输沙能力的要求,逐步加大小浪底水库的泄流量,以此逐步检验调水调沙期间下游河道水流是否出槽,以确保调水调沙生产运行的安全。第二阶段从 6 月 29 日至 7 月 3 日,为水库排沙期,小浪底水库水位 6 月 29 日降至 228.38 m,蓄水量降至 17.36 亿 m^3(6 月 29 日 8 时)时,通过万家寨、三门峡、小浪底三座水库联合调度,在小浪底水库塑造有利于形成异重流排沙的水沙过程,6 月 30 日 15 时 50 分小浪底水库排沙出库。7 月 3 日调水调沙结束,库水位下降至 220.95 m,相应水库蓄水量减至 11.82 亿 m^3。

第三时段为 2009 年 7 月 4 日至 10 月 31 日。8 月 30 日之前,库水位一直维持在汛限水位 225 m 以下,蓄水量在 8.97 亿 m^3 到 15.05 亿 m^3 之间。8 月 30 日之后,水库运用以蓄水为主,库水位持续抬升,最高库水位一度上升至 243.61 m(10 月 1 日),相应水库蓄水量为 37.71 亿 m^3。至 10 月 31 日,库水位为 240.62 m,相应水库蓄水量为 31.20 亿 m^3。

第二章 异重流排沙量计算

水库异重流排沙与库区边界条件、来水来沙条件(入库水沙过程及来沙级配)、坝前泄水建筑物底坎高程、坝前水位、调度情况、库区三角洲淤积形态、河床纵比降、河宽变化及床沙组成等密切相关,异重流潜入后运行到坝前,通过排沙洞或孔板洞排沙出库。对于小浪底库区而言,水库形成异重流排沙时,若库水位高于三角洲顶点高程,在异重流潜入点以上还存在淤积三角洲顶坡段的明流输沙和三角洲顶点上游的明流壅水输沙,对异重流潜入点的沙量具有一定的影响。

一、异重流运行规律

异重流输沙满足超饱和输沙(即不平衡输沙)规律。异重流不平衡输沙在本质上与明流一致,其含沙量及级配的沿程变化仍可采用明渠流不平衡输沙公式进行计算

$$S_j = S_i \sum_{l=1}^{n} P_{4,l,i} \mathrm{e}^{-\frac{\alpha \omega_l l}{q}} \tag{2-1}$$

式中:S_i 为潜入断面含沙量;S_j 为出口断面含沙量;$P_{4,l,i}$ 为潜入断面级配百分数;α 为恢复饱和系数,与来水含沙量和床沙组成关系密切;l 为粒径组号;ω_l 为第 l 组粒径泥沙沉速;q 为单宽流量;L 为异重流运行距离。

可以看出,异重流潜入断面流量、含沙量、潜入断面悬沙组成(泥沙沉速)、运行距离等是影响异重流出库含沙量的重要因素。其中,异重流运行距离主要受坝前水位的影响。

二、库区明流段冲淤计算

库区顶坡段可划分为最上部的明流冲刷段和三角洲顶点附近的明流壅水淤积段。

(一)三角洲上游明流冲刷段冲淤计算

库区三角洲上游明流段的冲刷强度主要取决于水流的动力条件,明流段冲刷现在主要有以下 3 种计算模式:

模式 1

$$G = \psi \frac{Q^{1.6} J^{1.2}}{B^{0.5}} \times 10^3 \tag{2-2}$$

式中:G 为下游全断面输沙率,t/s;Q 为流量,m³/s;J 为水面比降;B 为河宽,m;ψ 为系数,依据河床质抗冲性取值:$\psi = 650$,代表河床质抗冲性能最差的情况,$\psi = 300$,代表中等抗冲性能的情况,$\psi = 180$,代表抗冲性能最好的情况。

模式 2

$$Q_{S_0} = \psi' Q^{1.43} J^{\frac{5}{3}} \tag{2-3}$$

式中:Q_{S_0} 为下游全断面输沙率,t/s;ψ' 为系数,一般取值为 700 ~ 2 700;对容易冲动的淤积物,$\psi' = 2\,700$,对一般的淤积物,$\psi' = 1\,100$,对难以冲动的淤积物,$\psi' = 700$。

模式 3

$$q_{S_*} = k(\gamma q J)^m \tag{2-4}$$

式中:q_{S_*} 为单宽输沙率,t/(s·m);γ 为浑水容重,t/m^3;q 为单宽流量,m^2/s;k、m 为依据实测资料率定的系数、指数,小浪底水库分别取 19 000、1.9。

上述计算模式均表明,出口断面的输沙率随流量、比降的增大而增大。同时,淤积物的抗冲性能,即河床质的颗粒粗细和颗粒间的黏结强度、固结状况也是影响下游出口断面输沙率的重要因素。此外,河宽变化对明流段冲刷强度也具有一定的影响。

(二)三角洲顶点附近明流壅水段输沙计算

三角洲顶点附近的明流壅水输沙,主要取决于水库蓄水体积以及进出库流量之间的对比关系。由依据水库实测资料所建立的水库壅水排沙计算关系式(式(2-5))可以看出,随着蓄水体积的减小、出库流量的增大,明流壅水段的排沙比相应增大。

水库壅水排沙比

$$\eta = a\lg Z + b \tag{2-5}$$

式中:η 为排沙比;Z 为壅水指标,$Z = \dfrac{VQ_入}{Q_出^2}$,其中 V 为计算时段中蓄水体积,m^3;$a = -0.823\,2$,$b = 4.508\,7$。

利用三门峡水库 1963~1981 年实测资料及盐锅峡 1964~1969 年实测资料,建立的粗泥沙($d > 0.05$ mm)、中泥沙($d = 0.025 \sim 0.05$ mm)、细泥沙($d < 0.025$ mm)分组泥沙出库输沙率关系式(式(2-6)、式(2-7)、式(2-8))表明,进口断面的泥沙组成对明流壅水段的输沙特性也具有较大的影响。

粗泥沙出库输沙率

$$Q_{S出粗} = Q_{S入粗}\left(\frac{Q_{S出}}{Q_{S入}}\right)^{P_{入粗}^{\frac{0.399}{1.78}}} \tag{2-6}$$

中泥沙出库输沙率

$$Q_{S出中} = Q_{S入中}\left(\frac{Q_{S出}}{Q_{S入}}\right)^{P_{入中}^{\frac{0.014\,5}{3.435\,8}}} \tag{2-7}$$

细泥沙出库输沙率

$$Q_{S出细} = Q_{S出总} - Q_{S出粗} - Q_{S出中} \tag{2-8}$$

综上所述,水库异重流排沙影响因素较多,可概括为:水库水位及相应蓄水体积、异重流运行距离、入库水沙过程及来沙级配、库区三角洲顶点位置、河床纵比降、河宽及床沙组成等。

第三章　异重流排沙影响因子分析

2004～2009年基于干流水库群联合调度已经进行了6次人工异重流塑造,其排沙情况详见表3-1。

表3-1　汛前调水调沙期间小浪底水库异重流排沙特征值

年份	时段 (月-日)	历时 (d)	入库 平均流量 (m³/s)	入库平均 含沙量 (kg/m³)	沙量(亿t)		排沙比 (%)
					三门峡	小浪底	
2004	07-07～07-14	8	689.7	54.4	0.385	0.055	14.29
2005	06-27～07-02	6	776.9	95.8	0.452	0.020	4.42
2006	06-25～06-29	5	1 254.5	58.8	0.230	0.069	30.00
2007	06-26～07-02	7	1 568.7	50.3	0.613	0.234	38.17
2008	06-27～07-03	6	1 324.0	71.2	0.741	0.458	61.81
2009	06-30～07-03	4	1 062.8	122.8	0.545	0.036	6.61
合计	—	36	—	—	2.966	0.872	29.40

从表3-1可以看出,2004～2009年汛前调水调沙期间,三门峡水库共排沙2.966亿t,小浪底水库出库沙量共0.872亿t,平均排沙比29.40%。但汛前异重流排沙比相差很大,2008年高达61.81%;2005年、2009年排沙比仅分别为4.42%和6.61%,尤其是2009年汛前调水调沙,异重流运行距离最短,入库泥沙0.545亿t,小浪底水库出库泥沙0.036亿t,排沙比仅为6.61%,仅约为平均排沙比的1/5。

在小浪底水库塑造异重流的泥沙来源有三方面:一是黄河中游发生小洪水,潼关以上的来沙,对提高异重流排沙比最为有利;二是非汛期淤积在三门峡水库中的泥沙,这部分泥沙通过潼关来水、万家寨水库补水的冲刷以及三门峡水库的畅泄,进入小浪底水库,是异重流排沙的主沙源;三是来自于小浪底水库顶坡段自身冲刷的泥沙,依靠三门峡水库在调水调沙初期下泄的大流量过程,冲刷堆积在小浪底水库上段的淤积物,其中部分较细颗粒泥沙以异重流方式排沙出库。

一、异重流传播时间分析

库区异重流排沙需要持续的后续动力,当洪水持续历时小于异重流传播时间时,异重流不能运行到坝前、排沙出库。根据小浪底水库异重流塑造的特点,异重流传播存在三个特征时间:①三门峡水库加大泄量到小浪底水库含沙水流出库的时间;②三门峡水库排沙到小浪底水库出库水流含沙量显著增加的时间;③三门峡水库出现沙峰到小浪底水库出现沙峰的时间。

图3-1～图3-5分别为2005～2009年汛前调水调沙期间小浪底水库进出库水沙过程,由图分析得到历年形成异重流的水沙特征值、异重流运行及出库的时间点(见

表 3-2)。需要说明的是,2007~2008 年由于中游发生了有利的小洪水过程,在三门峡水库加大泄量之前,已经有 1 000 m³/s 左右的流量持续(2007 年、2008 年持续时间分别约为 40 h、20 h)。同时这两年潜入点均位于八里胡同附近,异重流运行距离短,在三门峡水库加大泄量前下泄的流量冲刷小浪底水库三角洲的泥沙,已经在小浪底水库形成异重流并运行到坝前。

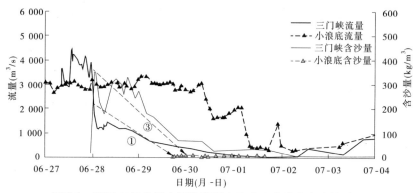

图 3-1   2005 年汛前调水调沙期间小浪底水库进出库水沙过程

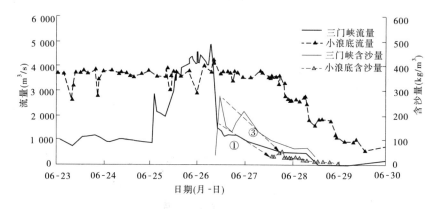

图 3-2   2006 年汛前调水调沙期间小浪底水库进出库水沙过程

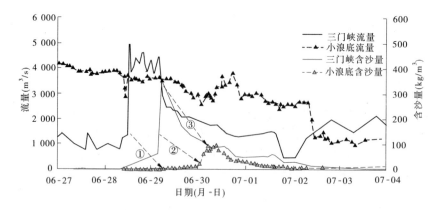

图 3-3   2007 年汛前调水调沙期间小浪底水库进出库水沙过程

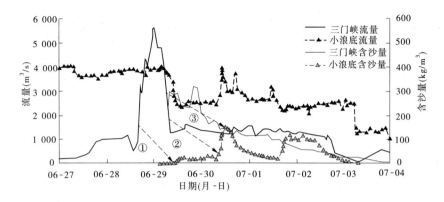

图 3-4 2008 年汛前调水调沙期间小浪底水库进出库水沙过程

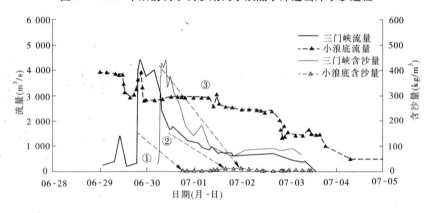

图 3-5 2009 年汛前调水调沙期间小浪底水库进出库水沙过程

2009 年异重流运行距离 22.1 km,是历次运行距离最短的,但其传播时间 38 h,由表 3-2 可以看出,明显大于 2007 年、2008 年,且其排沙比远远小于前两年(见表 3-1),表明 2009 年塑造的异重流在小浪底运行速度慢。

表 3-2 小浪底水库异重流出库特征统计

	年份	2005	2006	2007	2008	2009
特征时间(h)	三门峡水库加大泄量到小浪底水库含沙水流出库	58.0	—	19.9	19.1	24.7
	三门峡水库排沙到小浪底水库出库水流含沙量显著增加	49.0	34.0	22.0	26.3	29.2
	三门峡水库出现沙峰到小浪底水库出现沙峰	54.0	31.0	24.0	26.4	38.0
对接水位前小浪底水库入库大流量持续时间(h)		无	无	40.1	21.6	无

年份		2005	2006	2007	2008	2009
异重流运行最大距离(km)		53.44	44.33	30.65	24.43	22.10
最大含沙量(kg/m³)	入库	352	276	343	318	454
	出库	10.9	58.7	97.8	154.0	12.7
沙量	入库(亿 t)	0.452	0.230	0.613	0.741	0.545
	出库(亿 t)	0.020	0.069	0.234	0.458	0.036
	排沙比(%)	4.42	30.00	38.17	61.81	6.61

分析认为,这主要与小浪底水库入库较大流量、较高含沙量过程的持续时间有关,含沙量在 100 kg/m³ 以上、流量在 1 000 m³/s 以上的持续时间,2009 年仅分别为 25.2 h、30 h,2008 年分别为 57 h、110 h,为 2009 年的 2 倍多。2007 年 100 kg/m³ 以上含沙量持续时间短,但 1 000 m³/s 流量持续历时高达 204 h。

二、三门峡水库调度与潼关来水组成分析

在汛前调水调沙塑造异重流期间,三门峡水库的调度可分为三门峡水库泄空期及敞泄排沙期两个时段。

(一)三门峡水库泄空期

主要利用三门峡水库蓄水塑造大流量洪峰过程,冲刷小浪底水库三角洲洲面的泥沙,在适当的条件下产生异重流。这是小浪底水库汛前调水调沙期间最早形成的异重流,作为异重流的前锋。

(二)三门峡水库敞泄排沙期

三门峡水库临近泄空时,出现较高含沙量水流。泄空后,万家寨水库塑造的洪峰进入三门峡水库,水流在三门峡水库基本为均匀明流流态,可在三门峡库区产生较强烈冲刷,形成较高含沙量水流,作为异重流持续运行的水沙过程。

分析认为,汛前调水调沙期间在小浪底水库形成异重流的沙源主要为冲刷小浪底水库三角洲洲面的泥沙和三门峡水库冲刷的泥沙。前者的水流条件主要为三门峡水库的蓄水,后者主要取决于潼关的来水情况。

图 3-6 ~ 图 3-11 绘出了历年汛前调水调沙塑造异重流期间潼关流量、史家滩水位及三门峡水库出库流量过程,其特征值统计见表 3-3。

分析三门峡水库加大泄量期间的水量(见表 3-3)可以看出,2004 年、2006 年三门峡水库补水量为 4 亿 ~ 5 亿 m³,塑造的洪峰大、持续时间长,增大了小浪底水库形成异重流自身沙源的补给。2005 年、2007 年、2008 年及 2009 年补水量为 2 亿 ~ 3 亿 m³,且历年最大下泄流量也较为接近。水量的减少,相应减少了冲刷小浪底库区尾部段的历时,减少了小浪底库区形成异重流自身沙源的补给。

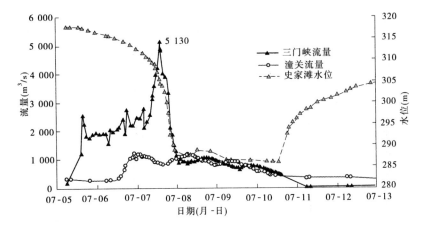

图3-6 2004年潼关流量、史家滩水位及三门峡水库出库流量过程

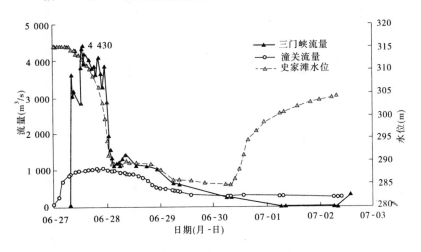

图3-7 2005年潼关流量、史家滩水位及三门峡水库出库流量过程

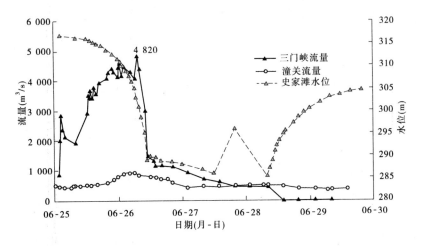

图3-8 2006年潼关流量、史家滩水位及三门峡水库出库流量过程

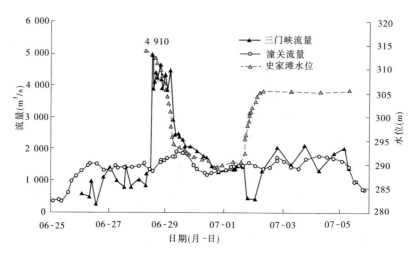

图 3-9　2007 年潼关流量、史家滩水位及三门峡水库出库流量过程

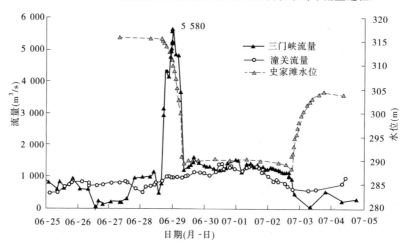

图 3-10　2008 年潼关流量、史家滩水位及三门峡水库出库流量过程

表 3-3　三门峡水库汛前调水调沙期特征值

	年份	2004	2005	2006	2007	2008	2009
三门峡	加大泄量时水位（m）	317.84	315.18	316.74	313.35	315.04	314.69
	加大泄量时水量（亿 m³）	4.90	2.87	4.20	2.30	2.89	2.46
	最大洪峰流量（m³/s）	5 130	4 430	4 820	4 910	5 580	4 470
潼关	流量大于 800 m³/s 历时（h）	68	32	12	236.9	126	18
	流量大于 1 000 m³/s 历时（h）	24	10	0	228	60.6	9.5
小浪底水库排沙比（%）		14.29	4.42	30.00	38.17	61.81	6.61

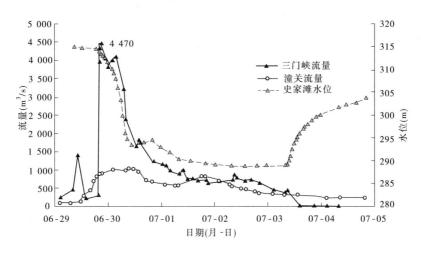

图 3-11　2009 年潼关流量、史家滩水位及三门峡水库出库流量过程

从表 3-3 可以看出,潼关流量持续时间长的 2007 年、2008 年,流量大于 800 m³/s 的持续历时分别达到 236.9 h 和 126 h,流量大于 1 000 m³/s 的持续历时也分别达到 228 h 和 60.6 h,决定了小浪底水库较大的排沙比。同样,2004 年尽管异重流运行距离最长,但由于洪峰过程的持续时间长,排沙比也大于 2005 年、2009 年。

小浪底水库边界条件均为不利的 2005 年、2009 年,三门峡水库蓄水、潼关洪峰持续时间均相近,这两年排沙比也相近。

万家寨水库塑造的径流过程到达潼关时,三门峡水库基本处于泄空状态,潼关流量大小和持续时间决定了三门峡水库出库流量的大小和持续时间,也就决定了形成异重流的强弱以及能否运行到坝前并排沙出库,直接影响了小浪底水库的排沙比。

2004~2009 年汛前调水调沙都是基于万家寨、三门峡、小浪底水库联调的模式,在小浪底水库塑造异重流。潼关流量大小及持续时间的长短,取决于万家寨水库蓄水量及头道拐—潼关区间来水量、水流损失量等因素。表 3-4、表 3-5 列出了 2004 年以来调水调沙期间头道拐—潼关河段各站的水量及其变化。从中可以看出,2007 年、2008 年之所以潼关达到累计水量 3.8 亿 m³,主要是因为头道拐累计水量大,加上万家寨水库的蓄水量,才塑造了潼关较长持续时间的洪峰。2009 年头道拐累计水量小,依靠万家寨水库的蓄水塑造的洪峰流量也小,在龙门—潼关区间由于水流坦化,损失了 0.852 亿 m³ 的水量;头道拐

表 3-4　汛前调水调沙期间头道拐—潼关河段各站水量

年份	2004	2005	2006	2007	2008	2009
历时(d)	5	3	3	3	4	4
头道拐水量(亿 m³)	0.323	0.129	0.688	3.551	1.791	0.882
河曲水量(亿 m³)	3.247	2.276	1.469	3.663	3.475	2.697
龙门水量(亿 m³)	3.670	2.073	1.738	3.646	3.763	2.935
潼关水量(亿 m³)	3.230	1.741	1.538	3.871	3.846	2.083

累计水量的偏小和小北干流河段局部漫滩损失水量是潼关洪峰流量偏小的主要原因,也是 2009 年小浪底水库异重流排沙比小的原因之一。

表3-5　调水调沙期间区间水量变化　　　　　　　　（单位:亿 m³）

区间		2004 年	2005 年	2006 年	2007 年	2008 年	2009 年
头道拐—河曲 （万家寨补水）		2.924	2.147	0.781	0.112	1.684	1.814
河曲—潼关 区间补水	河曲—龙门	0.423	-0.202	0.270	-0.018	0.287	0.239
	龙门—潼关	-0.441	-0.332	-0.200	0.225	0.083	-0.852
	河曲—潼关	-0.018	-0.534	0.070	0.207	0.370	-0.613

三、入库细泥沙颗粒含量

异重流所挟带的泥沙大多为细颗粒泥沙。如果小浪底水库入库泥沙或库区上段淤积泥沙颗粒较细,则异重流挟带到坝前的泥沙量相对较大。小浪底水库运用以来实测资料表明,汛前调水调沙出库泥沙细颗粒（$d < 0.025$ mm）含量以 2008 年最低,占全沙的 78.82%,2005 年最高,达 90.00%,见表 3-6。图 3-12 给出了三门峡站细泥沙含量百分数与小浪底水库全沙排沙比对比。

表3-6　小浪底水库出库各粒径泥沙含量

年份	时段 （月-日）	项目	全沙沙量 （亿 t）	细泥沙 $d < 0.025$ mm （亿 t）	中泥沙 0.025 mm$\leq d <$ 0.05 mm(亿 t)	粗泥沙 $d \geq 0.05$ mm （亿 t）	细泥沙占 该时段总 沙量的百 分比（%）
2004	07-07 ~ 07-14	三门峡	0.385	0.133	0.132	0.120	34.55
		小浪底	0.055	0.047	0.004	0.004	85.45
		排沙比（%）	14.29	35.34	3.03	3.33	—
2005	06-27 ~ 07-02	三门峡	0.452	0.167	0.130	0.155	36.95
		小浪底	0.020	0.018	0.001	0.001	90.00
		排沙比（%）	4.42	10.78	0.77	0.65	—
2006	06-25 ~ 06-29	三门峡	0.230	0.099	0.058	0.073	43.04
		小浪底	0.069	0.059	0.007	0.003	85.50
		排沙比（%）	30.00	59.60	12.07	4.11	—
2007	06-26 ~ 07-02	三门峡	0.613	0.246	0.170	0.197	40.13
		小浪底	0.234	0.197	0.024	0.013	84.19
		排沙比（%）	38.17	80.08	14.12	6.60	—

年份	时段 (月-日)	项目	全沙沙量 (亿 t)	细泥沙 $d < 0.025$ mm (亿 t)	中泥沙 0.025 mm $\leq d <$ 0.05 mm(亿 t)	粗泥沙 $d \geq 0.05$ mm (亿 t)	细泥沙占 该时段总 沙量的百 分比(%)
2008	06-27 ~ 07-03	三门峡	0.741	0.239	0.208	0.294	32.25
		小浪底	0.458	0.361	0.057	0.040	78.82
		排沙比(%)	61.81	151.05	27.40	13.61	—
2009	06-30 ~ 07-03	三门峡	0.545	0.148	0.154	0.243	27.16
		小浪底	0.036	0.032	0.003	0.001	88.89
		排沙比(%)	6.61	21.62	1.95	0.41	—

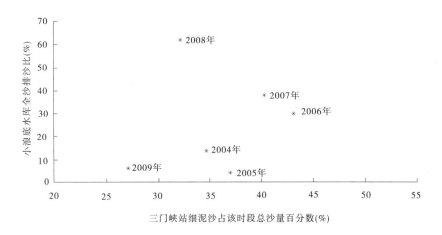

图 3-12 三门峡站细泥沙含量百分数与小浪底水库全沙排沙比对比

2009 年入库细泥沙占全沙的比例仅为 27.16%,为历年最低,其余年份都大于 30%,2006 年高达 43.04%。这也是造成 2009 年异重流排沙较少的因素之一。

点绘小浪底水库分组沙排沙比与全沙排沙比、分组沙含量与全沙排沙比的关系,见图 3-13。从图中可以看出,随着全沙排沙比的增加,分组沙的排沙比也在增大,细颗粒泥沙排沙比增加幅度最大,2007 年为 80.08%,2008 年达 151.05%;2008 年出库细泥沙量之所以大于入库细泥沙量,是因为库区三角洲洲面发生了冲刷,补充了形成异重流的沙源。

从图中还可以看出,随着出库排沙比的增大,细泥沙含量有减小的趋势,中泥沙和粗泥沙所占比例有所增大。

四、边界条件的影响

(一)汛前汛后边界条件分析

小浪底库区干流河段上窄下宽,板涧河河口以上河道长 60.9 km,河谷底宽仅 200 ~

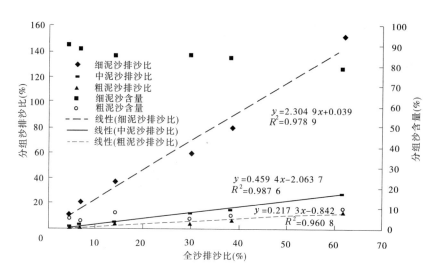

图 3-13　分组沙排沙比及分组沙含量与全沙排沙比关系

300 m,河槽窄深,受水库来水来沙的影响,容易发生大幅度的淤积或冲刷调整。

从小浪底水库 2004～2009 年纵剖面(见图 3-14)可以看出,2004 年三角洲顶点位于 HH41 断面(距坝 72.06 km),在汛前调水调沙期间人工塑造的异重流过程及"04·8"洪水的共同作用下,处于窄深河段的三角洲洲面发生了强烈冲刷,至 2005 年汛前,三角洲顶点已下移至河谷较宽的库段 HH27 断面(距坝 44.53 km)。2006 年以后三角洲顶坡段在 HH37 断面以下基本上按照大约 3‰的比降向坝前推进,2009 年汛后,三角洲顶点位于 HH15 断面(距坝 24.43 km)。

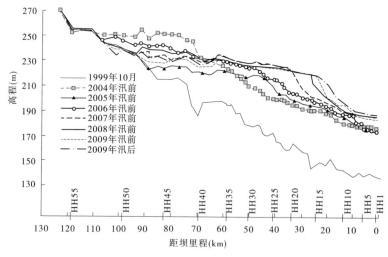

图 3-14　历年汛前调水调沙期间小浪底水库纵剖面(深泓点)

在汛前调水调沙塑造异重流期间,潜入点上游河段处于库区明流库段,受入库水沙的直接影响,该段的河床冲淤调整是来水来沙条件与河床组成相互作用的结果,成为异重流排沙的关键影响因素之一。历年汛期前后潜入点上游河段(HH37 断面以上库段有实测资料作为代表,下同)冲淤调整统计结果见表 3-7。HH37 断面以上发生冲刷的年份,如

2006年、2008年，小浪底库区排沙比相对较大；反之，发生淤积的年份，如2005年、2009年，排沙比相对小一些。2007年汛期HH37断面以上也发生淤积，但异重流排沙比并不小，这与2007年汛前调水调沙期间头道拐流量较大、洪峰持续时间长、异重流后续动力大有关。

表3-7　HH37断面以上河段冲淤变化

时段(年-月)	冲淤量(亿 m^3)
2003-05 ~ 2003-07	− 1.258 1
2003-05 ~ 2003-10	− 1.999 1
2005-04 ~ 2005-11	1.007 5
2006-04 ~ 2006-10	− 0.540 6
2007-04 ~ 2007-10	0.209 6
2008-04 ~ 2008-10	− 0.417 6
2009-04 ~ 2009-10	0.193 0

（二）异重流塑造前后同流量水位变化及三角洲洲面河段冲淤量

利用异重流发生前后各水位站同流量水位的变化，推算三角洲洲面河段在调水调沙前后的冲淤变化。受资料收集困难的影响，主要依据变幅较大的白浪和五福涧两水位站资料推算HH37断面以上河段在调水调沙前后的冲淤变化幅度。

图3-15绘出了2009年调水调沙期间小浪底河堤站以上水位变化情况，把三门峡下泄大流量之前涨水过程的6月29日对应流量500 m^3/s的水位作为塑造异重流之前的水位，把7月3日退水时对应流量500 m^3/s的水位作为塑造异重流结束时水位，对比分析塑造异重流前后各站的水位变化。用同样的方法点绘了2006 ~ 2008年河堤站以上水位变化（见图3-16 ~ 图3-18）；2008年塑造异重流期间涨水期6月27日三门峡流量为500 m^3/s，退水期7月3日的流量为570 m^3/s，这两天河堤站以上的水位都不受小浪底水库蓄水影响，可以作为塑造异重流前、后同流量水位的对比。

将2006 ~ 2009年同流量（500 m^3/s）下河堤以上各水位站水位变化情况进行对比，结果表明2006年、2008年塑造异重流前后，白浪、五福涧同流量下水位显著下降，2006年降幅分别为6.37 m和4.73 m，2008年降幅分别为2.90 m和3.89 m。2007年和2009年白浪、五福涧同流量下水位变化不大，2009年还有少许抬升，表明该河段冲淤不明显，2009年略有淤积（见表3-8）。

（三）汛前地形对水动力条件的影响

由于尖坪水位站原始河床高，只统计了白浪至河堤的水面比降。根据同流量（500 m^3/s）下的水位，推算调水调沙前后水面比降的变化（见表3-8），从中可以看出，2006年和2008年涨水期白浪至河堤水面比降分别达到4.0‰和3.8‰，而2007年和2009年涨水期水面比降仅分别为2.8‰和2.3‰，可见汛前地形条件的不同对水动力条件具有较大影响。2009年调水调沙前潜入点上游地形相对较低，来水的水动力条件弱，调水调沙期

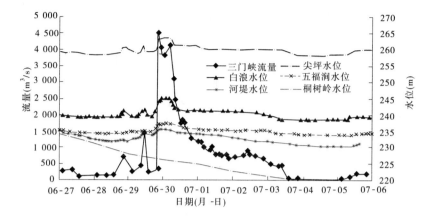

图 3-15　2009 年调水调沙期间水位变化

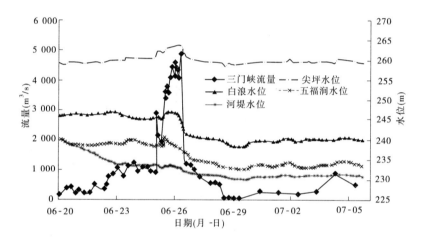

图 3-16　2006 年调水调沙期间水位变化

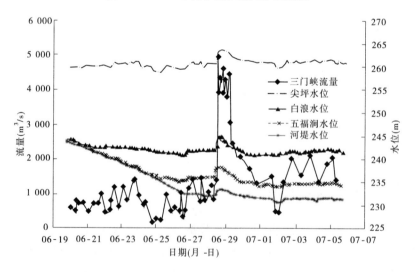

图 3-17　2007 年调水调沙期间水位变化

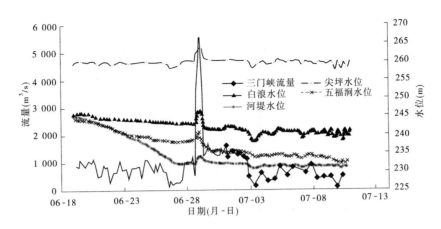

图 3-18 2008 年调水调沙期间水位变化

间没有沙源补给,是造成异重流排沙比低的原因之一。

表 3-8　2009 年调水调沙期白浪至河堤同流量($Q = 500\ \mathrm{m}^3/\mathrm{s}$)下水位及水面比降

水位站	距坝里程(km)	水位(m)	2006 年	2007 年	2008 年	2009 年
尖坪	111.02	涨水期	259.85	259.36	259.51	259.26
		退水期	259.60	259.60	259.78	259.78
		水位变化	−0.25	0.24	0.27	0.52
白浪	93.20	涨水期	246.73	241.02	243.17	239.39
		退水期	240.36	240.82	240.27	239.96
		水位变化	−6.37	−0.20	−2.90	0.57
五福涧	77.28	涨水期	239.10	235.15	238.06	234.76
		退水期	234.37	234.28	234.17	234.86
		水位变化	−4.73	−0.87	−3.89	0.10
河堤	63.82	涨水期	234.89	232.86	232.05	232.65
		退水期	231.08	230.79	231.20	231.66
		水位变化	−3.81	−2.07	−0.85	−0.99
涨水期白浪至河堤水面比降(‰)			4.0	2.8	3.8	2.3
概算冲淤量(亿 m³)			−0.237	−0.024	−0.142	0.012

(四)潜入点上游河段床沙组成对排沙的影响

潜入点上游河段容易发生大幅度的淤积或冲刷调整,其床沙组成对异重流也有一定影响(见图 3-19)。2009 年汛前、汛后床沙组成相对较粗,不利于本河段的冲刷,同时床沙中细泥沙含量少,也不利于排沙出库。

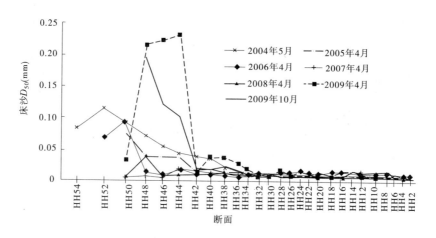

图 3-19　汛前库区床沙中值粒径沿程变化

五、河堤站的输沙过程作用分析

　　河堤断面位于小浪底库区峡谷型河段与相对开阔河段的分界处,以上河段窄深,基本上没有支流入汇,因此可以三门峡流量作为河堤站流量。利用河堤站观测资料点绘了输沙率变化过程(见图 3-20,图中考虑了水流传播时间)。2009 年三门峡最大输沙率 1 039 t/s,下泄最大含沙量 454 kg/m³,对应流量 1 490 m³/s。河堤站的观测资料表明,2009 年汛前调水调沙期间输沙率明显低于入库输沙率,表明河堤以上河段是淤积的。

　　虽然河堤站观测资料较少,还不足以控制河堤站输沙率变化,但仍可以认为,在三门峡水库下泄大流量过程中,河堤以上河段发生了冲刷;而在三门峡水库泄空、挟带较多泥沙的水流进入小浪底水库时段,河堤站输沙率较三门峡站有较大幅度的下降,表明河堤以上河段产生了淤积。

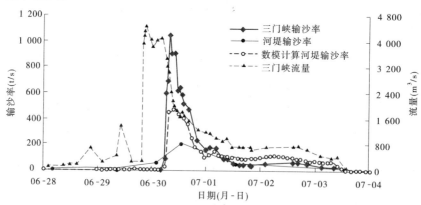

图 3-20　2009 年调水调沙期间三门峡、河堤输沙率及数模计算对比

　　同时,利用"河堤站实测流速、含沙量、颗粒级配成果表"中的水位与水深资料,推算出河堤断面河底高程变化过程,见图 3-21。从图中可以看出,2009 年 4 月 1 日至 6 月 28 日,河堤断面河床有所冲刷下降;三门峡水库加大泄量之前的 6 月 29 日 13 时,断面淤积

抬升,这可能与上游河床冲刷的泥沙在本河段产生淤积有关;三门峡水库加大泄量后的6月30日6时48分,断面发生较大幅度的冲刷;随着三门峡水库的泄空,高含沙水流进入小浪底库区,在6月30日18时较上一测验时段又有大幅度抬升,数模计算结果也表明三门峡水库高含沙水流进入小浪底水库后,该河段有少许淤积。

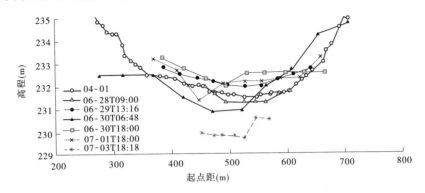

图 3-21　2009 年调水调沙期间河堤断面河底高程变化

采用 2009 年的分析方法,点绘了 2007 年调水调沙期间河堤站输沙率与断面河底高程变化过程(见图 3-22、图 3-23)。2007 年库区地形初始条件比 2009 年有利,同时在三门峡下泄大流量之前,流量过程较大,河堤以上河段冲刷,三门峡水库加大泄量后,继续冲刷该河段,至 28 日 16 时,河堤断面冲刷最深;随着三门峡水库泄空、出库沙量的增大,该河段发生少许淤积。

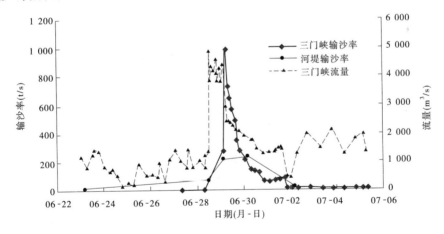

图 3-22　2007 年调水调沙期间三门峡、河堤输沙率对比

在库区边界条件更有利于产生异重流的 2008 年,调水调沙期间中游发生了有利的洪水过程,并且持续时间长。从点绘的河堤站输沙率(见图 3-24)及断面河底高程变化图(见图 3-25)可以看出,早在三门峡水库泄空之前,中游洪水基本上是清水冲刷河堤以上河段,2008 年 6 月 29 日河堤站输沙率为 116.8 t/s。在整个调水调沙过程中,该河段总体是冲刷的。6 月 28 日河堤断面有少量淤积,但随着三门峡水库塑造的洪峰过程,淤积的泥沙被重新冲刷(6 月 29 日、7 月 2 日)。在三门峡水库临近泄空开始排沙阶段,2008 年

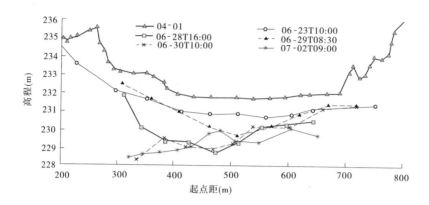

图 3-23　2007 年调水调沙期间河堤断面河底高程变化

三门峡最大输沙率 464 t/s,下泄最大含沙量 318 kg/m³,对应流量 1 460 m³/s。

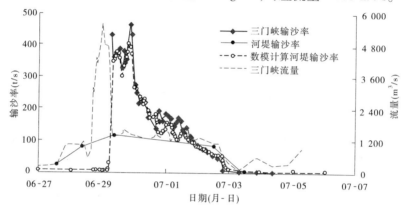

图 3-24　2008 年调水调沙期间三门峡、河堤输沙率对比

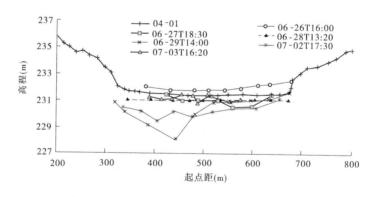

图 3-25　2008 年调水调沙期间河堤断面河底高程变化

通过以上对 2007~2009 年河堤站的分析认为,在三门峡水库下泄大流量的过程中,2007 年、2008 年、2009 年河堤站观测到的输沙率分别为 64.3 t/s、76.6 t/s 及 71.0 t/s,表明河堤以上断面是冲刷的。

因此,从 2009 年的观测资料看,在三门峡水库敞泄排沙的过程中,适当控制出库含沙量、分散三门峡水库排沙过程,控制含沙量不超过 350 kg/m³,相应输沙率不超过 600 t/s,可减少河堤以上的淤积。

六、小浪底水库异重流排沙因素综合影响分析

综合以上对单因子和特殊库段的分析,将 2004～2009 年汛前调水调沙期间异重流塑造的特征值列于表 3-9。分析认为,小浪底水库排沙与潼关流量持续时间、三门峡水库开始加大泄量时蓄水量、水位、出库细颗粒泥沙含量以及泄空时间、小浪底水库 HH37 断面以上冲淤变化、异重流运行距离、对接水位、入库沙量、支流倒灌等因素有关。受目前原型观测资料的限制,对水库异重流排沙的认识还很有限,需要大量实测资料的补充分析。

表 3-9 历年汛前调水调沙特征值

水文站	特征值	2004 年	2005 年	2006 年	2007 年	2008 年	2009 年
潼关	流量大于 800 m³/s 历时(h)	68	32	12	236.9	126	18
	流量大于 1 000 m³/s 历时(h)	24	10	0	228	60.6	9.5
三门峡	流量大于 800 m³/s 历时(h)	86.5	38	48	204	118	37.5
	流量大于 1 000 m³/s 历时(h)	66.5	38	42	204	110	30
	敞泄时间(d)	2.94	1.58	2	1.04	3.54	3.67
	加大泄量时水位(m)	317.84	315.18	316.74	313.35	315.04	314.69
	加大泄量时水量(亿 m³)	4.90	2.87	4.20	2.30	2.89	2.46
	最大洪峰流量(m³/s)	5 130	4 430	4 820	4 910	5 580	4 470
	入库细颗粒泥沙含量(%)	34.55	36.95	43.04	40.13	32.25	27.16
小浪底	涨水期河堤以上水面比降(‰)			4.0	2.8	3.8	2.3
	退水期河堤以上水面比降(‰)			3.2	3.4	3.1	2.8
	调水调沙前后冲淤量估算(亿 m³)			-0.237	-0.024	-0.142	0.012
	异重流运行距离(km)	58.51 (HH35 断面)	53.44 (HH32 断面)	44.13 (HH27 断面下游 200 m)	30.65 (HH19 断面下游 1 200 m)	24.43 (HH15 断面)	22.1 (HH14 断面)
	对接水位(m)	235	230	227	228	227	227
	入库沙量(亿 t)	0.385	0.452	0.230	0.613	0.741	0.545
	出库沙量(亿 t)	0.055	0.020	0.069	0.234	0.458	0.036
	排沙比(%)	14.29	4.42	30.00	38.17	61.81	6.61

分析认为,在 2006～2009 年汛前塑造异重流过程中,小浪底水库对接水位相近,影响小浪底水库排沙的因素主要有以下几点:

(1)入库水沙对异重流塑造起着关键作用。在三门峡水库敞泄期间,潼关来水流量大于 1 000 m³/s 的持续时间越长,在小浪底水库形成异重流的后续动力就越强,同时也会

使小浪底水库 HH37 断面以上形成冲刷或减少淤积。

在调水调沙过程中,如果发生有利的中游小洪水过程,小浪底入库流量持续时间长,水库排沙比增大(如 2007 年、2008 年)。

(2)潜入点以上明流河段前期地形条件对异重流排沙效果具有一定的影响。水面比降较大,则有利于潜入点以上河段的冲刷,2008 年调水调沙期 HH37 断面以上冲刷量大约在 1 000 万 t 数量级。在前期地形有利的条件下,潜入点以上明流河段的冲刷补给较少,甚至有所淤积,但无论前期地形条件如何,在三门峡水库的泄空期,水量越大,塑造的洪峰越大,会使小浪底水库潜入点以上明流河段冲刷量越大,形成异重流前锋的能量就越大;当三门峡出库流量减小,含沙量衰减变化较大时,建议关闭排沙底孔,转入正常运用。

(3)入库细颗粒泥沙含量、小浪底水库床沙组成对异重流排沙也具有一定的影响。

第四章　提高小浪底水库异重流排沙比的建议

一、汛前调水调沙期

图 4-1 为 2009 年 11 月小浪底库区纵剖面。从图中分析,2009 年汛前汛后 HH37 断面至三角洲顶点之间河床略有抬升,纵比降变化不大;HH37 断面以上的峡谷型河段有少许淤积,但仍和汛前一样,存在倒比降,小于 HH37 断面以下顶坡段的坡度。

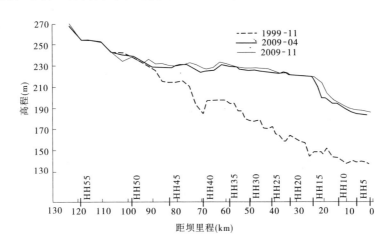

图 4-1　2009 年 11 月小浪底库区纵剖面

从目前的认识来看,若 2010 年进入小浪底水库的水沙过程及水库控制水位过程与 2009 年相近,则小浪底水库排沙比不会有大幅度提高。因此,为实现提高 2010 年小浪底水库排沙比的目标,应从以下几方面考虑。

(一)降低对接水位

降低小浪底水库调水调沙期对接水位。在塑造异重流时控制小浪底水库对接水位低于三角洲顶点(220 m 以下),增大三角洲洲面水流比降,以增加水流输沙能力。为避免发生调水调沙结束之后 7 月上旬供水紧张的情况,可适当从蓄水量较大的黄河上游水库调水,满足黄河下游的需求。

(二)增大潼关大于 1 000 m³/s 流量的历时

上述分析表明,2007 年和 2008 年之所以有较大的排沙比,主要与潼关大于 1 000 m³/s 流量的持续时间较长有关。因此,尽可能维持三门峡水库泄空后潼关流量大于 1 000 m³/s 的持续时间(2.5 ~ 3 d),是增大排沙比的有效措施之一。

(三)控制三门峡水库下泄高含沙水流

如果三门峡水库敞泄过程中含沙量过高,会在河堤以上断面引起淤积,因此在三门峡水库排沙期,适当控制库水位下降速度,分散三门峡水库排沙过程,控制三门峡含沙量,可以避免由于含沙量过高而在小浪底库区产生大量淤积。

二、汛期

从 2006 年开始,小浪底水库三角洲顶坡段趋于稳定,以大约 3‰的比降向坝前推进,异重流潜入点进入窄河段(自 HH27 断面开始),运行距离明显缩短,异重流排沙出库也更加容易,因此从 2006 年开始分析汛期异重流排沙。图 4-2 ~ 图 4-5 分别绘出了 2006 年以来潼关、三门峡、小浪底的输沙率及小浪底水库水位变化过程线,从中可以看出,2009 年 8 月 23 ~ 27 日,潼关最大流量 1 430 m³/s,流量大于 1 000 m³/s 持续时间为 3.59 d,三门峡水库低水位运用,小浪底水库水位 219.51 ~ 223.35 m,最大出库含沙量 1.3 kg/m³,排沙比为 0.2%。

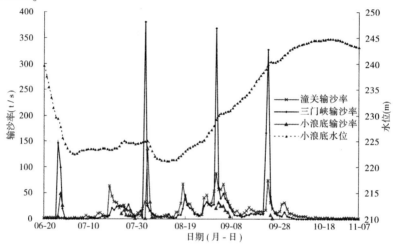

图 4-2　2006 年输沙率及水位变化过程线

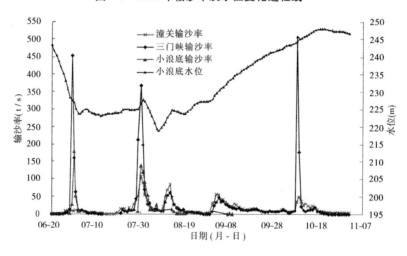

图 4-3　2007 年输沙率及水位变化过程线

2007 年 8 月 13 ~ 21 日、9 月 6 ~ 11 日,小浪底水库有 2 次排沙过程,潼关最大流量分别为 1 780 m³/s、1 710 m³/s,流量大于 1 000 m³/s 持续时间分别为 5.71 d、6 d,三门峡水

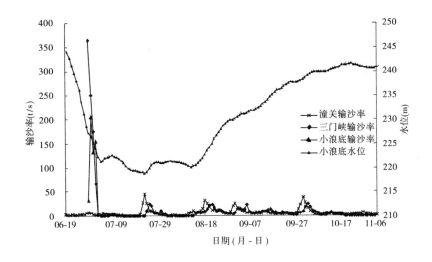

图 4-4　2008 年输沙率及水位变化过程线

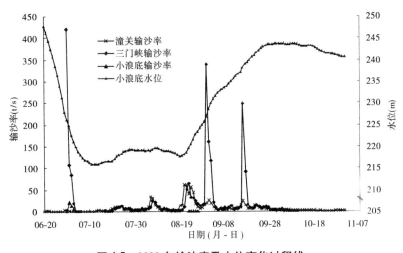

图 4-5　2009 年输沙率及水位变化过程线

库低水位运用,小浪底水库水位分别为 224. 81 ~ 223. 73 m、235. 04 ~ 232. 19 m,排沙比分别为 22. 7%、2. 8%。

进一步分析表明(见表 4-1),在小浪底水库水位低于 230 m 时,如果三门峡流量大于 1 000 m³/s 且持续 3 d 以上,输沙率大于 50 t/s 能够持续 1 d 以上,小浪底水库排沙效果较好。

若三门峡水库敞泄排沙期,潼关水沙条件相对较好,同时配合自身的冲刷,有利于形成异重流并运行到坝前。为此建议小浪底水库水位在 230 m 以下,或者在小浪底水库从汛前调水调沙结束至开始蓄水这段时间内,如果潼关流量大于 1 000 m³/s 且持续 3 d 以上,输沙率大于 50 t/s 能够持续 1 d 以上,三门峡水库配合运用,在桐树岭监测浑水层,如果桐树岭出现异重流,应及时开启排沙洞,减少小浪底水库的淤积。

表 4-1 2006 年以来洪水过程统计

年份	时段(月-日)	潼关				三门峡						小浪底		
		历时(h) 流量大于1 000 m³/s	历时(h) 流量大于800 m³/s	输沙率大于50 t/s	沙量(亿t)	历时(h) 流量大于1 000 m³/s	历时(h) 流量大于800 m³/s	输沙率大于50 t/s	沙量(亿t)	敞泄时段(月-日)	细泥沙含量(%)	沙量(亿t)	水位(m)	排沙比(%)
2006	06-25~06-29	0	0.55	0	0.007	1.74	2.28	1.36	0.230	06-26~06-28	43.04	0.071	224.35~229.50	30.9
	07-22~07-29	7.27	7.85	0	0.110	2.97	6.30	0.52	0.127	—	80.90	0.048	223.95~225.07	37.8
	08-01~08-06	2.55	3.54	0	0.099	0.83	1.87	1.43	0.379	08-02	35.79	0.153	222.05~225.06	40.4
	08-31~09-07	8.00	8.00	3.79	0.348	7.28	8.00	3.30	0.554	09-01	55.01	0.121	227.94~230.84	21.8
2007	06-26~07-02	7.00	7.00	0	0.058	4.89	5.86	2.58	0.613	06-29~07-01	40.13	0.234	232.91~223.66	38.2
	07-29~08-12	11.21	14.08	4.71	0.563	13.26	15.00	5.09	0.971	07-30~08-01	57.89	0.426	227.74~218.83	43.9
	08-13~08-21	5.71	9.00	0.30	0.129	2.76	9.00	0.38	0.132	—	89.10	0.030	224.81~223.73	22.7
	09-06~09-11	6.00	6.00	0	0.142	4.80	5.48	0	0.109	—	79.70	0.003	235.04~232.19	2.8
	10-06~10-19	14.00	14.00	0	0.267	13.60	14.00	2.86	0.712	10-08~10-09	32.15	—	248.01~243.61	—
2008	06-27~07-03	2.67	4.24	0	0.026	4.67	4.88	3.21	0.741	06-29~07-02	32.25	0.458	231.10~222.30	61.8
	06-30~07-03	0.15	0.80	0	0.005	1.15	1.53	2.38	0.545	06-30~07-03	27.16	0.036	226.09~220.95	6.6
2009	08-23~08-27	3.59	4.83	1.15	0.145	0	2.23	0.79	0.144	—	74.52	0.000 3	223.35~219.51	0.2
	08-30~09-05	5.54	7.00	0	0.081	4.63	6.71	3.41	0.575	08-31~09-02	36.12	—	232.24~225.65	—
	09-15~09-20	6.00	6.00	0	0.064	5.55	5.83	2.30	0.325	09-16~09-17	40.32	—	240.51~237.07	—

注:2006 年小浪底采用陈家岭水位。

第五章　主要认识及建议

一、主要认识

(1)1999 年 9 月至 2009 年 10 月,根据断面法计算,小浪底库区的淤积量为 25.830 亿 m^3,其中,干流淤积量为 21.238 亿 m^3,支流淤积量为 4.592 亿 m^3,分别占总淤积量的 82.22% 和 17.78%;2009 年度全库区泥沙淤积量为 1.722 亿 m^3,其中干流淤积量为 1.230 亿 m^3,支流淤积量为 0.492 亿 m^3。

(2)截至 2009 年 10 月,水库 275 m 高程下干流库容为 53.541 亿 m^3,支流库容为 48.088 m^3,全库总库容为 101.629 亿 m^3。

(3)2009 年入库水沙量分别为 220.44 亿 m^3、1.99 亿 t;2009 年出库水量为 211.36 亿 m^3,全年出库沙量仅为 0.036 亿 t,绝大部分排沙在汛前调水调沙期间(6 月 30 日至 7 月 3 日),出库沙量为 0.035 9 亿 t;共有 9 d 排沙出库。

(4)入库水沙对异重流塑造起着关键作用。在调水调沙过程中,如果遭遇中游小洪水,小浪底入库流量持续时间长,将有效提高小浪底水库异重流排沙效率,增大水库排沙比。

(5)三门峡水库的调度运用是影响小浪底水库异重流排沙效率的主导因素之一。

在三门峡水库的泄空期,水量越大,塑造的洪峰越大,会使小浪底水库 HH37 断面以上形成冲刷或减少淤积,塑造能量较大的异重流前锋;当三门峡水库流量减少,含沙量衰减变化较大时,建议关闭排沙底孔,转入正常运用。

在三门峡水库敞泄期间,潼关来水流量大于 1 000 m^3/s 的持续时间越长,小浪底水库形成异重流的后续动力就越强,同时也会使小浪底水库 HH37 断面以上形成冲刷或减少淤积。

(6)入库细颗粒泥沙含量、小浪底水库床沙组成也是影响小浪底水库异重流排沙效率的主要原因。2009 年调水调沙期间,入库悬沙细颗粒泥沙含量相对较低,HH37 断面以上床沙相对粗化都是造成异重流排沙效率降低的关键因素。

二、建议

(1)在 2010 年小浪底水库汛前调水调沙期间,为实现提高小浪底库区排沙比的目标,应从以下几方面考虑:

①适当降低小浪底水库排沙期水位。

②尽可能延长三门峡水库泄空后流量大于 1 000 m^3/s 的持续时间,同时进一步优化三门峡水库调度,使得万家寨来流准确与三门峡水库泄流衔接。

③在三门峡水库排沙期,适当控制库水位下降速度,分散三门峡排沙过程,控制三门峡出库含沙量,以避免由于含沙量过高而在小浪底库区产生大量淤积。

(2)小浪底水库水位在 230 m 以下,或者在小浪底水库从汛前调水调沙结束至开始蓄水这段时间内,如果潼关流量大于 1 000 m^3/s 且持续 3 d 以上,输沙率大于 50 t/s 能够持续 1 d 以上,三门峡水库配合运用,在桐树岭监测浑水层,如果桐树岭出现异重流,应及时开启排沙洞,减少小浪底水库的淤积。

(3)建议 2010 年调水调沙结束后,对 HH37 断面以上进行一次大断面观测;加强河堤水沙因子站流量、含沙量的观测;恢复麻峪水位的观测。

以上只是初步分析得到的认识,应进一步分析整理原型资料,进一步完善,为今后的小浪底水库异重流塑造积累经验,更好地完成调水调沙的生产运行。

第三专题　黄河下游河床粗化对河道冲淤的影响

　　小浪底水库运用 10 a 来,黄河下游河道持续清水冲刷,河道边界条件包括各河段断面形态、河床物质组成都发生了一定程度的调整,并进而对水流输沙特性、河道冲淤演变特性产生了较大的反馈影响,相近水流过程下河道冲刷效率有所降低。断面形态和河床粗化两个主要因子的变化又引起了两方面的调整:一方面是河槽展宽、河床粗化所引起的水动力条件的减弱、泥沙补给的减少;另一方面是其上游河段边界条件的变化所引起的下游河段来沙条件的改变,包括含沙量的降低和泥沙级配的变粗。

　　本专题从冲刷效率及其各关联因子的变化过程和特征着手,采用实测资料分析、理论公式计算、数学模型模拟等多种手段,研究了黄河下游不同河段冲刷效率变化的原因,同时探讨了小浪底水库运用后黄河下游不同河段清水冲刷发展的模式。

第一章　泥沙级配及断面形态调整特点

一、床沙组成变化

(一)床沙中值粒径

对不同河段汛后典型年份床沙表层中值粒径的变化(见表1-1)和各断面典型年份床沙表层中值粒径沿程变化(见图1-1)的分析表明,各断面床沙表层中值粒径逐年有所增大,尤其是冲刷初期的1999~2004年,河床粗化明显,而且变化幅度较大。到中后期的2005~2009年,冲刷已发展到一定程度,虽然各河段床沙也有不同程度的粗化,但是变幅较小。

表1-1　不同河段汛后典型年份床沙表层中值粒径变化

河段	中值粒径(mm)				较1999年变化倍数		2009年较2005年变化倍数
	1999年	2004年	2005年	2009年	2009年	2004年	
花园口以上	0.054 5	0.208 3	0.192 4	0.220 3	3.0	2.8	0.1
花园口—夹河滩	0.059 0	0.139 8	0.121 3	0.128 9	1.2	1.4	0.1
夹河滩—高村	0.054 1	0.092 9	0.098 5	0.105 9	1.0	0.7	0.1
高村—孙口	0.043 3	0.081 0	0.097 0	0.103 8	1.4	0.9	0.1
孙口—艾山	0.041 4	0.080 7	0.096 2	0.097 0	1.3	0.9	0
艾山—泺口	0.038 6	0.076 0	0.079 7	0.093 0	1.4	1.0	0.2
泺口—利津	0.034 7	0.063 0	0.075 5	0.067 5	0.9	0.8	-0.1
花园口—高村	0.056 6	0.121 0	0.111 9	0.119 7	1.1	1.1	0.1
高村—艾山	0.042 2	0.080 8	0.096 6	0.102 2	1.4	0.9	0.1
艾山—利津	0.036 4	0.068 8	0.077 3	0.078 4	1.2	0.9	0

从各断面典型年份床沙表层中值粒径沿程变化(见图1-1)看,床沙表层中值粒径上游粗下游细,尤其花园口断面以下变化较明显。与1999年相比,各河段2009年汛后床沙表层粒径均有不同程度的粗化,尤其是花园口以上河段粗化得最为严重,床沙表层中值粒径由1999年的0.054 5 mm增大到2009年的0.220 3 mm(见表1-1),增大3倍。花园口—高村和高村—艾山河段床沙也有不同程度的粗化,两河段的床沙中值粒径分别从1999年的0.056 6 mm、0.042 2 mm增大到2009年的0.119 7 mm和0.102 2 mm,分别增加1.1倍和1.4倍。艾山—利津河段的中值粒径也从1999年的0.036 4 mm增大到2009年的0.078 4 mm,增加1.2倍。总体来说,下游河道床沙组成在各河段都有粗化现象发生,只是各河段粗化程度不同,花园口以上河段粗化程度较大,花园口以下河段粗化程度较小,并且各河段主要是在2004年以前粗化比较显著。

2009年床沙表层中值粒径与2005年相比,变化幅度不大,如花园口以上河段床沙表

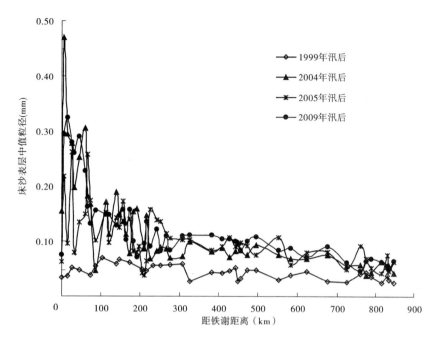

图 1-1　黄河下游床沙表层中值粒径沿程变化

层中值粒径增加 0.027 9 mm,花园口—高村和高村—艾山河段床沙表层中值粒径分别增加 0.007 8 mm、0.005 6 mm,艾山—利津河段增加 0.001 1 mm。

(二)不同河段典型断面粒径级配变化

在冲刷条件下床沙受水流的分选作用,细的易冲起,粗的难冲起,以及由于上段冲刷下移的粗颗粒泥沙与本段床沙细颗粒泥沙的交换,因此床沙不断发生粗化。特别是自小浪底水库运用以来,下泄清水冲刷下游河道,冲刷量大,并且持续时间较长,粗化前后的床沙级配差别很大,粗化程度也很高。为了分析不同河段床沙粗化特点,点绘各河段典型断面粒径级配曲线,从粒径级配曲线上可以看出泥沙粒径的大小以及沙样的均匀程度。

花园口以上河段和花园口—高村河段属于沙质河床,经过冲刷,河床明显粗化,但是形成粗颗粒的抗冲粗化层以后,河床粗化幅度较小。图 1-2 和图 1-3、图 1-4 分别为花园口以上、花园口—高村河段的典型断面粒径级配曲线。从粒径级配曲线上可以明显看出,小浪底水库运用前几年,这两个河段由于下泄清水,河床冲刷严重,1999 ~ 2003 年河床粗化特别明显;而到 2003 年以后,随着冲刷量增加,床沙中值粒径也在逐渐增大,说明河床仍在粗化,但是变化幅度较小,而且床沙组成也比较均匀。

图 1-5 ~图 1-8 为高村—艾山、艾山—利津河段的典型断面粒径级配曲线。从中可以看出,这两个河段 1999 ~ 2009 年河床也是明显粗化的。

需要说明的是,床沙粒径级配具有一定的不确定性,受取样时间、位置的影响较大,例如当年水库排沙较多,施测位置在细沙沉积的部位,则可能测到的床沙较细,并不说明河床组成真正变细了,因此需要较长时间、长河段的资料综合分析床沙的变化特点。如图 1-2 中官庄峪断面、图 1-4 中高村断面、图 1-8 中利津断面 2005 年后级配变细,并不一定代表河段床沙变细。

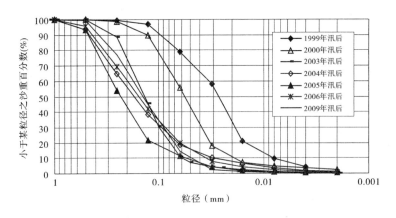

图1-2 花园口以上河段(官庄峪)粒径级配曲线

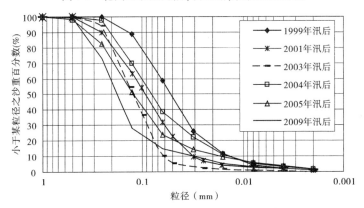

图1-3 花园口—高村河段(柳园口)粒径级配曲线

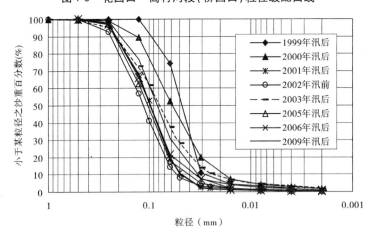

注:缺2002年汛后级配资料,下图同

图1-4 花园口—高村河段(高村)粒径级配曲线

(三)河道前期累积冲淤量与床沙粒径的关系

点绘下游河道各河段床沙粒径与前期累积冲淤量的关系(见图1-9~图1-12,图中冲刷为"－")可以看出,随着前期累积冲刷量的增加,床沙粒径逐渐增大,并且冲刷初期床

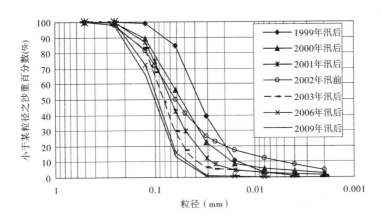

图1-5 高村—艾山河段(孙口)粒径级配曲线

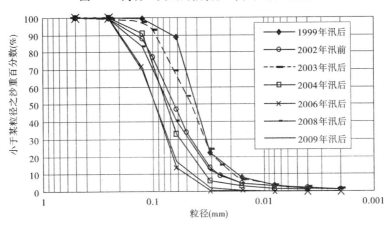

图1-6 高村—艾山河段(艾山)粒径级配曲线

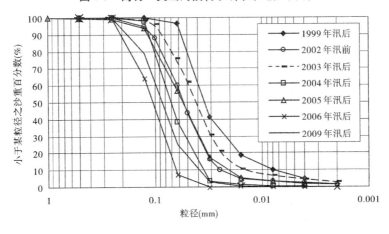

图1-7 艾山—利津河段(泺口)粒径级配曲线

沙粒径增加幅度较大,但花园口以上、花园口—高村两个河段基本在2004年以后,床沙粒径随着前期累积冲刷量的增加变化幅度不大。而高村—艾山、艾山—利津两个河段从2005年开始,随着前期累积冲刷量的增加,床沙粒径变化幅度较小。

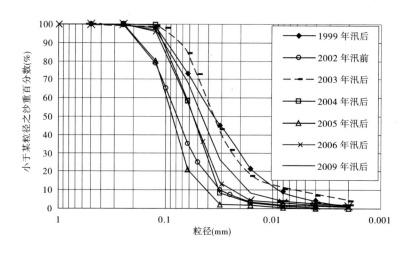

图1-8 艾山—利津河段(利津)粒径级配曲线

同时还可以看出,花园口以上河段在前期累积冲刷量小于 2 亿 m^3 时,随着前期累积冲刷量的增加,床沙粒径增加幅度较大,当前期累积冲刷量大于 2 亿 m^3 时,随着累积冲刷量的增加,床沙粒径变化幅度较小。花园口—高村河段在前期累积冲刷量大于 2 亿 m^3 时,床沙粒径随着累积冲刷量的增加,基本稳定在 0.11 mm 左右。高村—艾山河段在前期累积冲刷量大于 0.5 亿 m^3 时,床沙粒径随着累积冲刷量的增加,基本稳定在 0.1 mm 左右;艾山—利津河段在前期累积冲刷量大于 1 亿 m^3 时,床沙粒径随着累积冲刷量的增加,变化幅度不大,基本稳定在 0.08 mm 左右。

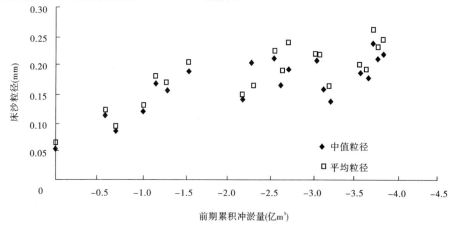

图1-9 花园口以上河段床沙粒径与前期累积冲淤量关系

二、河段来沙条件的变化

由于上游河段的河床粗化及断面形态的调整,下游河段的来沙和组成也会发生变化。

(一)含沙量的变化

为分析场次洪水过程的含沙量变化,点绘各水文站不同时段洪水期含沙量与流量的关系(见图 1-13 ~ 图 1-19)可以看出,含沙量基本上随着流量的增大而逐渐增加,但平均

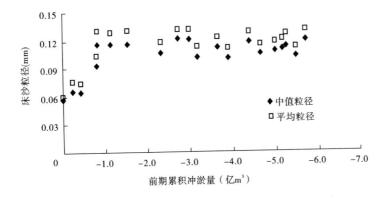

图 1-10　花园口—高村河段床沙粒径与前期累积冲淤量关系

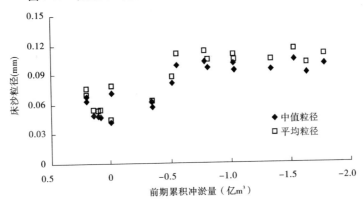

图 1-11　高村—艾山河段床沙粒径与前期累积冲淤量关系

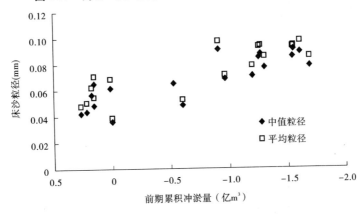

图 1-12　艾山—利津河段床沙粒径与前期累积冲淤量关系

流量较大($Q > 2\,000\ \mathrm{m^3/s}$)时,高村以下各站的含沙量随着流量变化的增幅趋缓。同时不同年份含沙量与流量关系分带比较清晰,随着时间的增长,同流量下含沙量降低比较明显,近期(2007~2009 年)含沙量最小。如花园口水文站,当流量为 $1\,000\ \mathrm{m^3/s}$ 时,2000~2001 年平均含沙量约为 $8\ \mathrm{kg/m^3}$,2002~2006 年含沙量较之前明显降低,约为 $2\ \mathrm{kg/m^3}$;而 2007~2009 年含沙量进一步降低,平均约为 $1\ \mathrm{kg/m^3}$。

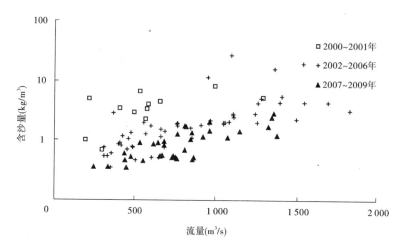

图 1-13　花园口站洪水期含沙量与流量关系

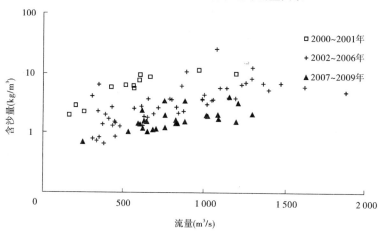

图 1-14　夹河滩站洪水期含沙量与流量关系

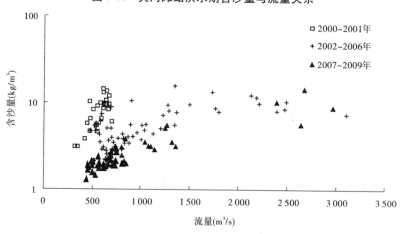

图 1-15　高村站洪水期含沙量与流量关系

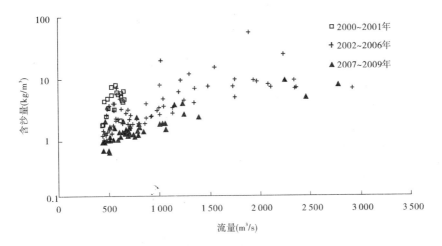

图1-16　孙口站洪水期含沙量与流量关系

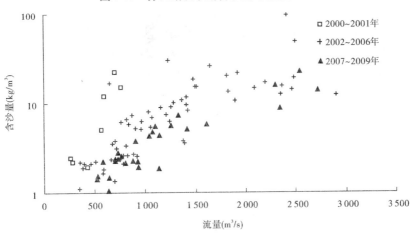

图1-17　艾山站洪水期含沙量与流量关系

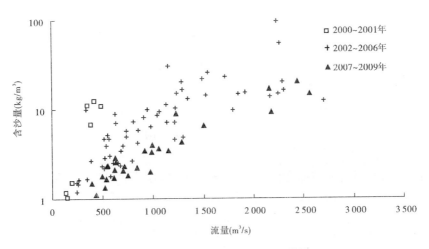

图1-18　泺口站洪水期含沙量与流量关系

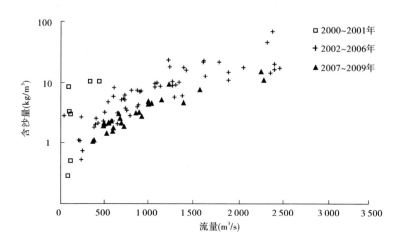

图 1-19　利津站洪水期含沙量与流量关系

(二)悬沙组成的变化

点绘各水文站场次洪水过程含沙量与悬沙中粗泥沙($d > 0.05$ mm)百分比的关系(见图 1-20 ~ 图 1-26)可以看出,在观测的含沙量范围内,粗泥沙百分比与含沙量高低呈反相关关系,即含沙量越高,粗泥沙比例越低,含沙量越低,粗泥沙比例越高。因此,在冲刷发展过程中,黄河下游花园口以下随水流输送的粗泥沙比例增加,来水含沙量随之降低。

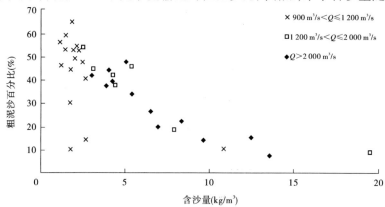

图 1-20　花园口站洪水期粗泥沙百分比与含沙量关系

三、横断面形态变化

从河道横断面调整(见表 1-2)来看,在冲刷期除艾山—泺口河段河宽有所变窄外,其他河段河宽、水深都增大,宽深比降低,说明河道趋于窄深,但各河段调整特性不同。铁谢—花园口河段展宽与下切都比较大,但水深增加近 1.5 倍,远大于河宽增幅 26% ,以刷深为主;花园口—夹河滩河段河宽和水深增幅相近,在 60% ~ 70% ,具有下切与展宽发展程度相近的特点;夹河滩—艾山河段河宽和水深都有所增加,水深增幅远大于河宽,以冲深为主;艾山以下河段河宽几乎无变化,冲刷基本为单一纵向冲深发展。

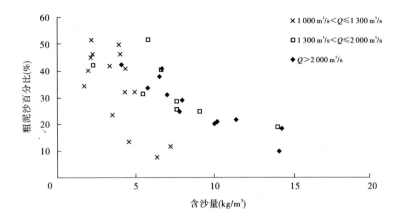

图 1-21　夹河滩站洪水期粗泥沙百分比与含沙量关系

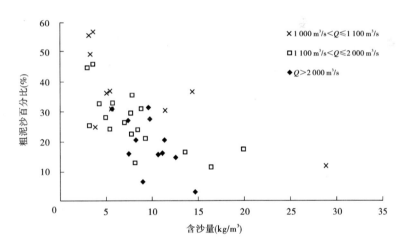

图 1-22　高村站洪水期粗泥沙百分比与含沙量关系

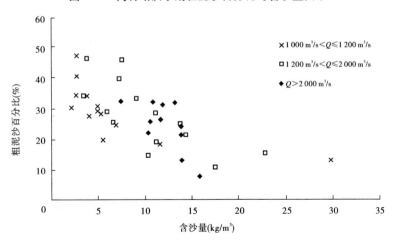

图 1-23　孙口站洪水期粗泥沙百分比与含沙量关系

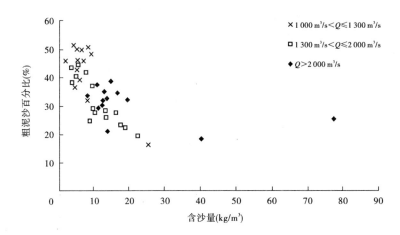

图 1-24　艾山站洪水期粗泥沙百分比与含沙量关系

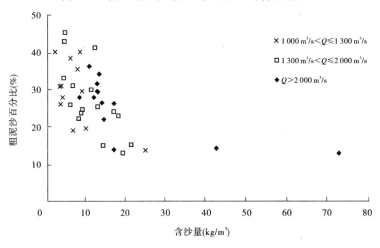

图 1-25　泺口站洪水期粗泥沙百分比与含沙量关系

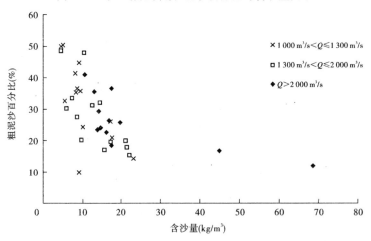

图 1-26　利津站洪水期粗泥沙百分比与含沙量关系

表 1-2　小浪底水库运用以来黄河下游横断面形态变化

河段	河宽 B(m)			水深 h(m)			宽深比 $\sqrt{B}/h$		
	1999 年	2009 年	变化	1999 年	2009 年	变化	1999 年	2009 年	变化
铁谢—花园口	921	1 165	244	1.50	3.74	2.24	20.2	9.1	−11.1
花园口—夹河滩	650	1 116	466	1.71	2.76	1.05	14.9	12.1	−2.8
夹河滩—高村	627	826	199	1.97	3.47	1.50	12.7	8.3	−4.4
高村—孙口	504	579	75	1.91	3.85	1.94	11.8	6.2	−5.6
孙口—艾山	477	525	48	2.52	3.92	1.40	8.7	5.9	−2.8
艾山—泺口	447	431	−16	3.52	4.78	1.26	6.0	4.3	−1.7
泺口—利津	421	429	8	3.14	4.47	1.33	6.5	4.6	−1.9

第二章 河道冲刷效率变化特点

为研究单位水量在河道的冲淤效果,常引入冲淤效率这一概念,即单位水量的冲淤量。在清水冲刷期因为河道调整以冲刷为主,所以经常又称为冲刷效率,即单位水量的冲刷量。

一、河道年冲刷效率变化

在小浪底水库运用 10 a 的冲刷过程中,后期冲刷效率有所降低,如 2009 年冲刷效率为 5.99 kg/m³,与 2000 年相比降低 43%,与冲刷效率最高的 2003 年相比降低 63%。从冲刷效率的变化过程(见表 2-1)来看,下游的冲刷效率变化基本上分为两个阶段,2000 ~ 2005 年冲刷效率较高,2006 年以后冲刷效率有一定程度的降低。由于冲刷发展的不同,各河段冲刷效率变化并不均衡。

花园口以上河段在水流的分选作用下,床面的较细泥沙被冲走,留下较粗的泥沙,加之河道比降陡,水流能量大,因此冲刷发展迅速,初期冲刷量大、冲刷效率高,相应河床粗化也快,但同时冲刷效率降低幅度大、时间早。从 2000 年的 6.41 kg/m³ 降低到 2009 年的 0.33 kg/m³,降低了 95%。

表 2-1 黄河下游历年各河段冲刷效率 （单位:kg/m³）

年份	白鹤—花园口	花园口—夹河滩	夹河滩—高村	高村—孙口	孙口—艾山	艾山—泺口	泺口—利津	下游
2000	-6.41	-4.41	0.56	1.62	0.08	1.27	1.29	-10.46
2001	-3.71	-2.45	-0.85	0.69	-0.19	-0.04	0.34	-8.72
2002	-2.09	-2.79	0.99	0.42	-0.04	-0.49	-3.02	-7.41
2003	-3.54	-3.76	-1.84	-1.73	-0.67	-1.44	-2.27	-16.12
2004	-2.21	-2.20	-1.65	-0.62	-0.37	-0.86	-1.30	-9.43
2005	-0.85	-2.44	-1.42	-1.00	-0.82	-1.03	-1.19	-9.04
2006	-1.91	-3.20	-0.38	-1.08	0	0.39	-0.22	-6.89
2007	-2.39	-2.36	-0.88	-1.42	-0.39	-0.79	-1.06	-9.79
2008	-1.27	-1.06	-0.52	-0.92	-0.24	0.08	-0.45	-4.74
2009	-0.33	-1.79	-1.00	-1.47	-0.32	-0.29	-0.37	-5.99
减幅(%)	95	59	46	15	61	80	88	63

注:"-"表示冲刷,下同。

花园口以下河段受上段冲刷影响,含沙量有所恢复,水流次饱和挟沙程度降低,加之比降缓、水动力条件减弱,冲刷发展较花园口以上缓慢,冲刷效率减少的幅度也相对较低。2009 年与冲刷效率最高的年份相比,花园口—夹河滩、夹河滩—高村河段减幅为 59% 和

46%；艾山—泺口和泺口—利津河段受冲刷中前期大汶河加水和河口条件影响,后期减幅较大,减幅分别达到80%和88%；孙口—艾山河段冲刷效率最低,与冲刷效率最高年份相比减少61%；高村—孙口河段变化最小。

从10 a平均情况(见表2-2)看,下游平均冲刷效率为8.87 kg/m³,其中夹河滩以上冲刷效率高,花园口以上和花园口—夹河滩河段冲刷效率平均在2~3 kg/m³,合计占下游冲刷效率的55%；夹河滩—孙口和泺口—利津河段冲刷效率居中,在0.7~0.9 kg/m³；孙口—泺口冲刷效率最低,仅0.3~0.4 kg/m³,占全下游的9%。在冲刷效率的衰减中,花园口以上河段较2003年冲刷效率减幅达91%(见表2-2)；花园口—夹河滩和泺口—利津减幅均达52%；艾山—泺口、泺口—利津衰减更甚,分别达80%和84%。

表2-2 黄河下游各河段冲刷效率减少统计

项目	白鹤—花园口	花园口—夹河滩	夹河滩—高村	高村—孙口	孙口—艾山	艾山—泺口	泺口—利津	下游
10 a平均冲刷效率(kg/m³)	2.27	2.60	0.78	0.76	0.33	0.43	0.92	8.87
2003~2009年冲刷效率减少值(kg/m³)	3.21	1.97	0.84	0.26	0.35	1.15	1.90	10.13
减幅(%)	91	52	46	15	52	80	84	63

二、调水调沙期冲刷效率变化

从全下游来看,调水调沙期冲刷效率变化呈降低趋势,2009年与2002年相比减幅为55%(见表2-3)。变化过程分为三个阶段,2002年冲刷效率最高(20.350 kg/m³)、2003年次之；2004年和2005年降低至14 kg/m³左右；2006~2009年降至10 kg/m³左右,其间2007年和2008年受小浪底水库排沙影响,冲刷效率有所降低,2008年如果仅计算清水时段,冲刷效率约为10 kg/m³。

调水调沙期各河段冲刷效率的变化与年际变化不同,艾山—泺口河段变化最大,由2002年的冲刷3.7 kg/m³变为2009年的淤积；花园口以上、孙口—艾山和泺口—利津河段冲刷效率减幅也较高,在55%左右；花园口—孙口河段减幅较小,尤其高村—孙口河段2004年以后基本维持在2.5 kg/m³上下,变化很小,基本未衰减。

三、冲淤效率对边界条件变化的响应

为了研究各影响因素对全沙和分组泥沙冲淤效率的影响,将2000年1月至2009年12月划分为318个日均流量过程,计算各水文站的水量、沙量以及各河段的冲淤量和冲淤效率。选用了其中 2 月至 10 月,历时大于等于 5 d,且上下站水量差在 10% 以内的过程(排除引水的影响)进行了全沙和分组泥沙的冲淤效率分析。定义粒径在 0.01 ~ 0.025 mm 为细颗粒泥沙,粒径在 0.025 ~ 0.05 mm 为中颗粒泥沙,粒径大于 0.05 mm 为粗颗粒泥沙。

表 2-3　黄河下游历次调水调沙期冲刷效率　　　　　　（单位:kg/m³）

年份	白鹤—花园口	花园口—夹河滩	夹河滩—高村	高村—孙口	孙口—艾山	艾山—泺口	泺口—利津	下游
2002	-4.700	-2.400	-0.950	-3.110	-0.760	-3.700	-4.610	-20.350
2003	-4.029	-1.308	-4.343	0.856	-6.931	-0.068	-1.189	-16.578
2004	-3.529	-2.123	-0.980	-2.627	-1.543	-0.021	-3.194	-13.968
2005	-4.069	-2.346	-2.537	-2.873	-1.481	1.282	-1.596	-14.214
2006	-1.823	-3.467	0.119	-2.916	-0.763	0.089	-2.591	-11.569
2007	-1.316	-0.995	-0.442	-2.204	-0.420	-0.842	-1.215	-7.468
2008	0.433	-0.242	-0.922	-2.729	-0.047	-0.659	-0.523	-4.683
2009	-2.014	-1.517	-0.714	-2.346	-0.344	0.107	-2.163	-9.197
减幅(%)	57	37	25	25	55	103	53	55

洪水的冲淤效率与进入本河段的水沙特性、河道的边界条件等因素密切相关。2000 年以来小浪底水库进行拦沙运用并配合每年的调水调沙,使得黄河下游河道发生了冲刷。

由于对床沙质的测次、测点较少,且取样位置的偶然性较大,因此用于研究河床粗化对洪水期河道冲淤的影响时,代表性不够,需要考虑其他代表因子。河段累积冲刷量是从小浪底水库运用后开始累积的河道冲刷量,反映的是河段的泥沙调整状况,同时也间接反映了河床的相对状况,因此本专题中以河段累积冲刷量来代表河道的冲刷、粗化情况。

(一)全沙冲淤效率变化规律

1. 花园口以上河段

花园口以上河段距水库较近,来水含沙量低,即使有含沙量高的洪水,也都来自水库异重流排沙,其出库泥沙中极细沙($d < 0.01$ mm)的比例一般可占到 60% 以上,到达花园口后仍可达到 45% 以上,对河道冲刷基本不产生影响。因此,在花园口以上河段水流挟沙基本为不饱和状态,含沙量对冲淤的影响较小。

图 2-1 为花园口以上河段冲淤效率随流量和前期累积冲刷量的变化情况(图中冲刷为“-”,下同)。首先洪水期平均流量在 2 000 m³/s 以下时,冲刷效率随流量的增大而增大;而当流量大于 2 000 m³/s 以后,冲刷效率随流量的变化幅度明显减小,基本在 2 ~ 4 kg/m³。其次冲刷效率与前期累积冲刷量密切相关,随着累积冲刷量的增大,同流量条件下冲刷效率明显降低。以前期累积冲刷量小于 1.0 亿 m³ 和大于 3.0 亿 m³ 为例,同样在

1 000 m³/s 条件下,前者的冲刷效率约为 8 kg/m³,后者则为 1 kg/m³,相差 7 kg/m³。在现状条件下,流量超过 2 000 m³/s 后,冲刷效率在 2 kg/m³ 左右。

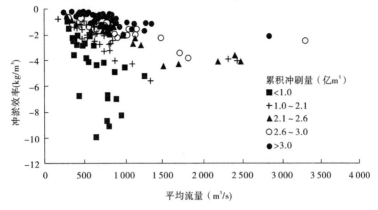

图2-1 花园口以上河段冲淤效率与各影响因素关系

2. 花园口—高村河段

花园口—高村河段冲淤效率受流量和持续冲刷的影响仍比较明显,如图 2-2 所示。在同样流量情况下,累积冲刷量越大则河道的冲刷效率越小。例如,当流量为 1 000m³/s 时,累积冲刷量小于 1.0 亿 m³ 的冲刷效率约为 8 kg/m³,而累积冲刷量大于 4.0 亿 m³ 的冲刷效率仅为 2 kg/m³,是前者的 1/4。另外,流量的不同,冲刷效率的变化规律也不相同。当流量小于 2 000 m³/s 时,冲刷效率随流量的增大而增大;而当流量大于 2 000 m³/s 后,冲刷效率随流量增加而变化不大,基本在 1 ~ 3.5 kg/m³。

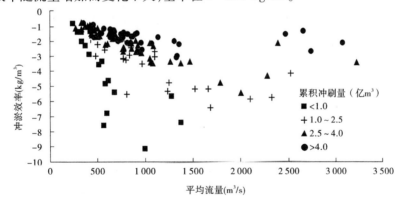

图2-2 花园口—高村河段冲淤效率与各影响因素关系

3. 高村—艾山河段

与高村以上河段相比,高村—艾山河段冲淤效率受河道冲刷发展状态的影响也比较明显,如图 2-3 所示。同流量时,累积冲刷量小的洪水冲刷效率高于累积冲刷量大的洪水。该河段冲刷量较小,因此累积冲刷量的影响幅度较花园口以上河段小。

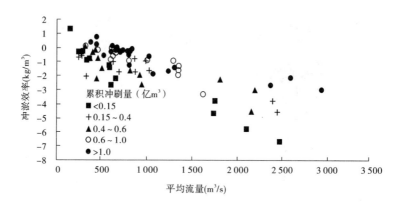

图2-3　高村—艾山河段冲淤效率与各影响因素关系

（二）分组泥沙冲淤效率变化规律

1. 花园口以上河段

图2-4～图2-6是花园口以上河段细、中、粗泥沙的冲淤效率随流量变化过程。各组泥沙的冲刷效率除随着流量增大外，在同流量条件下还受前期累积冲刷量的影响，前期累积冲刷量越大，河道的冲刷效率则越小。但在流量大于一定值以后，冲刷效率随流量的变化也发生改变，即基本不再增加。其中，细、中泥沙在流量大于1 500 m³/s后，冲刷效率变化不大；粗泥沙在流量大于2 000 m³/s后，冲刷效率维持在1～2 kg/m³。另外还可以看出，由于细泥沙的输沙能力较强，其受累积冲刷量的影响程度要稍次于中泥沙和粗泥沙。

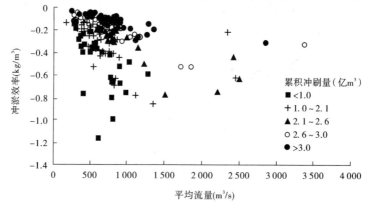

图2-4　花园口以上河段细泥沙冲淤效率与各影响因素关系

2. 花园口—高村河段

图2-7～图2-9是花园口—高村河段细、中、粗泥沙的冲淤效率随流量变化过程。中泥沙和粗泥沙的变化规律与全沙基本相同，即在同流量情况下，累积冲刷量越大则河道的冲刷效率越小，但当流量大于2 500 m³/s时，冲刷效率基本维持在1.5 kg/m³以内。而细泥沙的冲淤效率受前期累积冲刷量的影响并不明显，仅在累积冲刷量小于2.5亿m³和大于2.5亿m³的两组中能看出累积冲刷量对冲淤效率的影响。

3. 高村—艾山河段

图2-10～图2-12为高村—艾山河段细、中和粗泥沙冲淤效率随流量变化过程。前期

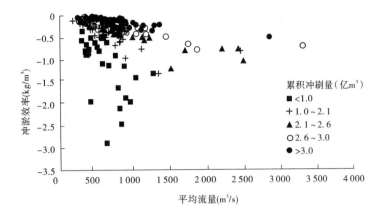

图2-5　花园口以上河段中泥沙冲淤效率与各影响因素关系

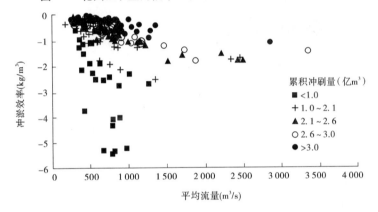

图2-6　花园口以上河段粗泥沙冲淤效率与各影响因素关系

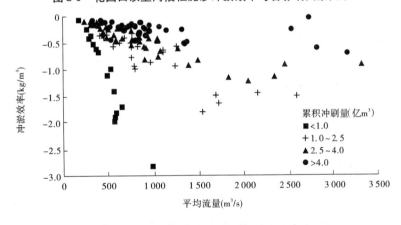

图2-7　花园口—高村河段细泥沙冲淤效率与各影响因素关系

累积冲刷量对冲淤效率有一定的影响,即随着前期累积冲刷量的增大,冲刷效率不断减小,但与花园口以上河段相比影响程度较小。另外,在该河段细泥沙的冲淤效率变化与水流条件和前期累积冲刷量条件的关系并不太密切。同时还可以看出,中泥沙和粗泥沙在流量达到 2 500 m³/s 后,冲刷效率变化不大,均维持在 1 ~ 2 kg/m³ 以内。

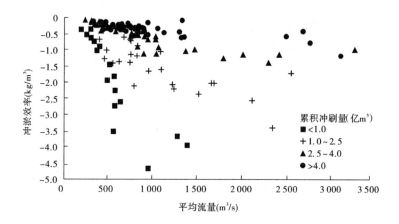

图2-8　花园口—高村河段中泥沙冲淤效率与各影响因素关系

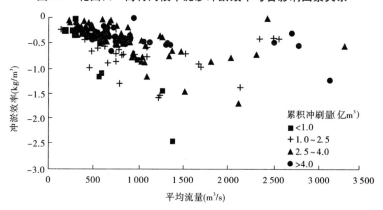

图2-9　花园口—高村河段粗泥沙冲淤效率与各影响因素关系

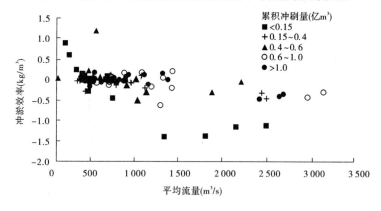

图2-10　高村—艾山河段细泥沙冲淤效率与各影响因素关系

(三)全沙和分组泥沙冲淤效率的计算公式

在选择的洪水资料(见表2-4)基础上,采用多元回归分析,建立了各站全沙和分组泥沙冲淤效率的计算公式(见表2-5)。公式的计算值与原型实际值的对比见图2-13～图2-22,可以看出,大部分点子都围绕在45°线周围,仅个别点子有所偏离。

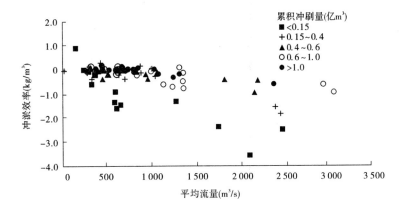

图 2-11　高村—艾山河段中泥沙冲淤效率与各影响因素关系

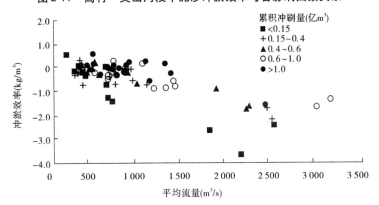

图 2-12　高村—艾山河段粗泥沙冲淤效率与各影响因素关系

表 2-4　所用资料情况

河段	泥沙组别	资料范围
花园口以上	全沙	$\Delta S \in (-9.96, -0.3)$, $Q \in (176, 2\ 496)$, $\Delta W_{S累积} \in (-4.83, -0.04)$
	细泥沙	$\Delta S \in (-1.2, -0.04)$, $Q \in (176, 2\ 496)$, $\Delta W_{S累积} \in (-4.83, -0.04)$
	中泥沙	$\Delta S \in (-2.98, -0.04)$, $Q \in (176, 2\ 496)$, $\Delta W_{S累积} \in (-4.83, -0.04)$
	粗泥沙	$\Delta S \in (-5.43, -0.05)$, $Q \in (176, 2\ 496)$, $\Delta W_{S累积} \in (-4.83, -0.04)$
花园口—高村	全沙	$\Delta S \in (-7.71, -0.6)$, $Q \in (190, 2\ 459)$, $\Delta W_{S累积} \in (-5.09, -0.23)$
	细泥沙	$\Delta S \in (-1.95, -0.08)$, $Q \in (190, 2\ 459)$, $\Delta W_{S累积} \in (-5.09, -0.06)$
	中泥沙	$\Delta S \in (-4.61, -0.07)$, $Q \in (190, 2\ 459)$, $\Delta W_{S累积} \in (-5.09, -0.06)$
	粗泥沙	$\Delta S \in (-2.58, -0.01)$, $Q \in (190, 2\ 459)$, $\Delta W_{S累积} \in (-5.09, -0.06)$
高村—艾山	全沙	$\Delta S \in (-6.71, 1.31)$, $Q \in (152, 2\ 497)$, $\Delta W_{S累积} \in (-2.87, -0.1)$
	细泥沙	$\Delta S \in (-1.38, 1.19)$, $Q \in (152, 2\ 497)$, $\Delta W_{S累积} \in (-2.87, -0.1)$
	中泥沙	$\Delta S \in (-3.57, 0.9)$, $Q \in (152, 2\ 497)$, $\Delta W_{S累积} \in (-2.87, -0.1)$
	粗泥沙	$\Delta S \in (-3.66, 0.58)$, $Q \in (152, 2\ 497)$, $\Delta W_{S累积} \in (-2.87, -0.1)$

注:表中 ΔS 为冲淤效率,kg/m^3;Q 为洪水期平均流量,m^3/s;$\Delta W_{S累积}$ 为前期累积冲淤量,亿 t,下同。

表2-5　典型河段全沙和分组泥沙冲淤效率计算公式

河段	泥沙组别	公式	相关系数	公式编号
花园口以上	全沙	$\Delta S = -0.005Q^{0.953}(-\Delta W_{S累积})^{-0.714}$	$R^2 = 0.83$	1
	细泥沙	$\Delta S = -0.001\,12Q^{0.866}(-\Delta W_{S累积})^{-0.582}$	$R^2 = 0.73$	2
	中泥沙	$\Delta S = -0.000\,562Q^{1.06}(-\Delta W_{S累积})^{-0.89}$	$R^2 = 0.86$	3
	粗泥沙	$\Delta S = -0.001\,5Q^{1.02}(-\Delta W_{S累积})^{-0.79}$	$R^2 = 0.76$	4
花园口—高村	全沙	$\Delta S = -0.008\,73Q^{0.884}(-\Delta W_{S累积})^{-0.425}$	$R^2 = 0.79$	5
	细泥沙	$\Delta S = -0.000\,374Q^{1.144}(-\Delta W_{S累积})^{-0.691}$	$R^2 = 0.78$	6
	中泥沙	$\Delta S = -0.000\,535Q^{1.157}(-\Delta W_{S累积})^{-0.8}$	$R^2 = 0.77$	7
	粗泥沙	大部分在 $\Delta S \in (0,-1.5)$，个别达到 -2.5		
高村—艾山	全沙	$\Delta S = -0.677 - 0.001\,85Q - 0.59\Delta W_{S累积}$	$R^2 = 0.77$	8
	细泥沙	大部分在 $\Delta S \in (0,-1.38)$，个别会有淤积的现象		
	中泥沙	$\Delta S = -0.35 - 0.000\,742Q - 0.372\Delta W_{S累积}$	$R^2 = 0.66$	9
	粗泥沙	$\Delta S = -0.142 - 0.000\,947Q - 0.302\Delta W_{S累积}$	$R^2 = 0.73$	10

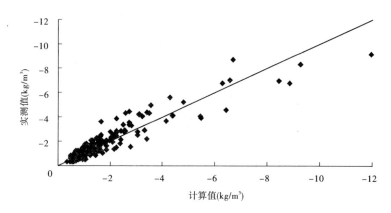

图2-13　花园口以上河段全沙冲淤效率计算值与实测值对比

依据表2-5中各河段全沙冲淤效率计算公式可以绘制不同流量级和前期累积冲淤量条件下全沙冲淤效率诺莫图(见图2-23~图2-25)。从中可以看出,花园口以上和花园口—高村、高村—艾山河段,冲刷效率均随着累积冲刷量的增加而减小,但花园口以上河段减少的幅度显著大于高村—艾山河段。例如当流量 $Q = 1\,500$ $\mathrm{m^3/s}$ 时,若累积冲刷量从0.5亿t增加至1.0亿t,则花园口以上河段冲刷效率减少39%,高村—艾山河段则减少10%。

同时做出各河段相同前期累积冲刷量变化(从1亿t增加到2亿t)条件下冲刷效率减少值随流量的变化及分组情况,见图2-26~图2-28。从中可以看出,花园口以上及花园口—高村河段各分组泥沙冲刷效率减少幅度都随流量的增大而增大,而高村—艾山河段

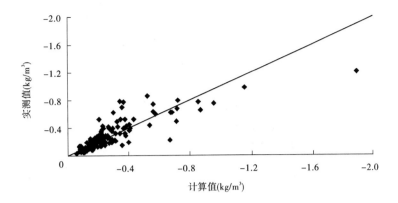

图 2-14   花园口以上河段细泥沙冲淤效率计算值与实测值对比

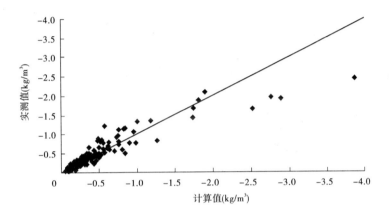

图 2-15   花园口以上河段中泥沙冲淤效率计算值与实测值对比

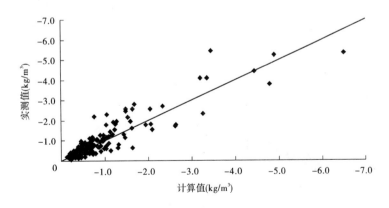

图 2-16   花园口以上河段粗泥沙冲淤效率计算值与实测值对比

各分组泥沙冲刷效率在各流量条件下减少幅度相同。

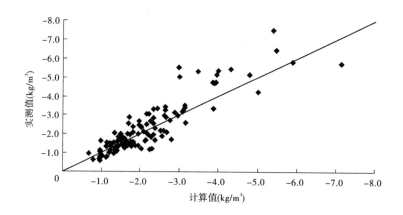

图 2-17　花园口—高村河段全沙冲淤效率计算值与实测值对比

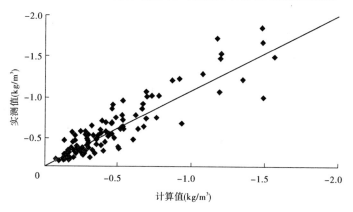

图 2-18　花园口—高村河段细泥沙冲淤效率计算值与实测值对比

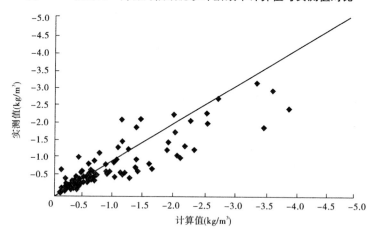

图 2-19　花园口—高村河段中泥沙冲淤效率计算值与实测值对比

　　比较相同流量(1 000 m³/s)和相同前期累积冲刷量变化(1 亿 t 增加到 2 亿 t)条件下花园口以上、花园口—高村和高村—艾山河段分组泥沙冲淤效率的变化情况(见表 2-6)可见,花园口以上河段全沙冲刷效率降低了 1.41 kg/m³,其中细、中和粗泥沙减少

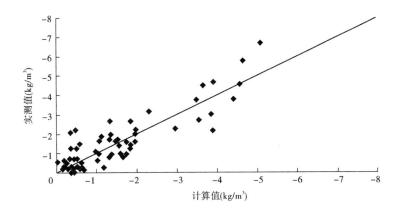

图 2-20   高村—艾山河段全沙冲淤效率计算值与实测值对比

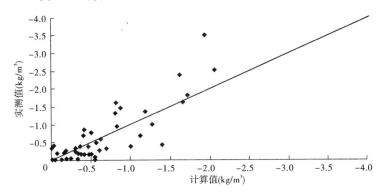

图 2-21   高村—艾山河段中泥沙冲淤效率计算值与实测值对比

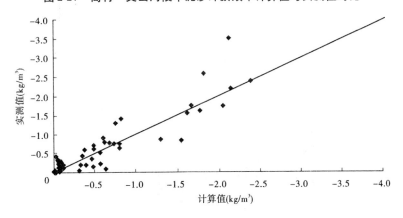

图 2-22   高村—艾山河段粗泥沙冲淤效率计算值与实测值对比

量所占比例分别为 10%、28% 和 51%,即粗泥沙冲刷效率减少最多;从各分组泥沙沙自身的减少幅度来看,相差不大,中泥沙冲刷效率减幅最大,为 46%。花园口—高村河段,全沙冲刷效率降低了 0.97 kg/m³,其中细泥沙和中泥沙减少量占全沙的比例为 39% 和 70%;从各分组泥沙自身的减少幅度来看,中泥沙减少的幅度最大,达到 42%,说明中泥沙冲刷效率变化幅度最大。高村—艾山河段,全沙冲刷效率降低了 0.59 kg/m³,其中中泥沙和

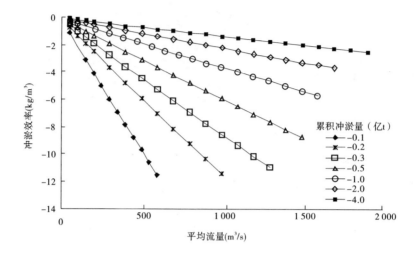

图 2-23 花园口以上河段全沙冲淤效率诺莫图

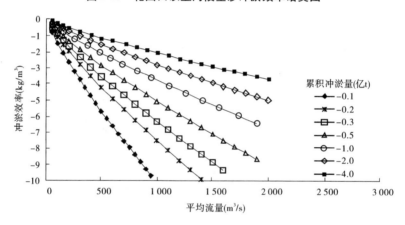

图 2-24 花园口—高村河段全沙冲淤效率诺莫图

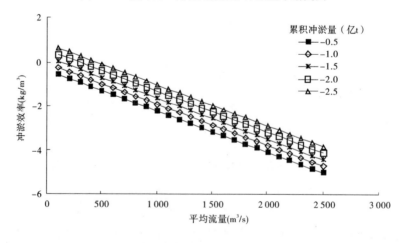

图 2-25 高村—艾山河段全沙冲淤效率与流量和前期累积冲淤量关系示意

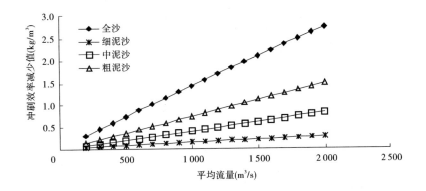

图 2-26　花园口以上河段冲刷效率变化(前期累积冲刷量从 1 亿 t 增加到 2 亿 t)

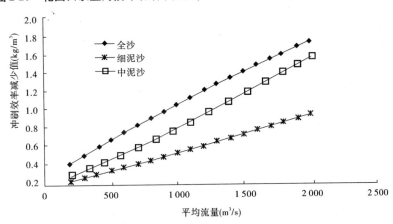

图 2-27　花园口—高村河段冲刷效率变化(前期累积冲刷量从 1 亿 t 增加到 2 亿 t)

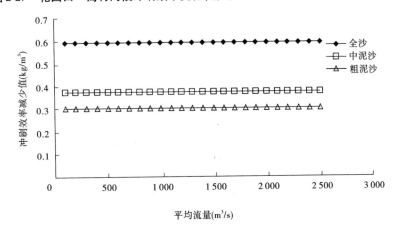

图 2-28　高村—艾山河段冲刷效率变化(前期累积冲刷量从 1 亿 t 增加到 2 亿 t)

粗泥沙减少量所占比例分别为 63% 和 51%,中泥沙比例高;从各分组泥沙自身的减少幅度来看,中泥沙减少幅度也较高,达到 51%,说明该河段中泥沙冲刷效率变化最大。

表 2-6　相同前期累积冲刷量变化条件下典型河段冲淤效率变化

河段	项目	冲淤效率(kg/m³)			
		全沙	细泥沙	中泥沙	粗泥沙
花园口以上	累积冲刷量 1 亿 t	−3.61	−0.44	−0.85	−1.72
	累积冲刷量 2 亿 t	−2.20	−0.30	−0.46	−1.00
	减少量	1.41	0.14	0.39	0.72
	减少幅度(%)	39	32	46	42
	分组减少量占总减少量比例(%)	100	10	28	51
花园口—高村	累积冲刷量 1 亿 t	−3.80	−1.00	−1.58	
	累积冲刷量 2 亿 t	−2.83	−0.62	−0.91	
	减少量	0.97	0.38	0.67	
	减少幅度(%)	26	38	42	
	分组减少量占总减少量比例(%)	100	39	70	
高村—艾山	累积冲刷量 1 亿 t	−1.94		−0.72	−0.79
	累积冲刷量 2 亿 t	1.35		−0.35	−0.49
	减少量	0.59		0.37	0.30
	减少幅度(%)	30		51	38
	分组减少量占总减少量比例(%)	100		63	51

第三章 河床粗化机理及冲刷机理分析

一、清水下泄条件下河床粗化机理及其物理模式

(一)河床粗化机理

河床粗化通常可分为卵石夹沙粗化和沙质河床粗化。多沙游荡性河道经泄入清水后,通过水流悬移的分选作用和泥沙的交换作用而发生粗化,河床中的细颗粒逐渐被带走,粗颗粒逐渐集聚于床面,河床组成随之逐渐粗化。图3-1、图3-2为永定河在修建官厅水库和黄河在修建小浪底水库以后下游沙质河段河床组成不断粗化的情况。

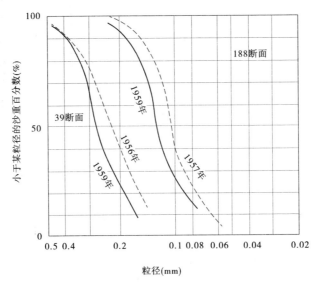

图3-1 官厅水库下游清水冲刷沙质河床床沙组成变化

沙质河床受清水冲刷形成的粗化层是不稳定的,在一般流速下,以沙浪的形式向下游运移。这一粗化层的出现,使河床阻力加大,水流挟沙能力及输沙量减小,从而减小含沙量沿程恢复速率,加长冲刷段,延长河床比降调平的过程和河道重建平衡的过程。

受上游水库拦沙的影响,沙质河段将通过泥沙的不等值交换而重新获得平衡,一般是冲刷段比降逐渐调平,河床组成变粗,河床形态改变,冲淤平衡段和淤积段的河床组成也将变粗,河床形态将发生相应的改变。

沙质河床清水冲刷粗化不是靠推移质冲刷,而主要是靠悬移质冲刷,在粗化过程中产生沙波,形成与水、沙条件相适应的稳定的沙波运动,建立新的平衡。河床粗化后,大于d_{AK}的颗粒(叫粗化颗粒)的数量有了很大程度的增加,而小于d_{AK}的颗粒的存留量显著减少,形似"椅子"形,d_{AK}称为粗化最小粒径(见图3-3)。沙质河床组成细,可动性大,在一定流量下冲刷粗化后床沙颗粒仍可起动,即不能形成不动的使推移质输沙率为零的保护层。在粗化过程中将产生沙波,通过沙波翻滚运动,进一步把可悬床沙冲走,向均匀化发展。粗化后虽然也会增大床沙的附加阻力,提高床沙的稳定性,但床沙是可动的。

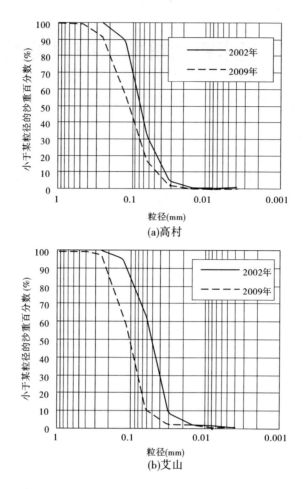

图 3-2　小浪底水库下游清水冲刷沙质河床床沙组成变化

粗化后的床沙中,粒径 $d_i < d_{AK}$ 的颗粒虽然也有可能随沙波运动,但数量已很少,机会也少(因沙波运动十分缓慢),发生进一步冲刷粗化就变得十分缓慢,甚至几乎停止下来。

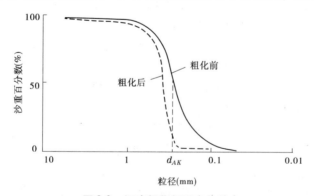

图 3-3　河床粗化级配变化特点

(二)河床粗化物理模式

河床粗化前,原有的床面虽然也有沙波运动(是在水流强度较弱时形成的),但在较大的洪水下，由于水深 h 较小，流速 $V = q/h \gg V_{0m}$（V_{0m} 为床沙最大颗粒 d_{max} 的起动流速），所以原有的沙波被水流削平，床沙被推移、悬浮冲走，直至 $h_0 = q/V_{0m}$ 时，再往下冲刷，便发生粗化，h_0 为粗化起始水深。在粗化过程中又将产生沙波运动，通过沙波运动翻滚床沙，冲走可悬床沙，至冲刷水深 $h_A = q/V_A$（$V_A \leqslant V_{0m}$）时，形成与水沙条件相适应的稳定的沙波运动而终止粗化。如果水流强度较弱，床沙组成相对较粗，亦即 $V < V_{0m}$ 时，则将形成与此水沙（无输沙补给）条件相适应的沙波运动而终止粗化。

根据上述情况可以概化出沙质河床清水冲刷粗化终极平衡物理模式：①冲深河床，增大水深，降低流速（即冲刷能力）；②使床沙粗化，向均匀化发展，增大床沙附加阻力，降低床沙可悬浮性；③形成稳定沙波，增大床面（沙波）阻力。在冲刷粗化过程中，①为水流作用力，随冲深而减弱；②和③为床沙的总反作用力，随粗化而增强。当两者趋于一致时，便建立新的平衡，这种平衡是具有一定强度的推移质输沙率的动平衡。这就是沙质河床冲刷粗化的物理模式。

（三）河床粗化对河道冲刷能力的影响

河床粗化对河道冲刷能力的影响可以从河床变形方程反映出来。

河床变形方程为

$$\left[\omega_b S_b + \varepsilon_y \left(\frac{\partial S}{\partial y} \right)_b \right] B = \rho' \frac{\partial A_0}{\partial t} \tag{3-1}$$

式中：ω_b 为近底泥沙沉速；S_b 为床面附近含沙量；S 为断面平均含沙量；B 为河宽；ρ' 是床沙的平均干密度。式中左边两项反映了重力作用下泥沙下沉量和紊动扩散作用下泥沙上升量的对比，右边为河床变形项。

当输沙处于平衡状态时，有 $\partial h_0 / \partial t = 0$ 或 $\partial A_0 / \partial t = 0$。与此同时，床面附近的含沙量 S_b 应等于饱和含沙量 S_{b*}，有

$$\varepsilon_y \left(\frac{\partial S}{\partial y} \right)_b = - \omega_b S_{b*} \tag{3-2}$$

假定这一规律在输沙不平衡状态下，即 $S_b \neq S_{b*}$ 时仍然成立，式（3-1）变为

$$B \omega_b (S_b - S_{b*}) = \rho' \frac{\partial A_0}{\partial t} \tag{3-3}$$

上述假定等价于，当输沙由平衡状态转为不平衡状态时，河底含沙量梯度不变。如果用断面或水深上的平均沉速 ω 取代近底沉速 ω_b，由此引入

$$\alpha_1 = S_b / S, \qquad \alpha_2 = S_{b*} / S_* \tag{3-4}$$

式中，S_* 是断面和水深上的平均挟沙力，即饱和平衡时的平均含沙量。将式（3-4）代入式（3-3）得

$$B \omega_b (\alpha_1 S - \alpha_2 S_*) = \rho' \frac{\partial A_0}{\partial t} \tag{3-5}$$

该公式为常用河床变形方程。实际处理过程中往往将床沙对河床变形的影响隐含到系数 α_1 和 α_2 中。由于 ω_b 和 S_b 是近底泥沙的沉速和含沙量，这部分泥沙与河床泥沙交

换频繁,其泥沙粒径大小和组成与床沙关系非常紧密。在淤积条件下,泥沙落淤量显著大于扩散上升的泥沙量,河床变形受床沙组成影响相对较小;在冲刷条件下,水流挟沙处于次饱和,由于紊动扩散作用,上升的泥沙量显著大于泥沙落淤的量,此时床沙组成对河床变形有较大影响。其定量计算可以采用考虑床沙组成的混合挟沙力公式和不平衡输沙公式。

二、床沙及悬沙对混合挟沙力影响的计算分析

(一)挟沙力基本公式和混合挟沙力公式

现在较常用的挟沙力公式是武汉水院张瑞瑾公式,用以计算床沙质挟沙力。进入黄河下游的泥沙很细,含有大量的冲泻质泥沙,已有研究表明,冲泻质泥沙也存在挟沙力的问题。韩其为院士的混合挟沙力公式既包含了床沙质挟沙力,又包含了冲泻质挟沙力,能够综合反映粒径较细的泥沙挟沙力。

1. 挟沙力基本公式

张瑞瑾挟沙力公式为

$$S_* = k\left(\frac{V^3}{gR\omega}\right)^m \tag{3-6}$$

式中:S_* 为以质量计的悬移质水流挟沙力;V 为断面平均流速;k、m 分别为系数和指数,不同河流取值不同;R 为水力半径,天然河道较宽浅,一般用平均水深 h 代替;ω 为泥沙沉速。

由于黄河含沙量高,浑水重率及泥沙沉速均随含沙量变化,须进行相应修正计算。用浑水重率进行修正,将式(3-6)改写为

$$S_* = k'\left(\frac{\gamma'}{\gamma_s - \gamma'}\frac{V^3}{h\omega}\right)^m \tag{3-7}$$

式中:k' 为系数,$k' = 0.041\,2$;m 为指数,$m = 0.92$;h 为水深;ω 为泥沙沉速,采用挟沙力级配相应沉速,当输沙平衡时,ω 等于悬移质泥沙级配相应沉速 ω_*。

其中

$$\frac{\gamma'}{\gamma_s - \gamma'} = \frac{(\gamma_s - \gamma)S/\gamma_s + \gamma}{(\gamma_s - \gamma)(1 - \frac{S}{\gamma_s})} \tag{3-8}$$

式中:γ_s 为泥沙容重;γ 为清水容重。

清水中泥沙沉速 ω_0 计算及浑水中泥沙沉速 ω_s 的修正计算均采用沙玉清公式。当含沙量高于 700 kg/m³ 时,悬沙粒径对浑水中泥沙沉速影响较小,浑水中泥沙沉速的修正计算采用下式

$$\frac{\omega_s}{\omega_0} = \left(1 - \frac{S_v}{2d_{50}^{0.5}}\right)^3 \tag{3-9}$$

$$\frac{\omega_s}{\omega_0} = (1 - S_v)^{7.5} \tag{3-10}$$

将式(3-8)代入式(3-7)，并以 ω_s 代替 ω_* 进行各粒径组均匀挟沙力计算。

上述公式中，ω 为悬移质泥沙级配相应沉速。当输沙不平衡时，ω 不等于悬移质泥沙级配相应沉速，需进行混合挟沙力计算求得混合挟沙力。悬移质挟沙力包含了即时的断面床沙及来沙中粗、细泥沙对挟沙力的贡献份额；悬沙中粗、细泥沙的分界粒径是断面河床质挟沙力级配相应沉速所对应的粒径，通过河床质挟沙力级配计算求得，这较以往划分冲泻质和床沙质的方法合理。因为床沙是河床冲淤、泥沙交换的产物，它既反映了当时河床的输沙能力，又受来沙级配变化的影响，反映了多沙河流悬沙多来多排的重要机制。

2. 混合挟沙力公式

韩其为院士的混合挟沙力公式是综合考虑床沙组成、悬沙组成、来水含沙量和水力条件后建立的，包含的因子较为全面。在冲刷条件下，挟沙力受床沙组成（即河床的补给能力）的影响较大，由于该公式考虑了床沙组成对挟沙力的影响，可以较好地反映冲刷条件下的挟沙能力。

1）河床质挟沙力及悬沙中粗、细泥沙分界粒径计算

河床质挟沙力 $S_*(\omega_{*1.1})$ 指河床质中与悬沙级配相应的部分（称为可悬百分比 P_1）泥沙的挟沙力，由河床质中可悬的各粒径组均匀挟沙力 $S_*(k)$ 与其相应的百分比 $P_{1.k.1}$ 之积的总和，除以可悬百分比求得。

$$S_*(\omega_{*1.1}) = \sum \left[\frac{P_{1.k.1}S_*(k)}{P_1} \right] \tag{3-11}$$

河床质挟沙力级配相应沉速 $\omega_{*1.1}$ 作为悬沙中粗、细泥沙分界沉速，由河床质挟沙力级配确定，即

$$\omega_{*1.1} = \left[\sum \frac{S_*(k)}{S_*(\omega_{*1.1})} \omega_{sk}^{0.92} \right]^{\frac{1}{0.92}} \tag{3-12}$$

式中：ω_{sk} 为各粒径组浑水沉速。

由粗、细泥沙分界沉速内插推求粗、细泥沙分界粒径及悬沙中粗、细泥沙累计百分比。

2）悬沙中粗、细泥沙挟沙力计算

由粗、细泥沙分界粒径界定的粗、细泥沙累计百分数 $P_{4.2}$ 和 $P_{4.1}$ 与悬沙中粗、细泥沙的各粒径组百分数之比 $P_{4.k.2}$ 和 $P_{4.k.1}$ 称为标准百分数。细泥沙总挟沙力 $S_*(\omega_{*1})$ 为细泥沙各粒径组标准百分数与对应各粒径组挟沙力之比总和的倒数

$$S_*(\omega_{*1}) = \frac{1}{\sum \frac{P_{4.k.1}}{S_*(k)}} \tag{3-13}$$

粗泥沙总挟沙力 $S_*(\omega_{*2})$ 为各粒径组标准百分数与对应各粒径组挟沙力之积的总和

$$S_*(\omega_{*2}) = \sum P_{4.k.2}S_*(k) \tag{3-14}$$

3）冲淤判数、混合沙总挟沙力计算

由河床质，悬沙中粗、细泥沙的挟沙力即可计算冲淤判数 Z、混合挟沙力 $S_*(\omega_*)$、分

组沙挟沙力以及挟沙力级配等。冲淤判数 Z 为

$$Z = \frac{P_{4.1}S}{S_*(\omega_{*1})} + \frac{P_{4.2}S}{S_*(\omega_{*1.1})} \tag{3-15}$$

若 $Z \geqslant 1$，则混合挟沙力

$$S_*(\omega_*) = P_{4.1}S + \left[1 - \frac{P_{4.1}S}{S_*(\omega_{*1})}\right]S_*(\omega_{*2}) \tag{3-16}$$

挟沙力级配

$$P_{*4.k} = P_{4.1}P_{4.k.1}S/S_*(\omega_*) + \left[1 - P_{4.1}S/S_*(\omega_{*1})\right]P_{4.k.2}S_*(k)/S_*(\omega_*) \tag{3-17}$$

若 $Z < 1$，则混合挟沙力

$$S_*(\omega_*) = P_{4.1}S + \frac{P_{4.2}S}{S_*(\omega_{*1.1})}S_*(\omega_{*2}) + (1-Z)P_1S_*(\omega_{*1.1}) \tag{3-18}$$

挟沙力级配

$$P_{*4.k} = P_{4.1}P_{4.k.1}S/S_*(\omega_*) + P_{4.2}S/S_*(\omega_{*1.1}) + P_{4.k.2}S_*(k)/S_*(\omega_*) + (1-Z)P_1P_{1.k.1}S_*(k)/S_*(\omega_*) \tag{3-19}$$

分组挟沙力计算公式为

$$S_{*k}(\omega_*) = P_{*4.k}S_*(\omega_*) \tag{3-20}$$

式中：$S_*(k)$ 为各粒径组均匀挟沙力；P_1 为床沙可悬百分比；$P_{1.k.1}$ 为床沙标准百分数；$S_*(\omega_{*1.1})$ 为河床质挟沙力；$\omega_{*1.1}$ 为河床质挟沙力级配相应沉速；$P_{4.1}$ 为细泥沙累计百分数；$P_{4.k.1}$ 为细泥沙标准百分数；$S_*(\omega_1)$ 为细泥沙总挟沙力；$P_{4.2}$ 为粗泥沙累计百分数；$P_{4.k.2}$ 为粗泥沙标准百分数；$S_*(\omega_{*2})$ 为粗泥沙总挟沙力；$S_*(\omega_*)$ 为混合挟沙力；$P_{*4.k}$ 为挟沙力级配；$S_{*k}(\omega_*)$ 为分组挟沙力。

（二）混合挟沙力公式应用

混合挟沙力 $S_*(\omega_*)$ 计算公式(3-16)、公式(3-18)右边第一项及第二项反映了泥沙多来多排，同时又受到床沙挟沙能力控制的重要机制，综合反映了悬沙中粗、细泥沙和床沙互相制约、互相协调的输沙关系。

选取 2000 年以来高村站的 5 组床沙级配和 7 组悬沙级配，水力因子选用 2008 年调水调沙期下泄流量 4 000 m³/s 相对应的高村站水沙参数：流量 4 080 m³/s，含沙量 5.23 kg/m³，流速 2.49 m/s，水深 2.86 m，水温 24.6 ℃计算相同水力条件下不同床沙组成对混合挟沙力的影响。

图 3-4 和图 3-5 分别为床沙和悬沙的级配图。

表 3-1 和图 3-6 为相同水力条件、不同床沙和悬沙组成条件下的混合挟沙力。从中可以看出，在清水下泄或低含沙水流条件下，水力条件和来水含沙量一定时，混合挟沙力受床沙组成的影响较大，床沙组成越细，混合挟沙力越大，随着床沙组成的变粗，混合挟沙力不断减小，从图 3-6 中曲线变化趋势可以看出混合挟沙力降低的幅度先大后小。例如，悬沙中值粒径等于 0.018 mm 时，床沙的中值粒径从 0.063 mm 增加到 0.149 mm，混合挟沙力从 152.1 kg/m³ 降低到 20.1 kg/m³，降低 132.0 kg/m³。

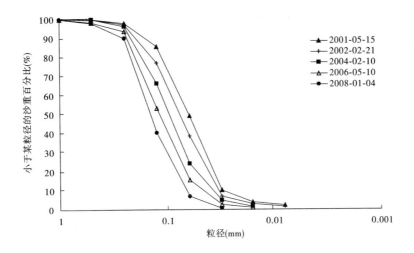

图 3-4　选取的床沙级配

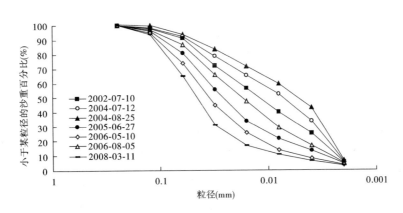

图 3-5　选取的悬沙级配

在清水下泄或低含沙水流条件下,含沙量一定时,悬沙组成变化对混合挟沙力也有影响,但其影响较床沙为小。例如,床沙中值粒径为 0.08 mm 时,悬沙中值粒径从 0.005 7 mm 增大到 0.052 1 mm,混合挟沙力从 115.0 kg/m³ 降低到 107.5 kg/m³,降低了 7.5 kg/m³。换言之,在其他条件相同时,仅悬沙组成的不同也会对挟沙力产生影响,悬沙组成变细时挟沙力增大,即有利于河床的冲刷。

三、床沙和含沙量对冲刷强度影响的计算分析

(一)不平衡输沙公式

泥沙连续方程

$$\frac{\partial(BhUS)}{\partial x} = -\partial B\omega(S - S_*) \tag{3-21}$$

表 3-1　相同水力条件、不同床沙和悬沙组成条件下计算的混合挟沙力　　（单位:kg/m³）

粒径		床沙中值粒径(mm)				
		0.063	0.080	0.101	0.120	0.149
悬沙中值粒径（mm）	0.005 7	156.4	115.0	74.5	45.9	21.0
	0.007 4	155.2	114.0	73.8	45.4	20.8
	0.012 8	153.4	112.5	72.7	44.7	20.4
	0.018 0	152.1	111.5	71.8	44.1	20.1
	0.027 2	150.5	110.1	70.7	43.2	19.5
	0.036 7	149.2	108.9	69.6	42.4	19.0
	0.052 1	147.7	107.5	68.3	41.2	18.2

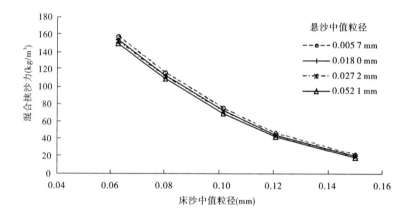

图 3-6　不同床沙和悬沙组成条件下的混合挟沙力

可改写成

$$\frac{\partial S}{\partial x} = -\frac{\partial \omega}{q}(S - S_*) \tag{3-22}$$

单宽流量 q 在某一短时间的计算中不变,在没有侧向入流的条件下,沿程也不发生变化,故式(3-22)也可改写成

$$\frac{\partial S}{\partial x} = -\frac{\alpha\omega}{q}(S - S_*) \tag{3-23}$$

式中,单宽流量 $q = Q/B$,其中 Q 为流量, B 为河宽。可近似地认为 q 在短小河段内不发生变化。将式(3-23)改写成如下形式

$$\frac{\mathrm{d}(S - S_*)}{\mathrm{d}x} = -\alpha \frac{\omega}{q}(S - S_*) - \frac{\mathrm{d}S_*}{\mathrm{d}x} \tag{3-24}$$

式(3-24)属于一阶线性常微分方程,其通解为

$$S - S_* = \mathrm{e}^{-\int \alpha\frac{\omega}{q}\mathrm{d}x}\left[\int \left(-\frac{\mathrm{d}S_*}{\mathrm{d}x}\mathrm{e}^{\int \alpha\frac{\omega}{q}\mathrm{d}x}\right)\mathrm{d}x + c\right] \tag{3-25}$$

式中:c为积分常数,在不考虑ω随x(纵向位移)变化的条件下,可通过取$x=0$的边界条件求得,由此得到的特解为

$$S - S_* = (S_0 - S_{*0})e^{\frac{\alpha\omega L}{q}} - e^{-\frac{\alpha\omega L}{q}}\int_0^L e^{\frac{\alpha\omega x}{q}}\frac{dS_*}{dx}dx \qquad (3-26)$$

式中:S_0、S_{*0}分别为进口断面的含沙量和挟沙力;S、S_*分别为出口断面的含沙量和挟沙力;L为积分河段长度。将S_*在短小河段内处理为常数时,$dS_*/dx = 0$,$S_0 = S_{*0}$。实际计算时,S_*可取短小河段内的平均挟沙力S_0。将S_*近似处理成以直线变化,即取$dS_*/dx = $常数时,有

$$\frac{dS_*}{dx} = -\frac{S_{*0} - S_*}{L} \qquad (3-27)$$

代入式(3-26),积分后便可得到

$$S = S_* + (S_0 - S_{*0})e^{-\frac{\alpha\omega L}{q}} + (S_{*0} - S_*)(1 - e^{-\frac{\alpha\omega L}{q}})\frac{q}{\alpha\omega L} \qquad (3-28)$$

式(3-28)即为不平衡输沙公式,用来计算出口断面的含沙量。出口断面分组含沙量为

$$S_k = S_{*k} + (S_{0k} - S_{*0k})e^{-\frac{\alpha\omega L}{q}} + (S_{*0k} - S_{*k})(1 - e^{-\frac{\alpha\omega L}{q}})\frac{q}{\alpha\omega L} \qquad (3-29)$$

式中:S_{*0k}和S_{*k}分别为进口断面和出口断面的混合挟沙力;S_{0k}为进口断面含沙量;S_k为出口断面含沙量;α为恢复饱和系数,黄河下游冲刷状态下一般取0.002;ω为泥沙沉速;q为单宽流量;L为河段长度。

在已知某时刻水力条件和来沙条件的情况下,利用混合挟沙力公式计算出进、出口断面的挟沙力,再用式(3-29)计算下一时刻出口断面的含沙量。从不平衡输沙公式的结构来看,它由三部分组成:第一项为出口断面的挟沙力;第二项为进口断面超过饱和部分的含沙量经距离L调整后剩下来的部分;第三项为挟沙能力沿程变化引起的修正项。

(二)不平衡输沙公式应用

1. 验证计算

选取$2002 \sim 2009$年12场洪水,分别计算高村、孙口和艾山三个站的平均流量、平均含沙量、分组含沙量等,再计算高村—孙口和孙口—艾山两个河段的出口含沙量。将高村、孙口两站的分组泥沙组成作为进口河段的悬沙级配,选取洪水时段前的河段平均床沙级配作为河段床沙级配,由此计算的混合挟沙力为河段平均挟沙力。利用不平衡输沙公式,分别计算两个河段出口站的含沙量,取值和计算结果详见表3-2和表3-3,与实测值对比如图3-7和图3-8所示。计算的进、出口含沙量差值和实测的进、出口含沙量差值的对比如图3-9和图3-10所示。

可以看出,用不平衡输沙公式计算的下站含沙量与实测值比较接近,因此用该方法来估算下站含沙量及河段含沙量的恢复程度(指冲刷状态下上、下站含沙量的差值,若不考虑区间引水即为冲刷效率)是比较可信的。

表 3-2　高村—孙口河段不平衡输沙计算结果

时段 （年-月-日）	高村站		床沙中值 粒径 （mm）	悬沙中值 粒径 （mm）	水温 （℃）	孙口站含沙量（kg/m³）	
	流量 （m³/s）	含沙量 （kg/m³）				计算	实测
2002-07-05 ~ 07-19	2 126	12.5	0.075	0.017 6	28.1	14.3	14.1
2003-08-31 ~ 09-07	1 765	13.6	0.074	0.016 0	20.0	15.4	13.8
2003-09-08 ~ 09-20	2 470	36.0	0.091	0.007 6	22.6	37.3	36.9
2003-09-26 ~ 10-28	2 497	10.60	0.081	0.016 7	16.2	13.0	13.8
2004-06-17 ~ 06-20	1 496	9.2	0.088	0.030 7	21.0	11.6	11.1
2004-06-21 ~ 06-30	2 471	8.2	0.087	0.028 2	22.0	10.8	10.6
2004-07-05 ~ 07-15	2 415	7.4	0.088	0.020 9	24.0	10.2	10.3
2005-06-11 ~ 07-03	2 429	9.7	0.090	0.032 0	23.1	11.2	12.0
2006-06-12 ~ 06-30	3 139	7.4	0.134	0.026 7	23.0	9.0	10.0
2007-06-21 ~ 07-05	2 969	9.0	0.137	0.022 3	23.4	10.9	11.6
2008-06-21 ~ 07-08	2 694	11.4	0.129	0.011 7	25.3	14.1	14.2
2009-06-20 ~ 07-05	3 019	5.7	0.086	0.030 4	26.8	7.6	7.5

表 3-3　孙口—艾山河段不平衡输沙计算结果

时段 （年-月-日）	孙口站		床沙中值 粒径 （mm）	悬沙中值 粒径 （mm）	水温 （℃）	艾山站含沙量（kg/m³）	
	流量 （m³/s）	含沙量 （kg/m³）				计算	实测
2002-07-05 ~ 07-19	2 003	14.1	0.059	0.019 5	28.1	18.6	18.7
2003-08-31 ~ 09-07	1 639	13.8	0.067	0.025 9	20.0	17.4	17.6
2003-09-08 ~ 09-20	2 385	36.9	0.060	0.008 8	22.6	40.1	40.1
2003-09-26 ~ 10-28	2 454	13.8	0.064	0.023 3	16.2	15.8	16.6
2004-06-17 ~ 06-20	1 508	11.1	0.068	0.030 3	21.0	12.8	13.3
2004-06-21 ~ 06-30	2 465	10.6	0.061	0.034 0	22.0	12.0	12.4
2004-07-05 ~ 07-15	2 426	10.3	0.062	0.028 4	24.0	11.5	11.1
2005-06-11 ~ 07-03	2 374	12.0	0.076	0.032 1	23.1	12.8	13.1
2006-06-12 ~ 06-30	3 086	10.0	0.075	0.039 8	23.0	10.7	10.7
2007-06-21 ~ 07-05	2 923	11.6	0.080	0.021 5	23.4	12.2	12.2
2008-06-21 ~ 07-08	2 651	14.2	0.057	0.015 9	25.3	15.0	14.1
2009-06-20 ~ 07-05	2 972	7.5	0.072	0.034 1	26.8	8.1	8.0

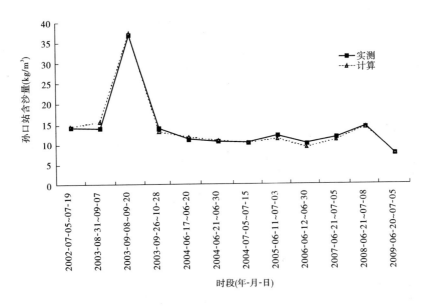

图 3-7　洪水期孙口站含沙量计算值与实测值对比

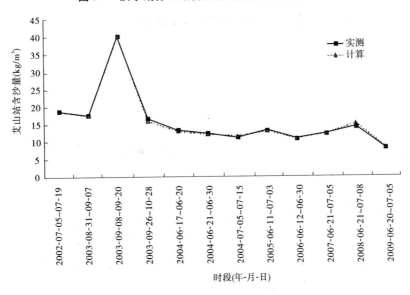

图 3-8　洪水期艾山站含沙量计算值与实测值对比

2. 河床粗化影响计算

为了进一步说明不同床沙级配对高村—艾山河段含沙量恢复的影响，分两个河段进行计算：高村—孙口河段、孙口—艾山河段。高村断面作为高村—孙口河段的进口断面，孙口断面为该河段的出口断面；孙口断面作为孙口—艾山河段的进口断面，艾山断面为出口断面。利用 2008 年实测流量成果表，选取高村、孙口、艾山三个断面 4 000 m³/s 流量所对应的流速和水深，水温采用 23 ℃，高村含沙量采用 4.5 kg/m³，计算出孙口含沙量，再以计算出的孙口含沙量作为孙口—艾山河段的进口含沙量，计算艾山含沙量。计算结果见

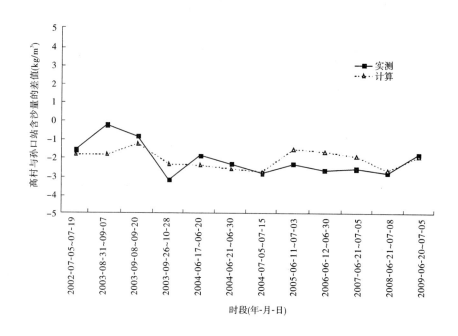

图 3-9　洪水期高村—孙口河段含沙量差值的计算值与实测值对比

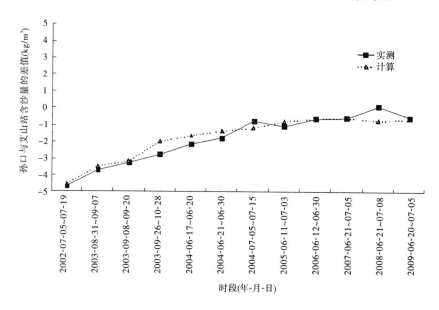

图 3-10　洪水期孙口—艾山河段含沙量差值的计算值与实测值对比

表 3-4。

计算结果显示,随着床沙组成的粗化,高村—艾山河段的含沙量恢复值不断减小。例如,在床沙组成较细(床沙中值粒径为 0.048 mm)时,高村—艾山河段的含沙量恢复可以达到 4.35 kg/m³;当床沙中值粒径较粗(床沙中值粒径为 0.149 mm)时,该河段含沙量的恢复值为 1.83 kg/m³。

表 3-4　不同床沙组成下高村—艾山河段含沙量恢复值计算表

高村			孙口含沙量 （kg/m³）	艾山含沙量 （kg/m³）	含沙量恢复值（kg/m³）		
流量 （m³/s）	含沙量 （kg/m³）	床沙中值 粒径（mm）			高村—孙口	孙口—艾山	高村—艾山
4 000	4.5	0.048	8.25	8.85	3.75	0.60	4.35
4 000	4.5	0.055	8.19	8.80	3.69	0.61	4.30
4 000	4.5	0.063	7.45	7.99	2.95	0.54	3.49
4 000	4.5	0.080	7.36	7.90	2.86	0.54	3.40
4 000	4.5	0.101	6.69	7.14	2.19	0.45	2.64
4 000	4.5	0.120	6.60	7.05	2.10	0.45	2.55
4 000	4.5	0.149	5.99	6.33	1.49	0.34	1.83

3.含沙量影响计算

在低含沙洪水期河段冲刷过程中,上、下站含沙量的恢复值不仅与流量、床沙组成关系密切,与悬沙含沙量和悬沙组成关系也非常密切。为此,进一步开展了不同含沙量和悬沙组成对高村—艾山河段含沙量恢复值影响的计算分析。

选取悬沙中值粒径分别为 0.018 mm、0.028 mm 和 0.038 mm,含沙量分别为 20 kg/m³、15 kg/m³、10 kg/m³ 和 5 kg/m³,流量为 4 000 m³/s,计算的河段含沙量恢复值见图 3-11 ~ 图 3-15。

图 3-11 ~ 图 3-14 反映了相同含沙量条件下不同悬沙组成对河段含沙量恢复的影响。图 3-15 为相同悬沙组成条件下,进口含沙量变化对河段含沙量恢复的影响。分析表明:

(1)在相同含沙量和悬沙组成条件下,随着床沙组成的粗化,含沙量恢复值减小。如含沙量为 20 kg/m³、悬沙中值粒径为 0.028 mm 时,河段含沙量恢复值从1.2 kg/m³ 降低到 0.6 kg/m³;当含沙量为 5 kg/m³、悬沙中值粒径也是 0.028 mm 时,河段含沙量恢复值从 3.7 kg/m³ 降低到 1.8 kg/m³。

(2)在相同含沙量和床沙组成条件下,随着悬沙组成变粗,含沙量恢复值减小;当床沙组成相同时,含沙量越大减小值越大。如含沙量为 20 kg/m³、床沙中值粒径为 0.048 mm 时,悬沙中值粒径从 0.018 mm 增加到 0.038 mm,含沙量恢复值从 2.2 kg/m³ 降低到 0.8 kg/m³,减小了 1.4 kg/m³。

又如,当床沙组成同为 0.038 mm 时,含沙量由 15 kg/m³ 增大到 20 kg/m³ 时,含沙量恢复值由 2.0 kg/m³ 降至不足 1.5 kg/m³。

(3)在相同悬沙组成和床沙组成条件下,含沙量越低,河段含沙量恢复值越大。如悬沙中值粒径为 0.028 mm,床沙中值粒径为 0.048 mm 时,若进口含沙量为 5 kg/m³,高村—艾山河段含沙量恢复了 3.7 kg/m³;若进口含沙量为 10 kg/m³,河段含沙量恢复了

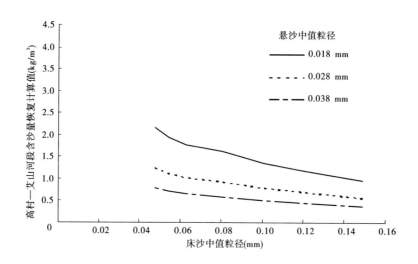

图3-11　进口含沙量20 kg/m³条件下悬沙组成对河段含沙量恢复的影响

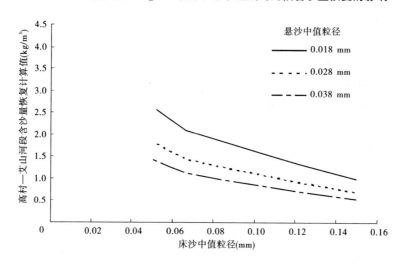

图3-12　进口含沙量15 kg/m³条件下悬沙组成对河段含沙量恢复的影响

2.7 kg/m³；若进口含沙量为15 kg/m³，河段含沙量恢复了1.9 kg/m³；若进口含沙量为20 kg/m³，河段含沙量恢复了1.2 kg/m³。

另外，在相同悬沙组成条件下，当床沙组成较细时，随着进口含沙量的增大，河段含沙量恢复值的减小量高；当床沙组成较粗时，随着进口含沙量的增大，河段含沙量恢复值的减小量低，反映了床沙组成不同的影响。如悬沙中值粒径为0.028 mm，床沙中值粒径为0.048 mm时，进口含沙量从5 kg/m³增大到20 kg/m³，河段含沙量恢复值减小了2.5 kg/m³；悬沙中值粒径为0.028 mm，床沙中值粒径为0.149 mm时，进口含沙量从5 kg/m³增大到20 kg/m³，含沙量恢复值从1.8 kg/m³减小到0.6 kg/m³，减小了1.2 kg/m³。

4. 床沙组成和进口含沙量影响对比

根据2002年和2009年实测含沙量、悬沙组成、床沙组成和水力条件资料，设定计算

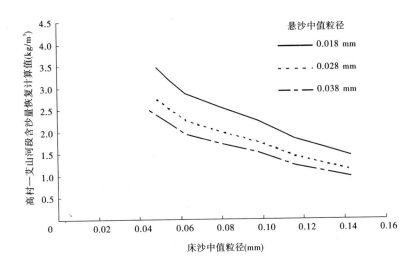

图 3-13 进口含沙量 10 kg/m³ 条件下悬沙组成对河段含沙量恢复的影响

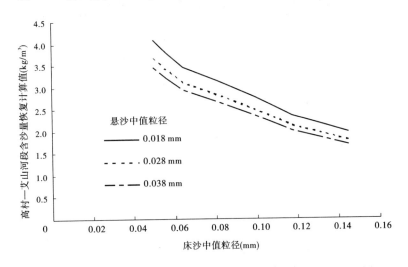

图 3-14 进口含沙量 5 kg/m³ 条件下悬沙组成对河段含沙量恢复的影响

条件(见表 3-5),计算床沙变化和悬沙变化对该河段含沙量恢复的影响。

表 3-5 中第一行数据(高村含沙量 15 kg/m³、悬沙中值粒径 0.018 mm、床沙中值粒径 0.081 mm)可以近似代表 2002 年条件,第三行数据(高村含沙量 5 kg/m³、悬沙中值粒径 0.030 mm、床沙中值粒径 0.125 mm)可近似代表 2009 年情况。由此可见,冲刷初期 (2002 年),下游河道床沙组成较细,高村—艾山河段的含沙量恢复值也较大;随着冲刷的 发展,到 2009 年下游河道组成变粗,高村—艾山河段的含沙量恢复值也减小。为了区分 床沙粗化和进口含沙量减小影响,增加计算了来沙不变(含沙量为 15 kg/m³、悬沙中值粒 径为 0.018 mm)、床沙粗化(床沙中值粒径 0.125 mm)条件下该河段的含沙量恢复值,见 表 3-5 中第二行。

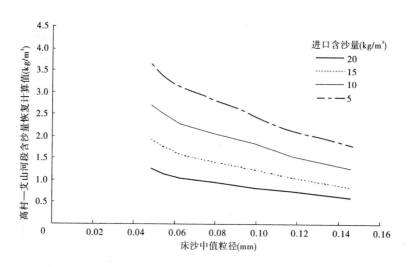

图 3-15　悬沙中值粒径 0.028 mm 下进口含沙量对河段含沙量恢复的影响

表 3-5　进口含沙量减小和床沙粗化对高村—艾山河段含沙量恢复的影响

高村（已知）			计算				
			含沙量 （kg/m³）		含沙量变化 ΔS （kg/m³）		
含沙量 （kg/m³）	悬沙中值粒径 （mm）	床沙中值粒径 （mm）	孙口	艾山	高村— 孙口	孙口— 艾山	高村— 艾山
15	0.018	0.081	17.8	18.7	2.8	0.9	3.7
15	0.018	0.125	16.0	16.4	1.0	0.4	1.4
5	0.030	0.125	7.0	7.6	2.0	0.6	2.6

在冲刷初期,床沙较细时,高村—艾山河段含沙量恢复值为 3.7 kg/m³,含沙量增加主要在高村—孙口河段,高村—孙口恢复 2.8 kg/m³,孙口—艾山恢复 0.9 kg/m³;冲刷后期,进口含沙量减小,河段冲刷组成变粗后,高村—艾山河段的含沙量恢复值减小为 2.6 kg/m³,比冲刷初期减小了 1.1 kg/m³,高村—孙口和孙口—艾山河段分别减小了 0.8 kg/m³ 和 0.3 kg/m³。

四、挟沙能力因子变化

计算挟沙力常用的公式为张瑞谨的 $S_* = k(\frac{V^3}{gR\omega})^m$,其中 k、m 依据实测资料来率定,当沉速 ω 变化不大时,可以把 $\frac{V^3}{h}$ 作为挟沙能力因子,其中 V、h 分别为断面平均流速和水深。根据实测资料计算各站挟沙能力因子与流量的关系见图 3-16~图 3-22,进而可查得各年不同流量下的挟沙能力因子平均值。例如,当流量均为 2 500 m³/s 时,各站挟沙能力因子的变化见表 3-6。从中可以看出,经过清水冲刷后,孙口以上河段挟沙能力因子明显变小,花园口至孙口,各站减少幅度分别为 63%、22%、29% 和 21%,可见减少幅度逐渐减小。而艾山挟沙能力因子增大 129%,泺口增大 7%,利津则变化不大。

表 3-6   流量为 2 500 m³/s 时各站挟沙能力因子 V^3/h 变化

站名	2002 年 V^3/h(m²/s³)	2008 年 V^3/h(m²/s³)	减少百分比(%)
花园口	2.7	1.0	63
夹河滩	9.0	7.0	22
高村	7.0	5.0	29
孙口	5.7	4.5	21
艾山	1.4	3.2	−129
泺口	1.5	1.6	−7
利津	5.6	5.6	0

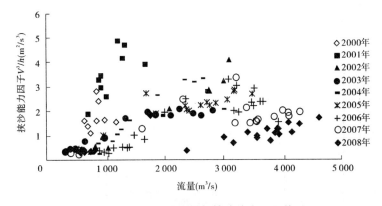

图 3-16   花园口站流量与挟沙能力因子关系

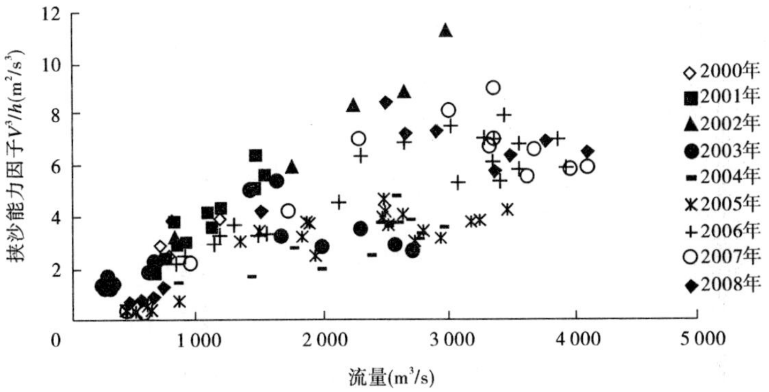

图 3-17   夹河滩站流量与挟沙能力因子关系

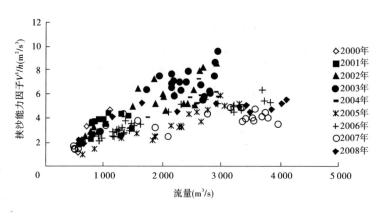

图 3-18 高村站流量与挟沙能力因子关系

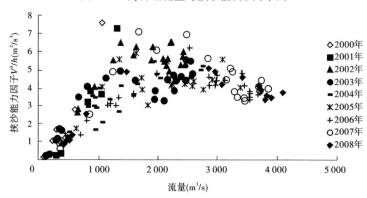

图 3-19 孙口站流量与挟沙能力因子关系

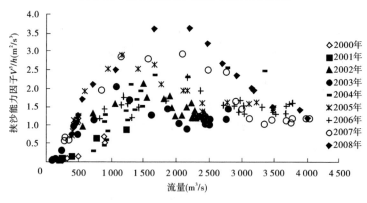

图 3-20 艾山站流量与挟沙能力因子关系

五、各因素对河道冲刷的综合影响分析

由于影响因子较多,为简明计算主要因素的影响,将进口含沙量和悬沙级配同步改变作为来沙条件,反映上游河道的调整。进口站(高村)含沙量采用 15 kg/m³ 和 5 kg/m³,可分别代表 2002 年和 2009 年;悬沙组成为 2002 年调水调沙高村站来沙组成和 2009 年调水调沙来沙组成,床沙组成采用 2002 年和 2009 年调水调沙前的床沙级配,挟沙能力因子

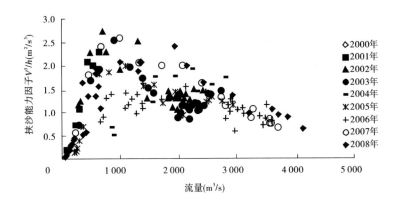

图 3-21 泺口站流量与挟沙能力因子关系

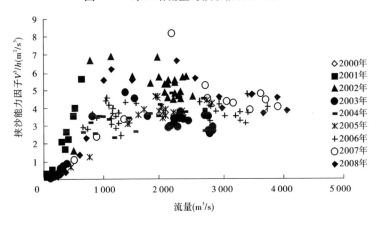

图 3-22 利津站流量与挟沙能力因子关系

采用 2002 年和 2009 年调水调沙期间 2 500 m³/s 对应的流速和水深,计算上游河段河道调整、高村—艾山河段床沙粗化以及挟沙能力因子变化对该河段含沙量恢复的影响,结果见表 3-7。

表 3-7 各因素变化对高村—艾山河段含沙量恢复的影响 （单位:kg/m³）

计算条件	高村含沙量	艾山含沙量	含沙量恢复值	与条件 1 相比恢复值变化	含义
条件 1	15	20.9	5.9		
条件 2	5	11.9	6.9	1.0	来沙条件影响
条件 3	15	18.1	3.1	−2.8	床沙粗化影响
条件 4	15	19.4	4.4	−1.5	水力因子变化影响

注:条件 1:进口含沙量 15 kg/m³,床沙中值粒径 0.081 mm,$V^3/h = 8.5$ m²/s³;

条件 2:进口含沙量 5 kg/m³,床沙中值粒径 0.081 mm,$V^3/h = 8.5$ m²/s³;

条件 3:进口含沙量 15 kg/m³,床沙中值粒径 0.125 mm,$V^3/h = 8.5$ m²/s³;

条件 4:进口含沙量 15 kg/m³,床沙中值粒径 0.081 mm,$V^3/h = 5.07$ m²/s³。

由表 3-7 可见,概化计算高村—艾山河段单因子影响,进口含沙量降低引起河段含沙量恢复值增加 1.0 kg/m³,河段床沙粗化导致河段含沙量恢复值减少 2.8 kg/m³,水力条件变化引起河段含沙量恢复值减少 1.5 kg/m³。

第四章　边界条件变化对河道冲刷效率的影响

一、边界条件变化对河道输沙的影响

(一)小浪底水库运用以来下游各站输沙率变化

由下游各站2000~2009年调水调沙期及汛期输沙率和流量关系(见图4-1~图4-7)可以看出,各站2000~2009年相同流量下的输沙率呈递减趋势,其中2000年到2005年递减更为明显。

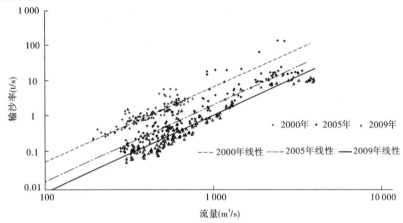

图4-1　花园口调水调沙期及汛期输沙率—流量关系

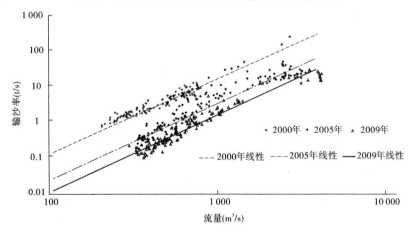

图4-2　夹河滩调水调沙期及汛期输沙率—流量关系

2000~2009年多数断面基本都处于冲刷状态。随着累积冲刷量的增加,床沙不断粗化,相同水力强度下可冲刷的泥沙不断减少,同时河道断面形态也在变化,二者共同造成相同流量下输沙率不断减小。

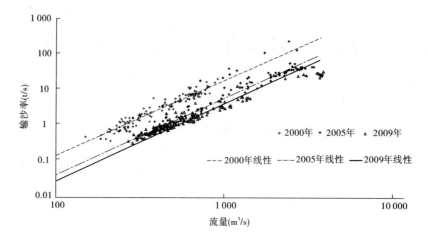

图 4-3　高村调水调沙期及汛期输沙率—流量关系

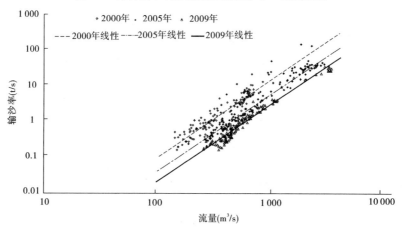

图 4-4　孙口调水调沙期及汛期输沙率—流量关系

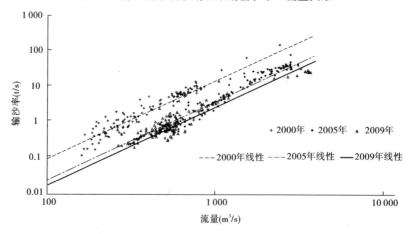

图 4-5　艾山调水调沙期及汛期输沙率—流量关系

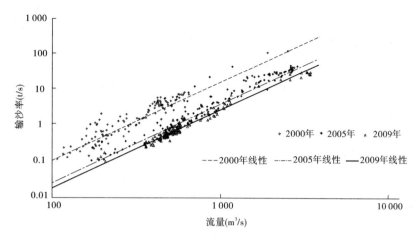

图 4-6　泺口调水调沙期及汛期输沙率—流量关系

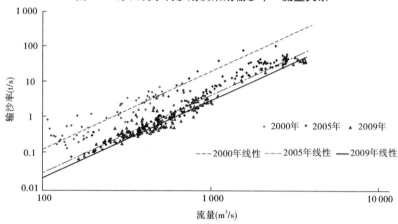

图 4-7　利津调水调沙期及汛期输沙率—流量关系

（二）输沙率计算方法

输沙率 Q_S 与流量 Q、进口（上站）含沙量 $S_{\perp}$、悬沙粒径组成以及河段泥沙可补给量有关。粒径组成用大于 0.025 mm 的颗粒所占的比例 $P_{0.025}$ 表示，河道边界条件用前期累积冲刷量 $\sum \Delta W_S$ 表示，如前所述，累积冲刷量实际上反映的是冲刷后的河道状况，可代表河道边界条件，包含河床组成以及断面形态等因素。因此，输沙率 Q_S 可以表示为 Q、$S_{\perp}$、$P_{0.025}$ 和 $\sum \Delta W_S$ 的函数。

由于小浪底站下泄的基本为清水，分析花园口站的输沙能力时可不考虑上站含沙量的影响。采用历年汛期小浪底水库无排沙或排沙较少的流量和输沙率资料，分析得到花园口站的输沙率公式

$$Q_S = 6.47 \times 10^{-6} Q^{1.99} \left(\sum \Delta W_S \right)^{-1.35} \tag{4-1}$$

式（4-1）的相关系数为 0.897。

根据夹河滩—利津站历年调水调沙期的水沙资料和前期累积冲刷量，综合分析得到各站的输沙率公式，公式的统一形式为

$$Q_S = K Q^\alpha S_{\perp}^{\ \beta} P_{0.025}^{\gamma} e^{\delta \sum \Delta W_S} \tag{4-2}$$

式中:Q_S 为输沙率,t/s;K 为系数;Q 为流量,m^3/s;$S_上$ 为上站含沙量,kg/m^3;$P_{0.025}$ 为粒径大于 0.025 mm 的泥沙所占的比例;$\sum \Delta W_S$ 为累积冲刷量,亿 m^3;α、β、γ、δ 为指数。

各站输沙率影响因子的指数见表 4-1。由于小浪底水库在调水调沙期排沙较少,小浪底—花园口和花园口—夹河滩河段水流挟带的泥沙主要是河段内冲刷的泥沙,其输沙率的大小与边界条件密切相关,受上站含沙量的影响不大,因此公式中 δ 的绝对值较大,上站含沙量的指数较小。而夹河滩以下各河段的输沙率同时受上站来沙量和河段泥沙可补给量的影响,δ 的绝对值有所减小,而上站含沙量 $S_上$ 的指数则有所增加。

表 4-1　各站输沙率影响因子指数

水文站	$K(\times 10^{-3})$	α	β	γ	δ	公式判定系数 R^2
花园口	0.006 47	1.990			-1.350	0.897
夹河滩	0.202	1.447	0.013	-0.909	-0.226	0.812
高村	6.388	0.874	0.705	-0.160	-0.188	0.891
孙口	0.300	1.243	0.758	-0.164	-0.104	0.923
艾山	1.352	1.077	0.771	-0.230	-0.902	0.872
利津	0.404	1.220	0.763	-0.143	-0.176	0.961

利用公式反求各站历次洪水的输沙率,并与实测输沙率进行对比,见图 4-8 ~ 图 4-12。图中横坐标为 2002 ~ 2009 年各次洪水的排列顺序。

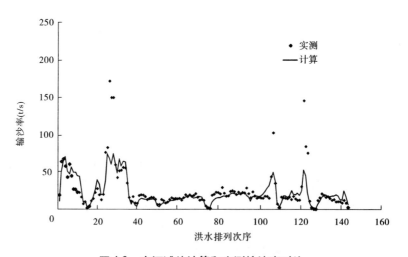

图 4-8　夹河滩站计算和实测输沙率对比

实测输沙率和公式计算的输沙率基本吻合,说明拟合的公式是可信的。从各站输沙率与流量的关系可以看到,2002 ~ 2009 年,相同流量下的输沙率呈减小趋势。输沙率的减小一部分是由上站输沙率减小引起的,另一部分是由本河段的影响引起的。为区分以上两部分对输沙率减小的贡献率,利用各站的输沙率公式对此进行分析。

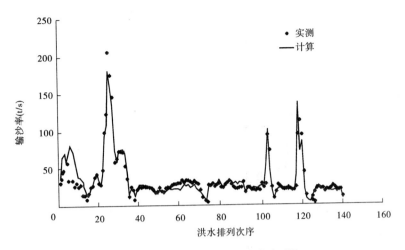

图 4-9　高村站计算和实测输沙率对比

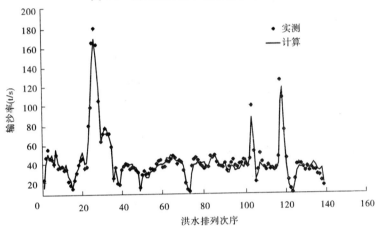

图 4-10　孙口站计算和实测输沙率对比

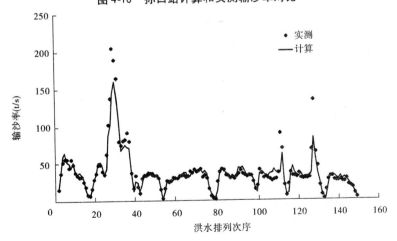

图 4-11　艾山站计算和实测输沙率对比

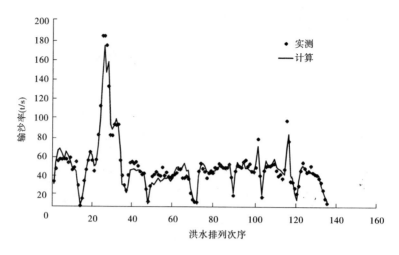

图 4-12　利津站计算和实测输沙率对比

（三）河床粗化对河道输沙率的影响

根据建立的各站输沙率公式,分别计算冲刷起始年份(2002 年或 2003 年)和 2009 年洪水期输沙率,同时变化累积冲刷量和来沙条件,评价分析河床粗化的影响。选取调水调沙期的大流量($Q = 3\,000$ $\mathrm{m^3/s}$ 左右)和小流量($Q = 1\,500$ $\mathrm{m^3/s}$)两个代表流量进行计算,见表 4-2 和表 4-3。

表 4-2　大流量($Q = 3\,000$ $\mathrm{m^3/s}$ 左右)下各站输沙率减小及各因素影响比例

水文站	编号	累积冲刷量 $\sum \Delta W_s$（亿 t）	上站含沙量 $S_{\text{上}}$（$\mathrm{kg/m^3}$）	级配 $P_{0.025}$	计算输沙率（t/s）	输沙率变化（t/s）				
						总减少量 ②-①	水沙变化影响 ③-①	占总减少量（%）	边界变化影响 ②-③	占总减少量（%）
夹河滩	①	4.19	3.10	0.60	16.09	40.33	13.61	33.75	26.72	66.25
	②	1.13	11.23	0.31	56.42					
	③	4.19	11.23	0.31	29.70					
高村	①	1.15	4.23	0.58	17.37	63.05	47.85	75.89	15.20	24.11
	②	0.13	24.28	0.30	80.42					
	③	1.15	24.28	0.30	65.22					
孙口	①	1.04	5.95	0.54	24.61	65.96	61.39	93.07	4.57	6.93
	②	0.15	27.61	0.35	90.57					
	③	1.04	27.61	0.35	86.00					
艾山	①	0.44	7.24	0.56	22.89	57.91	42.65	73.65	15.26	26.35
	②	0.12	27.29	0.41	80.80					
	③	0.44	27.29	0.41	65.54					
利津	①	1.06	8.39	0.55	31.63	37.78	25.33	67.05	12.45	32.95
	②	0.04	19.11	0.61	69.41					
	③	1.06	19.11	0.61	56.96					

表4-3　小流量($Q = 1\,500\ \mathrm{m^3/s}$)下各站输沙率减小及各因素影响比例

水文站	编号	累积冲刷量$\sum \Delta W_s$（亿t）	上站含沙量$S_上$（kg/m³）	级配$P_{0.025}$	计算输沙率(t/s)	输沙率变化(t/s)				
						总减少量②－①	水沙变化影响③－①	占总减少量(%)	边界变化影响②－③	占总减少量(%)
夹河滩	①	4.19	5.11	0.80	16.09	4.68	0.43	9.19	4.25	90.81
	②	1.13	7.75	0.72	56.42					
	③	4.19	7.75	0.72	29.70					
高村	①	1.15	6.06	0.36	17.37	7.25	3.41	47.03	3.84	52.97
	②	0.13	8.57	0.39	80.42					
	③	1.15	8.57	0.39	65.22					
孙口	①	1.04	7.53	0.68	24.61	8.71	7.65	87.83	1.06	12.17
	②	0.15	13.50	0.53	90.57					
	③	1.04	13.50	0.53	86.00					
艾山	①	0.44	6.18	0.61	22.89	11.62	7.49	64.46	4.13	35.54
	②	0.12	12.30	0.36	80.80					
	③	0.44	12.30	0.36	65.54					
利津	①	1.06	7.43	0.49	31.63	23.19	16.65	71.80	6.54	28.20
	②	0.04	22.80	0.53	69.41					
	③	1.06	22.80	0.53	56.96					

　　从表4-2和表4-3可以看出，大流量($Q = 3\,000\ \mathrm{m^3/s}$左右)和小流量($Q = 1\,500\ \mathrm{m^3/s}$)情况下输沙率的变化特征基本相似。夹河滩以上河段输沙率的减小主要是由本河段边界条件引起的，上站来沙变化引起的输沙率减小量仅占夹河滩总输沙率减小量的33.75%和9.19%，而边界影响占66.25%和90.81%，说明在目前水沙过程下，本河段的边界条件影响较大；夹河滩以下各站输沙率减小主要是由上游来沙减少引起的，在93.07%到47.03%之间，而边界变化引起的减小比例只有52.97%到6.93%，说明夹河滩以下，尤其是高村—孙口河段边界条件的影响较小。

（四）2010年调水调沙河道输沙效果预测

　　利用各站拟合的输沙率公式对2010年的调水调沙进行初步预测，以2009年汛末的累积冲刷量与2009年非汛期的冲刷量之和作为2010年汛前的累积冲刷量。预测方案分为三种：①水沙条件采用2008年(含沙量高)的实测资料；②水沙条件采用2009年的实测资料；③来水采用2009年的资料(流量较大)，来沙采用2008年的资料。三种方案的计算结果见表4-4～表4-6。花园口输沙率公式的适用条件为上站来水为清水，因此仅预测以下水文站的输沙率。

表 4-4　2010 年调水调沙预测(2008 年水沙条件)

水文站	流量 $Q(\text{m}^3/\text{s})$	上站含沙量 $S_{\text{上}}(\text{kg/m}^3)$	级配 $P_{0.025}$	累积冲刷量 $\sum\Delta W_S(\text{亿 t})$	计算输沙率 $Q_S(\text{t/s})$	含沙量 $S(\text{kg/m}^3)$
夹河滩	2 529	9.71	0.43	4.44	15.22	6.02
高村	2 694	6.02	0.44	1.29	20.74	7.70
孙口	2 759	7.70	0.44	1.23	28.19	10.22
艾山	2 671	10.22	0.51	0.47	28.15	10.54
利津	2 685	10.54	0.42	1.05	36.79	13.71

表 4-5　2010 年调水调沙预测(2009 年水沙条件)

水文站	流量 $Q(\text{m}^3/\text{s})$	上站含沙量 $S_{\text{上}}(\text{kg/m}^3)$	级配 $P_{0.025}$	累积冲刷量 $\sum\Delta W_S(\text{亿 t})$	计算输沙率 $Q_S(\text{t/s})$	含沙量 $S(\text{kg/m}^3)$
花园口	3 229			3.725	10.22	3.17
夹河滩	3 203	3.17	0.60	4.44	15.64	4.88
高村	3 019	4.88	0.58	1.29	19.00	6.29
孙口	2 972	6.29	0.54	1.23	25.58	8.61
艾山	2 809	8.61	0.56	0.47	25.93	9.23
利津	2 839	9.23	0.55	1.06	33.94	11.96

表 4-6　2010 年调水调沙预测(2008 年来沙 + 2009 年来水)

水文站	流量 $Q(\text{m}^3/\text{s})$	上站含沙量 $S_{\text{上}}(\text{kg/m}^3)$	级配 $P_{0.025}$	累积冲刷量 $\sum\Delta W_S(\text{亿 t})$	计算输沙率 $Q_S(\text{t/s})$	含沙量 $S(\text{kg/m}^3)$
夹河滩	3 203	9.71	0.43	4.44	21.32	6.66
高村	3 019	6.66	0.44	1.29	24.57	8.14
孙口	2 972	8.14	0.44	1.23	32.27	10.86
艾山	2 809	10.86	0.51	0.47	31.19	11.10
利津	2 839	11.10	0.42	1.05	41.03	14.45

三种方案的计算结果均表明,从夹河滩至利津输沙率和含沙量沿程递增,各河段仍然具有一定的冲刷能力。

二、河床粗化对河道冲刷效率影响的数学模型计算成果

采用黄河下游一维非恒定流模型,计算不同粗化程度对河道冲刷效率的影响。根据资料情况,计算 2007 年 10 月汛后地形和 2009 年水沙条件下(见表 4-7)不同粗化程度对河道冲淤的影响。引水按实测日均引水过程,出口控制条件为 2008 年利津站设计水位—流量关系曲线。

表 4-7 计算水沙条件

项目	水量(亿 m³)	占年比例(%)	沙量(亿 t)	占年比例(%)	平均含沙量(kg/m³)
非汛期	86.4	41.9	0.009	15.8	0.10
汛期	119.7	58.1	0.048	84.2	0.40
调水调沙期	44.9	21.8	0.037	64.9	
全年	206.1		0.057		0.27

计算河段的床沙级配采用 1999 年、2002 年、2003 年、2005 年、2009 年汛后黄河下游实测床沙级配资料。应用数学模型计算不同床沙组成条件下黄河下游各河段年均及调水调沙期冲淤量,结果见表 4-8、表 4-9(表中"-"表示冲刷,后同),各河段冲刷量基本上都是随着床沙粗化而减少的。以 1999 年为比较基础,计算出全年及调水调沙期平均冲刷面积的减少量和床沙中值粒径的增加量,点绘二者关系,见图 4-13、图 4-14。由图可见,冲刷减少量与床沙粗化程度的关系较好,说明床沙越粗冲刷量减少越多。比较图 4-15 全年冲刷量的变化和图 4-16 调水调沙期冲刷量的变化,可知各河段调水调沙期冲刷量的减幅基本上要大于全年的减幅,说明粗化对洪水期的影响较大。全下游全年的冲刷量在计算期内减少幅度为 14% ~22%,调水调沙期在 16% ~30%。各河段不同,全年花园口以上减幅最大,高村—艾山最小;调水调沙期花园口以上减幅仍是最大,高村—艾山减幅增大,艾山—利津减幅最小。计算结果表明,河床粗化对高村—艾山的影响不是太大,全年减幅在10% ~17%,调水调沙期高些,在 13% ~32%。

表 4-8 不同床沙组成条件下黄河下游各河段年均冲淤量 　　　(单位:万 m³)

河段	1999 年	2002 年	2003 年	2005 年	2007 年	2009 年
小浪底—花园口	- 3 413	- 2 860	- 2 750	- 2 611	- 2 566	- 2 510
花园口—高村	- 3 857	- 3 317	- 3 234	- 3 194	- 3 089	- 3 065
高村—艾山	- 2 398	- 2 165	- 2 093	- 2 060	- 2 021	- 1 997
艾山—利津	- 1 693	- 1 438	- 1 404	- 1 390	- 1 370	- 1 345
小浪底—利津	- 11 361	- 9 780	- 9 481	- 9 255	- 9 046	- 8 917

表 4-9 不同床沙组成条件下黄河下游各河段调水调沙期冲淤量 　　　(单位:万 m³)

河段	1999 年	2002 年	2003 年	2005 年	2007 年	2009 年
小浪底—花园口	- 866	- 651	- 621	- 574	- 568	- 541
花园口—高村	- 1 112	- 933	- 902	- 882	- 866	- 824
高村—艾山	- 1 008	- 882	- 858	- 799	- 712	- 683
艾山—利津	- 811	- 734	- 716	- 679	- 623	- 596
小浪底—利津	- 3 797	- 3 200	- 3 097	- 2 934	- 2 769	- 2 644

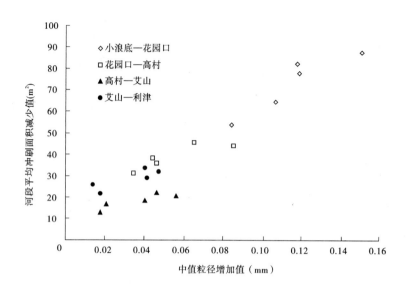

图4-13　全年各河段平均冲刷面积减少量与床沙中值粒径增加幅度之间的关系

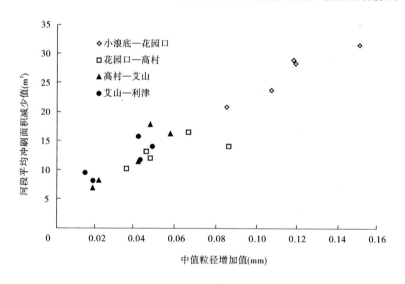

图4-14　调水调沙期各河段平均冲刷面积减少量与床沙粒径增加幅度之间的关系

三、河床粗化条件下调水调沙流量对冲刷效率的影响

为分析现状条件下调水调沙不同流量级对冲刷效率的影响,采用2009年10月汛后地形,选用2009年汛前调水调沙期实测水量(44.93亿 m³)和沙量(0.037亿 t),设计8个流量级,利用黄河下游非恒定准二维数学模型,计算了各河段的冲淤情况(见表4-10、图4-17)。结果表明,随着流量的增大,各计算河段冲刷面积明显增大,如4 000 m³/s 流量级时,平均而言,小浪底—利津河段冲刷面积约为2 600 m³/s 流量级的1.4倍。

流量大于4 000 m³/s 后全断面冲刷效率增加不明显,高村以下河段有不同程度的漫

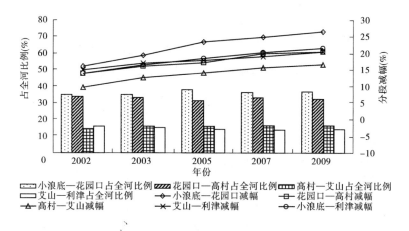

图 4-15　全年各河段冲刷量减少幅度及占全河减少量的比例

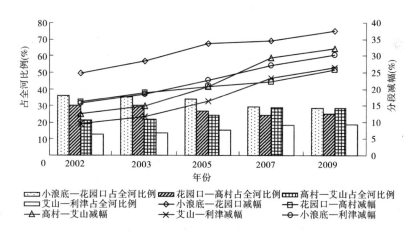

图 4-16　调水调沙期各河段冲刷量减少幅度及占全河减少量的比例

滩,冲刷效率还略有降低,但其中主槽部分的冲刷效率仍明显提高。就全下游平均而言,4 500 m³/s 流量级主槽平均冲刷面积为 4 000 m³/s 流量级的 1.05 倍,其中高村—艾山、艾山—利津河段分别为 1.1 倍和 1.09 倍。

为比较平滩附近不同流量之间的差异,在平滩流量 4 000 m³/s 附近,设计了 3 500 m³/s、3 800 m³/s、4 000 m³/s、4 200 m³/s、4 500 m³/s 等 5 个流量级,分滩槽计算了各河段的冲淤情况(见表 4-11)。可以看出,随流量的增大,下游冲刷量也在不断增大,4 500 m³/s 的冲刷量与 3 500 m³/s 相比,主槽增幅为 13.7%,大于全断面增幅 3.7%。这是因为流量大于 3 800 m³/s 时,高村以下河段开始漫滩,漫滩程度 3 800 m³/s 流量级时比较轻微,随流量的增大漫滩程度不断增加,4 500 m³/s 时最大,此时滩地淤积量约为主槽冲刷量的 10%。

表4-10 不同方案下各河段平均冲淤面积统计 （单位:m²）

河段	设计方案（小浪底出库流量）							
	500 m³/s	1 500 m³/s	2 600 m³/s	3 500 m³/s	3 800 m³/s	4 000 m³/s	4 200 m³/s	4 500 m³/s
小浪底—花园口	-43	-56	-61	-63	-65	-67	-68	-69
花园口—夹河滩	-25	-44	-49	-54	-57	-60	-62	-61
夹河滩—高村	-20	-27	-33	-41	-40	-42	-42	-42
高村—孙口	-16	-30	-40	-53	-54	-55	-56	-60
孙口—艾山	10	-13	-28	-30	-31	-32	-36	-37
艾山—泺口	10	5	2	-4	-4	-5	-5	-7
泺口—利津	3	-8	-14	-28	-30	-33	-34	-34
高村以上	-30	-43	-48	-53	-55	-57	-58	-58
高村—艾山	-7	-24	-36	-45	-46	-47	-49	-52
艾山—利津	6	-3	-8	-19	-20	-22	-23	-24
小浪底—利津	-11	-23	-30	-38	-40	-42	-43	-44

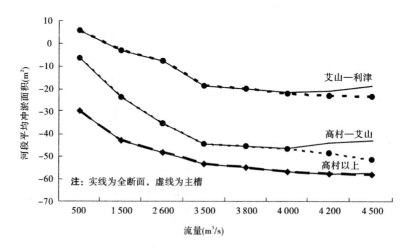

图4-17 调水调沙不同流量级对各河段冲淤面积的影响

表 4-11　不同方案下各河段冲淤量统计　　　　　　（单位:万 m³）

河段		设计方案(小浪底出库流量)				
		3 500 m³/s	3 800 m³/s	4 000 m³/s	4 200 m³/s	4 500 m³/s
小浪底—花园口	全断面	−650	−672	−686	−697	−712
花园口—夹河滩	全断面	−478	−503	−530	−543	−536
夹河滩—高村	全断面	−353	−347	−361	−357	−344
	滩地	0	0	0	0	18
	主槽	−353	−347	−361	−357	−362
高村—孙口	全断面	−624	−632	−647	−632	−620
	滩地	0	0	2	23	84
	主槽	−624	−632	−649	−655	−704
孙口—艾山	全断面	−190	−198	−200	−193	−182
	滩地	0	0.5	5	35	52
	主槽	−190	−198.5	−205	−228	−234
艾山—泺口	全断面	−40	−39	−42	−35	−32
	滩地	0	1	6	21	42
	主槽	−40	−40	−48	−56	−74
泺口—利津	全断面	−468	−503	−547	−533	−481
	滩地	0	1.2	10	35	83
	主槽	−468	−504.2	−557	−568	−564
小浪底—利津	全断面	−2 803	−2 894	−3 013	−2 990	−2 907
	滩地	0	2.7	23	114	279
	主槽	−2 803	−2 896.7	−3 036	−3 104	−3 186

第五章　黄河下游冲刷发展模式

小浪底水库运用 10 a 来,黄河下游白鹤—利津河段累积冲刷量达到 12.567 亿 m^3(见表 5-1)。从冲刷量的沿程分布来看,冲刷量以夹河滩以上为主,花园口以上和花园口—夹河滩河段冲刷量分别达到 3.788 亿 m^3 和 4.275 亿 m^3,合计占总冲刷量的 64%。从河道横断面调整来看(见本专题第一章表 1-2),白鹤—花园口河段展宽与下切都比较大,但水深增加近 1.5 倍,远大于河宽增幅 26%,应是以刷深为主;花园口—夹河滩河段河宽和水深增幅相近,在 60% ~ 70%,下切与展宽发展基本同步;夹河滩—艾山河段河宽和水深都有所增加,水深增幅远大于河宽,以冲深为主;艾山以下河段河宽几乎无变化,冲刷基本为单一纵向冲深发展。

表 5-1　小浪底水库运用以来(1999 年 10 月至 2009 年 10 月)黄河下游冲淤状况

河段	冲淤量(亿 m^3)	占总量比例(%)
白鹤—花园口	− 3.788	30
花园口—夹河滩	− 4.275	34
夹河滩—高村	− 1.224	10
高村—孙口	− 1.139	9
孙口—艾山	− 0.460	4
艾山—泺口	− 0.581	4
泺口—利津	− 1.100	9
白鹤—利津	− 12.567	100
花园口—高村	− 5.499	44
高村—艾山	− 1.599	13
艾山—利津	− 1.681	13

花园口以上河段河床粗化主要是由于水流的分选作用,床面的细泥沙被冲走,留下较粗的泥沙。花园口以下河段在冲刷过程中,一方面由于水流的分选作用,细颗粒比粗颗粒冲走得多;另一方面,由于下游河道比降上陡下缓,沿程比降逐渐减小,水流从上游河段带来的一部分较粗颗粒的泥沙落淤下来,通过悬沙与床沙的交换而发生粗化。由于各河段河床组成不同(见图 5-1、图 5-2)和冲刷发展阶段不同(见图 5-3),从冲刷量的纵向分布和断面形态变化特征来看,各河段的发展模式是不同的。

一、花园口以上河段

花园口以上孟津至京广铁桥为河出峡谷的放宽段,水流突然放宽,流势散乱,大量卵

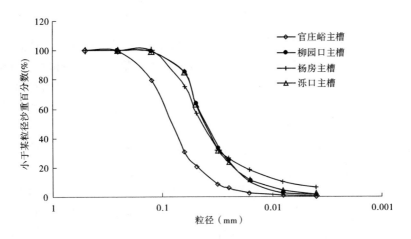

图 5-1 黄河下游沿程典型断面河床主槽表层泥沙组成

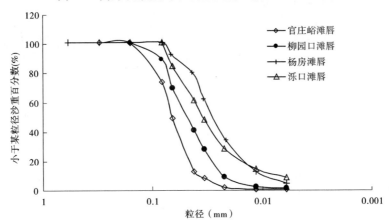

图 5-2 黄河下游沿程典型断面河床嫩滩滩唇表层泥沙组成

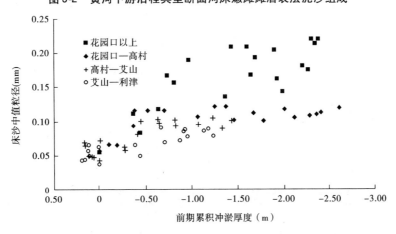

图 5-3 黄河下游各河段平均床沙粒径与前期累积冲淤厚度的关系

石和粗泥沙淤积;洛阳公路桥以上形成的鸡心滩及床面基本由卵石和粗沙组成;洛阳公路桥以下卵石埋深逐渐加大,床面由粗泥沙组成。花园口以上河段沙洲出没无常,河床变幻不定,属于典型的游荡性河道。

结合该河段平均河宽、水深变化(见图5-4、图5-5),典型断面变化(见图5-6)以及分组泥沙的冲淤变化(见图5-7)和床沙中值粒径随前期累积冲淤厚度的变化情况(见图5-3),分析可见,随着冲刷的发展,各粒径组泥沙的冲刷量都呈逐渐减少的趋势,基本上可以2004年作为花园口以上河段冲刷发展的转折点。2004年以前河道冲刷强度大,河宽、水深增幅都较大,细泥沙补给比较充分,细泥沙冲刷量随水流能量的增加而增加,尤以2003年最剧。2003年发生多场洪水,河宽持续增加、水深增幅减小,细泥沙冲刷量达到最大。2004年受2003年非汛期长期较大流量过程以及"04·8"洪水影响,河槽展宽不大,但河槽过水面积显著增大,平均水深增加,细泥沙冲刷量减小。这一时期由于冲刷强度大,粗化发展很快,由床沙中值粒径0.1 mm左右迅速发展到2004年前后的0.2 mm。其后冲刷继续发展,但强度减弱,各粒径组泥沙冲刷量基本都在减少,河宽仍持续增加,水深变化不大。由典型断面的变化(见图5-6)可见,2005年至2009年深槽部位基本不再向下发展,断面调整以侧向展宽为主。该阶段细沙虽然也减少,但由于侧向发展仍能取得部分补给,因此细泥沙比例反而较前期更大。同时,由于该阶段以展宽冲刷为主,随着冲刷厚度的增加,床沙中值粒径虽然波动较大,但增大的趋势很弱。

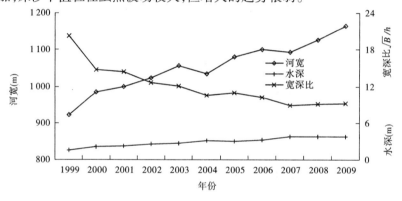

图5-4　花园口以上河段断面形态变化过程

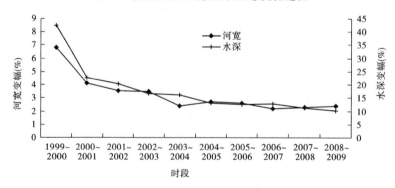

图5-5　花园口以上河段断面形态指标滑动平均变化过程

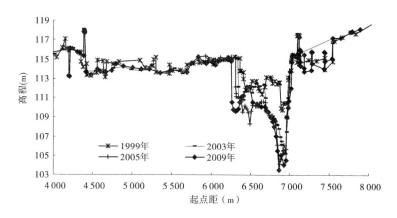

图 5-6 花园口以上河段典型断面变化（花园镇）

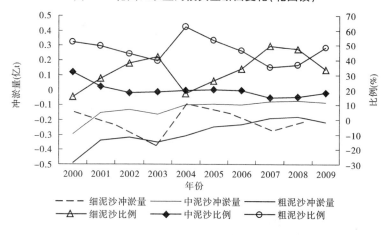

图 5-7 花园口以上河段分组泥沙冲淤量及比例

二、花园口—高村河段

该河段分为两段,花园口至兰考东坝头河段河槽宽浅,流势分散,摆动频繁,滩岸多为沙质,抗冲能力弱;东坝头至高村河段是 1855 年铜瓦厢决口后泛区泥沙冲积扇的顶部地区,流速大,摆幅小,流势集中,表层落淤的都是沙土,表层以下 8 m 处分布有亚黏土和片断的黏土,河流在这样的土质条件下仍有游荡的可能。

结合该河段平均河宽、水深变化(见图 5-8、图 5-9),典型断面变化(见图 5-10),以及分组泥沙的冲淤变化(见图 5-11)和床沙中值粒径随前期累积冲淤厚度的变化情况(见图 5-3),分析可见,该河段发展模式与花园口以上河段明显不同。冲刷伊始河宽大幅增加,而水深变化不大,河相系数是增加的,说明河道宽浅,此时河槽中细泥沙补给较充足,冲刷物中细泥沙比例较高;其后由于流量较小,直到 2002 年水深持续增加,而河宽增加幅度降低,细泥沙保持着一定补给量,中泥沙冲刷增强;再往后 2003 年、2004 年水量较大,水深大幅增加,河宽增幅不大,中、细泥沙冲刷量都较大,河床粗化明显;再往后水深增幅呈缓慢减少的态势,河宽仍保持较大的展宽幅度,因此 2005 年和 2006 年细泥沙仍取得较多补给,而在较稳定的水流动力条件下,即使河宽仍有所增加,但泥沙补给量有限,各粒径组泥沙冲刷量都趋于减少,尤其是中、细泥沙补给已不足;2007年以后以粗泥沙冲刷为主,这一时期河床组成变化幅度已很小。

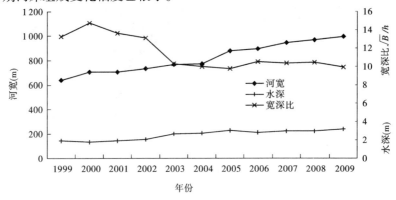

图5-8 花园口—高村河段断面形态变化过程

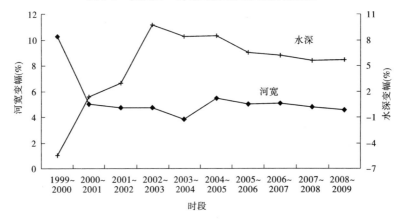

图5-9 花园口—高村河段断面形态指标滑动平均变化过程

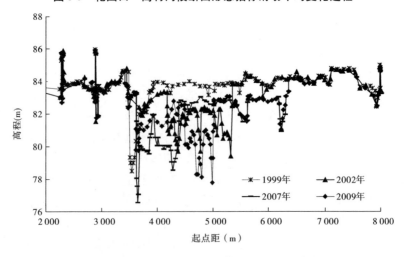

图5-10 花园口—高村河段典型断面变化(黑石)

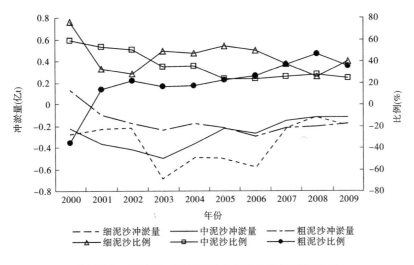

图 5-11　花园口—高村河段分组泥沙冲淤量及比例

三、高村—艾山河段

高村—艾山河段位于黄河 1855 年 8 月兰考铜瓦厢决口处与大清河之间的黄泛区下段。高村以下冲积扇的下部,土质比较复杂,主槽及滩地、深层和表面均有亚黏土及黏土分布,在一定程度上限制了大溜自由摆动的范围。一般弯顶部分,有黏土层;在顺直河段,则以细沙为多。该河段属过渡性河道。

结合该河段平均河宽、水深变化(见图 5-12、图 5-13),典型断面变化(见图 5-14、图 5-15),以及分组泥沙的冲淤变化(见图 5-16)和床沙中值粒径随前期累积冲淤厚度的变化情况(见图 5-3),分析可见,高村—艾山河段从 2002 年才开始冲刷,开始冲刷时以冲深为主;其后直到 2004 年水量较大,水深、河宽都明显增大,冲刷量较多,这之前受 2002 年调水调沙漫滩、2003 年和 2004 年排沙影响,细泥沙出现淤积(嫩滩淤积),中、粗泥沙冲刷,冲刷量以粗泥沙为主。2004 年以后的变化特征鲜明,由于逐年流量过程相对变幅较小,因此冲刷发展模式为水深变化幅度很小,而河宽持续增加,到 2006 年前后,河床粗化到一定程度后河床组成变化幅度减小。在这一阶段中、粗泥沙冲刷量急剧减少,而细泥沙由于在展宽过程中有较多补给且易于冲刷,冲刷量反而稍有增加。

河床粗化到一定程度后断面的展宽不仅是河宽的增加,也体现在断面形态的变化,由图 5-14 和图 5-15 典型断面的变化可见,2004 年前冲刷形成的河底部分横向发展并不均衡,深泓点较深,河槽呈 V 形,而 2005 年到 2009 年,一方面滩唇部位向外扩展,河宽增加,另一方面深泓点基本不再增加,而是河底前期未冲开的部分被冲刷,河底宽度增加,河槽向 U 形发展。为反映河槽部分断面形态的变化,统计了典型断面同过水面积(1 500 m²)下的逐年河宽变化(见图 5-17),可以看到,河宽在不断增加,宽深比也在增加,深槽部分趋于宽浅。

四、艾山—利津河段

该河段原为大清河故道,由于工程控制较好,河湾不能自由发展,河道平面变化不大,

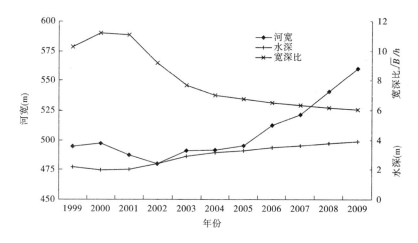

图 5-12　高村—艾山河段断面形态变化过程

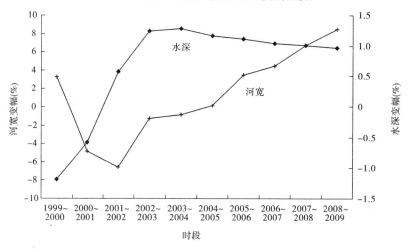

图 5-13　高村—艾山河段断面形态指标滑动平均变化过程

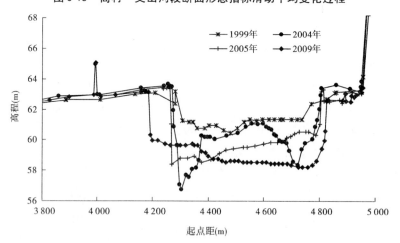

图 5-14　高村—艾山河段典型断面变化 (高村)

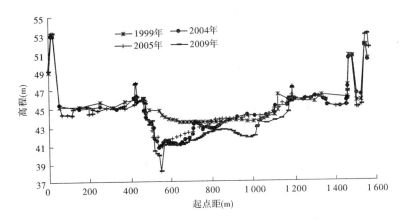

图 5-15　高村—艾山河段典型断面变化(十里堡)

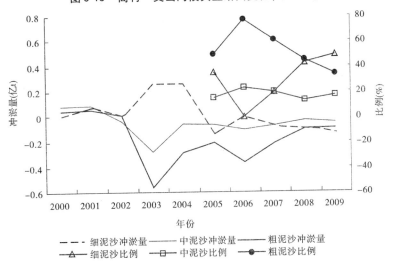

图 5-16　高村—艾山河段分组泥沙冲淤量及比例

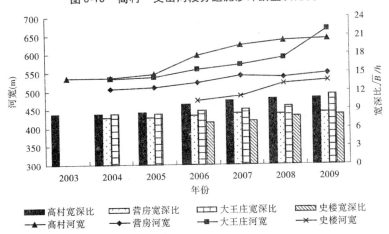

图 5-17　高村—艾山河段典型断面同过水面积(1 500 m²)下断面形态指标变化

河势相对较为稳定,属弯曲性河道。该河段土质以黏土、亚黏土、亚沙土为主,泺口以下的河槽土质多为亚黏土或黏土,而河滩则多为亚沙土。

结合该河段平均河宽、水深变化,典型断面变化(见图 5-18),以及分组泥沙的冲淤变化(见图 5-19)和床沙中值粒径随前期累积冲淤厚度的变化情况(见图 5-3),分析可见,该河段边界条件决定了冲刷发展以纵向冲深为主,而河床中、细泥沙相对较多,冲刷量以中、细泥沙为主,粗泥沙多发生淤积。由图 5-19 可见,冲刷发展至 2004 年后由于无法从侧向取得补给,比较稳定的水流与粗化后的河床相适应,冲刷量显著减少,河床组成变化幅度亦降低。

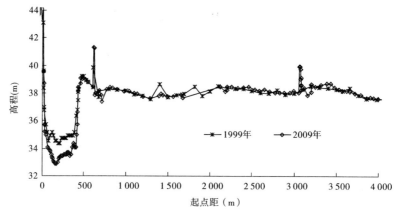

图 5-18 艾山—利津河段典型断面变化(潘庄)

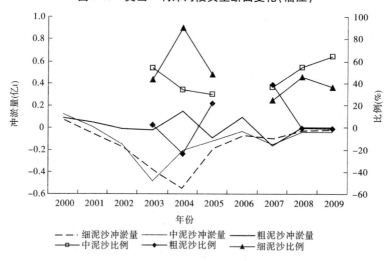

图 5-19 艾山—利津河段分组泥沙冲淤量及比例

五、小结

从冲刷过程和分组泥沙冲刷情况可见,小浪底水库运用后,在已发生的水沙过程条件下,黄河下游各河段冲刷发展基本上分为两个阶段,即河床粗化前和粗化后。由于冲刷发展程度不同,两阶段的转折年份也不同,基本以高村为界,高村以上是在 2004 年前后河床粗化到一定程度,而高村以下是在 2005 年前后粗化到一定程度。两阶段冲刷模式不同。河床粗化前的模式为:在河床粗化达到一定程度之前,水流可以从河床取得较充足泥沙的补给,整治工程控制较好的河段,如花园口以上、高村—艾山、艾山—利津河段,河道首先冲深,控制性较弱的花园口—高村河段,河道首先向侧向发展。不过在这时期如果较大流量洪水持续时间较长,河道纵横向都有较大发展,各组泥沙冲刷量基本都随水流条件变化。如 2003 年和 2004 年洪水场次较多,下游各河段的冲刷效率都较高。尤其是细泥沙冲刷量随水流强度增大较迅速,除高村—艾山河段出现淤积外,各河段冲刷量都比较大。经过 5~6 a 的连续冲刷,粗化后水流条件相对稳定,从河床上难以获取冲刷补给,冲刷效率逐步降低,各粒径组泥沙冲刷量都减少。同时,冲刷向下发展的趋势减弱,开始以横向发展为主,表现为河宽的增加和断面形态的相对宽深,侧向摆动的动力条件相对较弱,而嫩滩泥沙组成较主槽偏细,因此粗化后的冲刷物以细泥沙为主。艾山—利津河段由于工程控制难以摆动,冲刷只有向下发展,因此粗化后各粒径组泥沙冲刷量降低较多,难以维持一定的冲刷效率。

第六章　主要认识

小浪底水库运用以来,黄河下游经历了 10 a 的连续冲刷,这是在自然条件下难以出现的河道演变过程。下游河道在持续清水冲刷过程中,河床组成发生了明显的粗化,同时伴随着断面形态的调整,导致水流挟沙力的降低,影响到水流的冲刷作用,使冲刷效率降低。

(1)近几年下游冲刷效率明显降低,年冲刷效率由 2000 年的 10.46 kg/m³ 下降到 2009 年的 5.99 kg/m³,减幅 43%;调水调沙期冲刷效率由 2002 年的 20.350 kg/m³ 下降到 2009 年的 9.197 kg/m³,减幅 55%。

各河段冲刷效率都有所降低,但由于所受影响因素不同,降低幅度不同。夹河滩以上河段受上游来沙影响小,河床粗化和断面形态大幅度变化对水流挟沙能力影响较大,使得输沙能力和冲刷效率降低幅度较大;夹河滩以下河段河床粗化和断面形态变化程度均小于夹河滩以上河段,加上上游河段粗化导致来水含沙量的降低,其冲刷效率降低幅度小于夹河滩以上。

(2)从冲刷效率空间变化来看,花园口以上河段是下游冲刷效率降低最为明显的河段,年冲刷效率从 2000 年的 6.41 kg/m³ 降低到 2009 年的 0.33 kg/m³,降低了 95%;艾山—泺口和泺口—利津河段受冲刷中前期大汶河加水和河口有利条件影响,冲刷效率较高,后期降幅也较大,2009 年与冲刷效率最高的年份相比,减幅分别达到 80% 和 88%;处于中间河段的花园口—艾山河段,年冲刷效率减幅稍小,在 15%～61%,其中花园口—夹河滩河段和孙口—艾山河段减幅约 60%;夹河滩—高村河段为 46%;高村—孙口河段变化最小,即使和冲刷效率最高的 2003 年的 1.73 kg/m³ 相比,2009 年仍达到 1.47 kg/m³,仅减少了 15%。

(3)白鹤—艾山间各河段冲刷效率都受累积冲刷量的影响,在相同流量条件下,累积冲刷量小时较累积冲刷量大时冲刷效率高,因此随着冲刷发展,冲刷效率在不断降低。从冲刷效率的时间变化来看,降低主要在 2006 年以前。2006 年以后冲刷效率降低幅度较小,基本维持在一个较低水平。

白鹤—艾山间各河段冲刷效率都随流量增大而增大,但超过一定流量,高村以上河段在 2 000 m³/s,高村—艾山河段在 2 500 m³/s 左右,冲刷效率随流量的增大变化幅度较小。

数学模型计算也表明,现状条件下调水调沙期洪峰流量从 4 000 m³/s 增加到 4 500 m³/s,全下游主槽平均冲刷面积增加仅 5%,其中高村—艾山和艾山—利津河段分别增加 10% 和 9%,在计算的流量范围内,提高流量的冲刷效果增加不大。

在高村—艾山河段,无引水条件下影响该河段冲刷效率的因素中,河床粗化起到最大的降低作用,减少 85% 左右;其次是挟沙能力因子变化,减少约 45%;来沙减少起到提高冲刷效率的作用,增加 30% 左右。因此,提高该河段冲刷效率的有效途径主要是减少该河段来沙,促使冲刷增大。

现阶段高村—艾山河段仍能维持一定的冲刷效率,主要原因是来自河道摆动中的近岸冲刷物补给,而在工程控制条件下补给受限,不可能大量增加,因此在现状调水调沙方案条件下冲刷效率提高幅度不会很大。

第四专题　小浪底水库运用以来黄河下游河道冲淤演变及发展趋势

　　从 1999 年汛后下闸蓄水到 2009 年汛后，小浪底水库已经运用 10 a，其间自 2002 年起进行了 9 次调水调沙。总结小浪底水库运用对下游河道冲淤演变的影响，通过合理调控水沙过程，促使黄河下游河道继续朝有利于河槽冲刷的方向发展，是十分必要的。本专题通过与三门峡水库蓄水拦沙运用期间下游河道冲淤演变对比分析，从小浪底水库运用对来水来沙条件的改变、黄河下游冲淤量的时空分布、同流量水位和平滩流量变化、主槽宽度和横断面形态变化等方面，分析近期黄河下游河道演变趋势。

第一章　进入下游的水沙条件

一、水库对水沙的调节作用

1999～2009 运用年小浪底水库进出库水量分别为 1 934.8 亿 m^3 和 2 067.7 亿 m^3,年均进出库水量分别为 193.5 亿 m^3 和 206.8 亿 m^3,其中出库水量较多的年份是 2004 年、2006 年、2007 年和 2008 年,年水量分别为 251.1 亿 m^3、265.3 亿 m^3、235.5 亿 m^3 和 235.6 亿 m^3;进出库沙量分别为 34.31 亿 t 和 5.64 亿 t,基本为水库异重流排沙,年均进出库的沙量分别为 3.43 亿 t 和 0.56 亿 t,其中年排沙量超过 1 亿 t 的年份有 2003 年和 2004 年两年,排沙量分别为 1.15 亿 t 和 1.42 亿 t,10 a 平均排沙比为 16.4%(见表 1-1)。

表 1-1　2000～2009 运用年小浪底水库进出库水沙量统计

年份	水量(亿 m^3)		沙量(亿 t)		水库排沙比(%)
	三门峡	小浪底	三门峡	小浪底	
2000	166.6	141.3	3.57	0.04	1.1
2001	134.7	165.6	2.94	0.23	7.8
2002	158.5	194.6	4.48	0.74	16.5
2003	216.7	160.5	7.76	1.15	14.8
2004	179.9	251.1	2.72	1.42	52.2
2005	207.8	206.2	4.08	0.45	11.0
2006	208.6	265.3	2.32	0.40	17.2
2007	223.5	235.5	3.12	0.71	22.8
2008	218.1	235.6	1.34	0.46	34.3
2009	220.4	212.0	1.98	0.04	2.0
合计	1 934.8	2 067.7	34.31	5.64	16.4
年均	193.5	206.8	3.43	0.56	

表 1-2 为小浪底水库 2000～2009 运用年进出库各流量级水沙量统计表,图 1-1 和图 1-2 分别为同期小浪底水库进出库各流量级的水量和沙量的比较。总的来说,经过小浪底水库的调节,小于 1 000 m^3/s 的水量增加了 10%,1 000～2 000 m^3/s 流量级的水量显著减少(减少了 39%),大于 2 000 m^3/s 的水量增加了 96%,其中 2 000～3 000 m^3/s、3 000～4 000 m^3/s 和 4 000～5 000 m^3/s 流量级的水量分别增加了 35%、321% 和 133%。可见,经过小浪底水库调节,对下游河道冲淤影响不明显的 0～1 000 m^3/s 流量级的水量增加不多,对下游河槽不利的 1 000～2 000 m^3/s 流量级的水量显著减少,而有利于下游河槽冲刷的大于 2 000 m^3/s 流量级的水量增加。经水库调节,各流量级的沙量均显著减小,其中流量大于 4 000 m^3/s 的沙量全部被水库拦蓄。2003 年是小浪底水库对水沙的调节作用较大的年份,受黄河下游瓶颈河段平滩流量的限制,2003 年汛期小浪底水库控制运用,拦蓄了 3 000 m^3/s 以上的较大流量(见表 1-3),2003 年(日历年)小浪底水库入库

站三门峡站 3 000～4 000 m³/s 和 4 000～5 000 m³/s 的水量分别为 24 亿 m³ 和 3 亿 m³，
而小浪底水库出库的相应流量的水量则为 0。

表 1-2　小浪底水库 2000～2009 运用年进出库各流量级水沙量统计

流量级 （m³/s）	水量（亿 m³）			沙量（亿 t）			含沙量（kg/m³）	
	三门峡	小浪底	增减量 （比例）	三门峡	小浪底	冲淤量	三门峡	小浪底
0～1 000	1 267	1 403	122（10%）	7.92	1.13	6.79	6.25	0.81
1 000～2 000	482	297	-186(-39%)	10.81	1.60	9.21	22.43	5.39
2 000～3 000	145	197	51（35%）	13.28	2.65	10.63	91.59	13.45
3 000～4 000	38	164	125(321%)	1.92	0.26	1.66	50.53	1.59
4 000～5 000	3	7	4（133%）	0.38	0	0.38	126.67	0
合计	1 935	2 068	116	34.31	5.64	28.67		

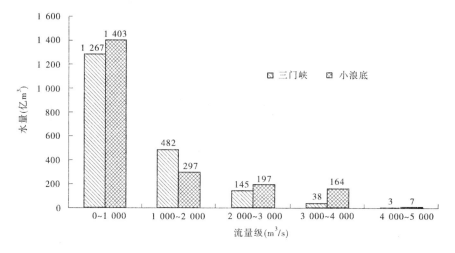

图 1-1　小浪底水库 2000～2009 运用年进出库各流量级水量柱状图

表 1-3　小浪底水库 2003 年（日历年）进出库各流量级水沙量对比

流量级 （m³/s）	水量（亿 m³）		沙量（亿 t）		含沙量（kg/m³）	
	三门峡	小浪底	三门峡	小浪底	三门峡	小浪底
0～1 000	98	106	1.20	0.33	12.2	3.1
1 000～2 000	52	48	0.76	0.58	14.6	12.1
2 000～3 000	59	55	4.09	0.23	69.3	4.2
3 000～4 000	24	0	1.33	0	55.4	
4 000～5 000	3	0	0.38	0	126.7	
合计	236	209	7.76	1.14		
平均					32.9	5.4

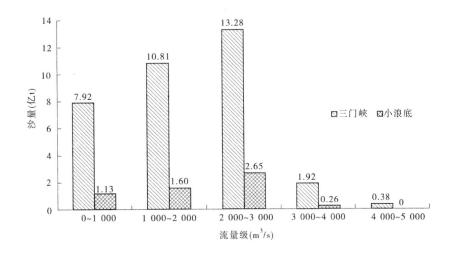

图 1-2　小浪底水库 2000～2009 运用年进出库各流量级沙量柱状图

作为对比,计算了三门峡水库清水下泄期各流量级的水量❶。和小浪底水库不同的是,三门峡水库对入库流量过程的调节体现在消除了 5 000 m³/s 以上的流量过程(见图 1-3)。和小浪底水库类似的是,三门峡水库对各流量级的沙量进行不同程度的拦蓄(见图 1-4、表 1-4),差别是三门峡水库的排沙比是 36.2%,而小浪底水库的排沙比为16.4%,即三门峡水库清水下泄期水库排沙比比小浪底水库 1999～2009 年的大。

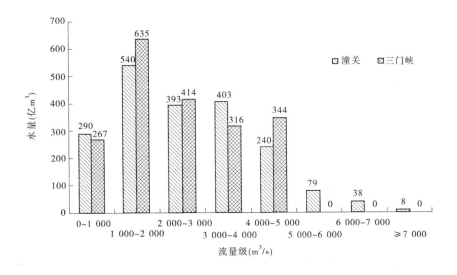

图 1-3　三门峡水库清水下泄期进出库各流量级水量柱状图

---

❶　三门峡水库清水下泄期的时间选取 1960 年 9 月 15 日至 1964 年 10 月 24 日,其原因为:①年月参考了文献《三门峡水库修建后黄河下游河床演变》(潘贤娣,李勇,张晓华,申冠卿,岳德军,黄河水利出版社,2006 年 7 月)(第134 页的表 4-3);②日期选取参考了大断面的施测时间。

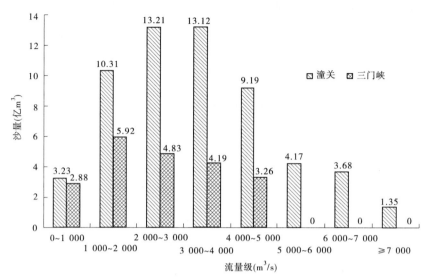

图1-4　三门峡水库清水下泄期进出库各流量级沙量柱状图

表1-4　三门峡水库清水下泄期进出库水沙量统计

流量级 （m³/s）	水量（亿 m³）		沙量（亿 t）		含沙量（kg/m³）	
	潼关	三门峡	潼关	三门峡	潼关	三门峡
0 ~ 1 000	290	267	3. 23	2. 88	11. 1	10. 8
1 000 ~ 2 000	540	635	10. 31	5. 92	19. 1	9. 3
2 000 ~ 3 000	393	414	13. 21	4. 83	33. 6	11. 7
3 000 ~ 4 000	403	316	13. 12	4. 19	32. 6	13. 3
4 000 ~ 5 000	240	344	9. 19	3. 26	38. 3	9. 5
5 000 ~ 6 000	79	0	4. 17	0	52. 8	
6 000 ~ 7 000	38	0	3. 68	0	96. 8	
≥7 000	8	0	1. 35	0	168. 8	
合计	1 991	1 976	58. 26	21. 08		

注:根据日平均资料统计,三门峡水库清水下泄期取1960 年9 月15 日至1964 年10 月24 日。

二、小花区间支流入黄水量

小花区间有实测资料的支流为伊洛河和沁河。据统计,2000 ~ 2009 年的10 个运用年间,黑石关和武陟的水量分别为172. 1 亿 m³ 和53. 6 亿 m³,即共向黄河加水225. 7 亿 m³,占同期花园口水量2 296 亿 m³ 的9. 8%。2003 年加水最多,为51. 5 亿 m³;加水较多的时段为 2003～2005 年,共加水 116.5 亿 m³,占 10 个运用年总水量的 51.6%(见图 1-5)。小花区间支流来水量 48.2% 集中在小于 100 m³/s 的流量级过程(见表 1-5)。

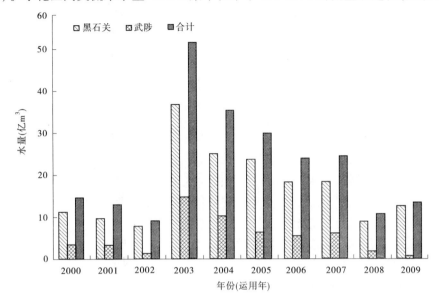

图 1-5　黑石关和武陟各年水量变化过程

表 1-5　黑石关 + 武陟各流量级水量统计

流量级(m³/s)	出现天数(d)	水量(亿 m³)
0～100	3 094	107
100～200	385	44
200～500	124	30
500～1 000	30	19
1 000～1 500	14	15
1 500～2 000	5	7
合计	3 652	222

三、进入下游的水沙条件

以花园口的水沙作为进入下游的水沙条件,将三门峡水库清水下泄期 1960～1964 年的下泄水量与小浪底水库 1999～2009 年拦沙运用期的相比(见表 1-6、表 1-7 和图 1-6、图 1-7),两个时期进入下游的总水量分别是 2 319.6 亿 m³ 和 2 315.5 亿 m³(在其后分析中多分别取其整数 2 320 亿 m³ 和 2 316 亿 m³),几近相等,但实际上年均水量差别很大,三门峡水库清水下泄期的流量较小浪底水库 1999～2009 年的大。①前者流量小于 1 000 m³/s 的水量为 204.3 亿 m³,占总水量的 8.8%,而后者小于 1 000 m³/s 的水量为 1 496.1 亿 m³,占总水量的 64.5%;前者年均为 51.08 亿 m³,后者则为 149.61 亿 m³,几乎为前者的 3 倍。②1 000 ~ 1 500 m³/s 的水量前者和后者分别为 291.9 亿 m³ 和 251.5 亿 m³,总量上二者接近,但从年均而言,前者的年均下泄水量为 72.98 亿 m³,后者则只有 25.15 亿 m³。③1 500 ~ 2 500 m³/s 的水量前者和后者分别为 590.6 亿 m³ 和 216.5 亿 m³,后者为前者的 36.7%,而后者年均只有前者的 14.66%。④大于 2 500 m³/s 的水量,前者为 1 232.8 亿 m³,而后者仅 351.4 亿 m³,仅占前者的 28.5%。前者大于 2 500 m³/s 的各流量级的水量均显著大于后者。例如,2 500 ~ 3 000 m³/s、3 000 ~ 3 500 m³/s、3 500 ~ 4 000 m³/s 和 4 000 ~ 4 500 m³/s 的水量前者分别为 215.0 亿 m³、148.5 亿 m³、201.6 亿 m³ 和 113.4 亿 m³,而后者分别为 151.6 亿 m³、78.3 亿 m³、93.2 亿 m³ 和 28.3 亿 m³,后者的水量分别只有前者的 70.5%、52.7%、46.2% 和 25.0%;前者流量大于 4 500 m³/s 的大流量水量为 554.3 亿 m³,而后者没有;从年均水量而言,前者年均为 308.20 亿 m³,后者仅为 35.14 亿 m³,只占前者的 11.4%。⑤前者的最大流量为 8 700 m³/s,而后者只有 4 280 m³/s。⑥二者的平均含沙量均较低,在划分的流量级范围内,前者的含沙量为 3.9 ~ 24.9 kg/m³,而后者为 1.9 ~ 15.7 kg/m³。

总之,三门峡、小浪底两水库拦沙运用期所处的黄河上中游水沙变化周期有所差异,使得小浪底水库年均下泄水量远小于三门峡水库的,而且小浪底水库下泄的水量主要集中于小于 1 000 m³/s 的流量过程。

表 1-6　两典型时期花园口水沙条件比较(一)

流量级 (m³/s)	出现天数(d)		水量(亿 m³)		沙量(亿 t)		含沙量(kg/m³)	
	1960 ~ 1964 年	1999 ~ 2009 年	1960 ~ 1964 年	1999 ~ 2009 年	1960 ~ 1964 年	1999 ~ 2009 年	1960 ~ 1964 年	1999 ~ 2009 年
0 ~ 500	242	1 412	38.3	425.4	0.15	0.79	3.9	1.9
500 ~ 1 000	270	1 770	166.0	1 070.7	1.14	2.62	6.9	2.4
1 000 ~ 1 500	276	249	291.9	251.5	2.85	0.88	9.8	3.5
1 500 ~ 2 000	208	56	311.0	82.4	3.26	0.90	10.5	10.9
2 000 ~ 2 500	147	67	279.6	134.1	3.25	2.10	11.6	15.7
2 500 ~ 3 000	91	65	215.0	151.6	3.02	1.47	14.0	9.7
3 000 ~ 3 500	53	28	148.5	78.3	2.26	0.96	15.2	12.3
3 500 ~ 4 000	62	29	201.6	93.2	3.88	0.68	19.2	7.3
4 000 ~ 4 500	31	8	113.4	28.3	1.89	0.08	16.7	2.8
4 500 ~ 5 000	38	0	157.1	0	3.16	0	20.1	
5 000 ~ 5 500	55	0	249.1	0	3.89	0	15.6	
5 500 ~ 6 000	17	0	83.3	0	1.28	0	15.4	
6 000 ~ 6 500	4	0	21.1	0	0.23	0	10.9	
6 500 ~ 7 000	4	0	23.2	0	0.41	0	17.7	
≥7 000	3	0	20.5	0	0.51	0	24.9	
合计	1 501	3 684	2 319.6	2 315.5	31.18	10.48		

表 1-7　两典型时期花园口水沙条件比较(二)

流量级 (m³/s)	占总天数(%)		占总水量(%)		占总沙量(%)	
	1960~1964 年	1999~2009 年	1960~1964 年	1999~2009 年	1960~1964 年	1999~2009 年
0~500	16.1	38.3	1.7	18.4	0.5	7.5
500~1 000	18.0	48.0	7.2	46.2	3.7	25.0
1 000~1 500	18.4	6.8	12.6	10.9	9.1	8.4
1 500~2 000	13.9	1.5	13.4	3.6	10.5	8.6
2 000~2 500	9.8	1.8	12.1	5.8	10.4	20.0
2 500~3 000	6.1	1.8	9.3	6.5	9.7	14.0
3 000~3 500	3.5	0.8	6.4	3.4	7.2	9.2
3 500~4 000	4.1	0.8	8.7	4.0	12.4	6.5
4 000~4 500	2.1	0.2	4.9	1.2	6.1	0.8
4 500~5 000	2.5		6.8		10.1	
5 000~5 500	3.7		10.7		12.5	
5 500~6 000	1.1		3.6		4.1	
6 000~6 500	0.3		0.9		0.7	
6 500~7 000	0.3		1.0		1.3	
≥7 000	0.2		0.9		1.6	

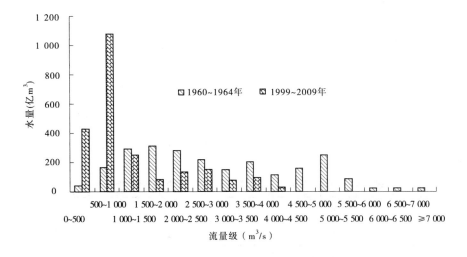

图 1-6　花园口各流量级水量柱状图

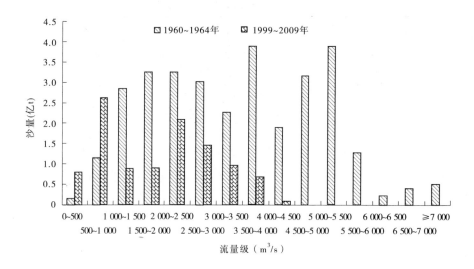

图 1-7 花园口各流量级沙量柱状图

从排沙情况看,三门峡水库清水下泄期的进出库沙量分别为 58.26 亿 t 和 21.08 亿 t (见表 1-4),年均进出库沙量分别为 14.57 亿 t 和 5.27 亿 t,小浪底水库 2000~2009 年进出库沙量分别为 34.31 亿 t 和 5.64 亿 t(表 1-2),年均进出库沙量分别为 3.43 亿 t 和 0.56 亿 t,无论是入库还是出库,无论是总量还是年均,后者均比前者少得多。三门峡水库清水下泄期花园口断面的平均含沙量为 13.4 kg/m^3,小浪底水库 2000~2009 年花园口断面的平均含沙量为 4.5 kg/m^3,前者较后者高,二者均为低含沙。

四、东平湖入黄水量

小浪底水库投入运用以来,除 2000 年、2002 年和 2009 年❶外,其他 7 a 东平湖均向黄河干流加水,共加水 85.1 亿 m^3,占同期艾山站水量 1 900.7 亿 m^3 的 4.5%。其中加水较多的是 2004 年、2005 年和 2007 年,这 3 a 分别加水 26.8 亿 m^3、22.0 亿 m^3 和 12.6 亿 m^3,占 2000 年以来加水量的 72%(见图 1-8)。表 1-8 为 2000~2008 年东平湖各月向黄河的加水量统计表,12 个月中 7~10 月的加水量为 73.8 亿 m^3,占 12 个月的 86.7%,11~6 月的加水量为 11.3 亿 m^3,占 12 个月的 13.3%,说明东平湖向黄河的加水,主要集中在 7~10 月,尤其是 8~9 月,占全年的 62.2%。

从东平湖入黄各流量级的水量统计看,其中大于 200 m^3/s 的水量为 53 亿 m^3,占全部加水量的 61%。

表 1-8 2000~2008 年东平湖各月向黄河的加水量统计　　　　(单位:亿 m^3)

月份	1	2	3	4	5	6	7	8	9	10	11	12	合计
加水量	1.0	0.2	0.5	0	0.9	0.5	9.1	30.5	22.4	11.8	7.3	0.9	85.1

---

❶ 2009 年缺少东平湖向黄河加水的资料,但据初步了解,2009 年东平湖没有向黄河加水。

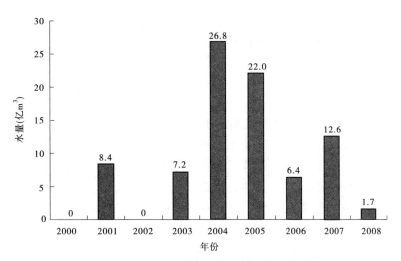

图 1-8　各运用年东平湖向黄河的加水量

第二章 下游河道排洪能力变化

一、同流量水位变化

绘制黄河下游 7 个水文站每年汛期或汛初第一场洪水涨水期的 1 000 m^3/s、2 000 m^3/s 和 3 000 m^3/s 同流量水位过程线,见图 2-1~图 2-7,从图中可以看出,除花园口水文站因为距离水库较近,其同流量水位从小浪底水库 1999 年蓄水开始一直不断下降外,其他水文站的同流量水位变化均经历了"先抬高、后下降"的过程。夹河滩、高村、孙口和利津水文站在 2003 年同流量水位达到历史最高,艾山、泺口水文站在 2002 年同流量水位达到历史最高。

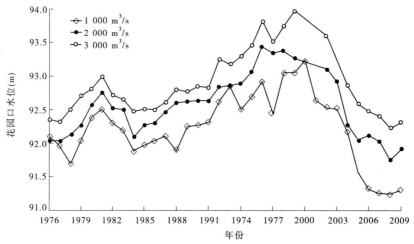

图 2-1　花园口同流量水位变化过程

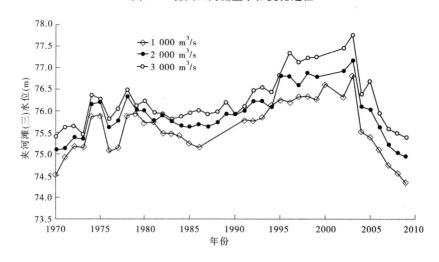

图 2-2　夹河滩同流量水位变化过程

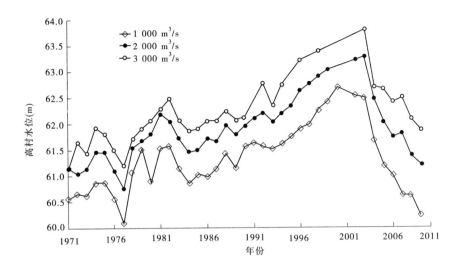

图2-3　高村同流量水位变化过程

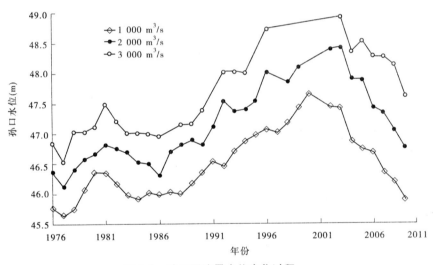

图2-4　孙口同流量水位变化过程

和小浪底水库1999年投入运用之前相比,2009年花园口、夹河滩、高村、孙口、艾山、泺口和利津2 000 m³/s的同流量水位分别下降了1.74 m、1.85 m、1.85 m、1.33 m、0.96 m、1.34 m和1.23 m(见图2-8),同流量水位降幅呈"两头大、中间小"的特点,高村及其以上河段同流量水位下降最为明显,艾山水文站的同流量水位下降最少,为0.96 m。需要补充说明的是,采用2 000 m³/s计算2009年和1999年的同流量水位,是因为1999年高村及其以下水文站没有出现大于2 000 m³/s的流量。

花园口断面3 000 m³/s同流量水位已经恢复到1977年的水平,夹河滩断面已经恢复到1973年的水平,高村断面已恢复到1979年的水平,孙口断面和艾山断面已经恢复到1991年的水平,泺口断面已经恢复到1990年的水平,利津断面已经恢复到1988年的水平。如果点绘各水文站同流量相对水位(见图2-9),将2009年的同流量水位和1982年

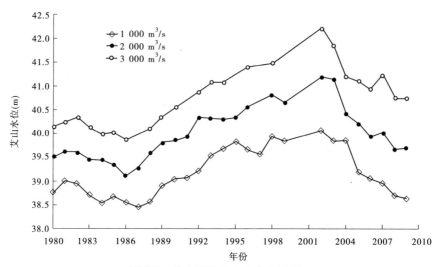

图2-5 艾山同流量水位变化过程

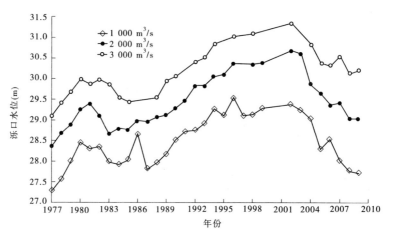

图2-6 泺口同流量水位变化过程

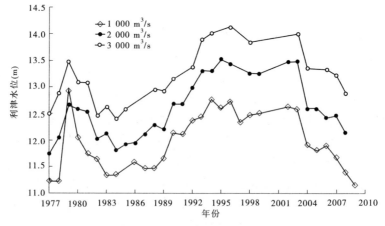

图2-7 利津同流量水位变化过程

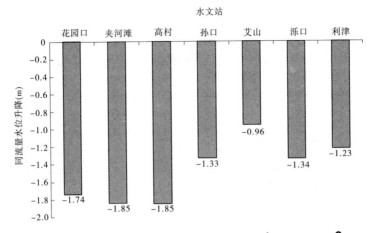

图2-8　2009年和1999年相比同流量(2 000 m³/s)水位变化[●]

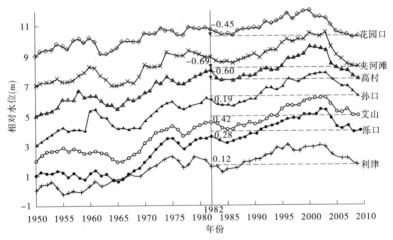

图2-9　黄河下游水文站同流量(3 000 m³/s)相对水位变化过程

汛前相比,则花园口、夹河滩和高村的同流量水位低0.45 m、0.69 m和0.60 m,而孙口、艾山、泺口和利津仍比1982年水位高0.19 m、0.42 m、0.28 m和0.12 m。

图2-10和表2-1给出了三门峡、小浪底两座水库清水下泄期下游水文站同流量水位变化。小浪底水库运用以来(以下简称后者)的同流量水位下降幅度普遍远大于三门峡水库清水下泄期(以下简称前者)的,花园口、夹河滩、高村、孙口、艾山和泺口2000~2009年的同流量水位降幅分别为1.74 m、1.85 m、1.85 m、1.33 m、0.96 m和1.34 m,分别是三门峡水库清水下泄期的1.96倍、1.47倍、2.94倍、1.35倍、2.13倍和3.72倍,利津断面尤其突出,前者淤积抬升0.34 m,后者则显著下降1.23 m,定性上都不一致。但应当指出的是,前者为4 a,而后者为10 a。如果仅从水量上来说,小浪底水库运用以来,以三门峡水库清水下泄期的不足40%较大流量,取得了1.35~3.72倍的水位降低效果(虽然是2 000~3 000 m³/s较小流量)。

● 花园口2 000 m³/s同流量水位采用1999年7月23日的。

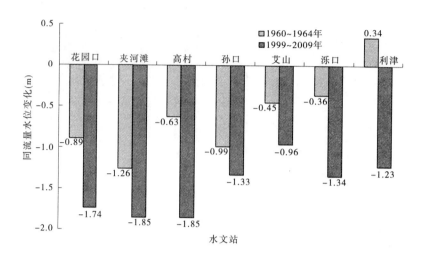

图 2-10　两座水库清水下泄期下游水文站同流量水位变化

表 2-1　两座水库清水下泄期的同流量水位变化比较

水文站	三门峡水库清水下泄期(m)			小浪底水库运用以来(m)		
	1960 年	1964 年	水位变化	1999 年	2009 年	水位变化
花园口	92.25	91.36	−0.89	93.66	91.92	−1.74
夹河滩	73.56	72.30	−1.26	76.78	74.93	−1.85
高村	60.77	60.14	−0.63	63.04	61.19	−1.85
孙口	46.66	45.67	−0.99	48.10	46.77	−1.33
艾山	38.35	37.90	−0.45	40.66	39.70	−0.96
泺口	27.41	27.05	−0.36	30.38	29.04	−1.34
利津	11.41	11.75	0.34	13.25	12.02	−1.23

二、平滩流量变化

2002 年 7 月 4 ~ 14 日,小浪底水库进行了首次调水调沙试验。水库泄放 2 800 m³/s 洪水过程中,7 月 7 日,高村附近在 1 850 m³/s 时发生漫滩,暴露出黄河下游河道平滩流量达到了历史最小值,成为下游河道的"瓶颈"河段,见图 2-11。

2002 年调水调沙试验过后,大部分河段平滩流量都有不同程度的增大。随着小浪底水库下泄清水黄河下游冲刷的发展,在平滩流量沿程普遍不断增加的同时,"瓶颈"河段的位置也不断下移,2003 年、2004 年下移到徐码头。

2008 年汛前,孙口断面的平滩流量最小,为 3 700 m³/s,比同期花园口断面的平滩流量 6 300 m³/s 小 2 600 m³/s。根据 2010 年黄河下游河道排洪能力分析成果,2010 年汛

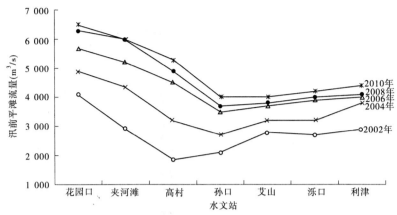

图2-11 黄河下游主要水文站平滩流量变化过程

前,黄河下游河道的平滩流量又有不同程度的增加,花园口、夹河滩、高村、孙口、艾山、泺口和利津的平滩流量已经分别达到6 500 m³/s、6 000 m³/s、5 300 m³/s、4 000 m³/s、4 000 m³/s、4 200 m³/s和4 400 m³/s,即各水文站均已达到或超过4 000 m³/s,但孙口上游36 ~ 24 km的于庄和徐沙洼的平滩流量为3 900 m³/s,是黄河下游平滩流量最小的河段。小浪底水库运用以来,黄河下游各河段的平滩流量在普遍增加的同时,上下河段平滩流量的悬殊程度也增大了。

第三章 冲淤时空变化

一、冲淤的时程变化

小浪底水库运用以来,夹河滩以上河段一直处于冲刷状态(见图 3-1),受来水来沙条件影响,夹河滩以下河段经历了淤积和冲刷两个阶段:夹河滩—高村河段在 2001 年汛前才开始由淤转冲,高村以下在 2003 年"华西秋雨"之后全河段发生冲刷(见图 3-2)。截至 2009 年汛后,全下游河道主槽冲刷 13.04 亿 m³,见图 3-1。

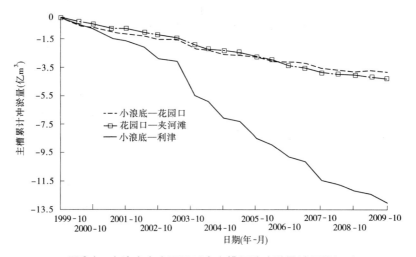

图 3-1 小浪底水库运用以来主槽累计冲淤量过程线(一)

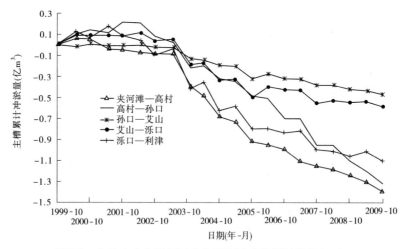

图 3-2 小浪底水库运用以来主槽累计冲淤量过程线(二)

二、各河段冲淤分布

冲刷量沿程分布极不均匀,具有"上段大、下段小、中间段更小"的特点(见表 3-1 和

图3-3)。夹河滩以上河段长度占利津以上河段长度的28.7%,但冲刷量占利津以上河段冲刷量的62.7%;艾山—利津河段长度占利津以上河段长度的36.7%,但冲刷量仅占利津以上河段冲刷量的12.8%。夹河滩以上单位长度的冲淤量(或称冲淤强度)较大,如花园口以上河段已达3 113.7 m³/m,花园口—夹河滩河段接近4 300 m³/m,这两个河段单位长度冲刷量是夹河滩—高村河段的1.6~2.2倍,是高村—孙口河段的3~4倍之多。

孙口以下河段相对小,孙口—艾山河段只有夹河滩以上河段的$\frac{1}{4}$~$\frac{1}{6}$,艾山以下河段只有夹河滩以上河段的$\frac{1}{5}$~$\frac{1}{8}$。

表3-1　1999年10月至2009年10月各河段冲淤量及冲淤强度

河段	花园口以上	花园口—夹河滩	夹河滩—高村	高村—孙口	孙口—艾山	艾山—泺口	泺口—利津	利津以上
河段长度(km)	123.97	100.80	72.22	132.66	65.29	107.62	179.50	782.06
冲淤量(亿 m³)	-3.86	-4.32	-1.39	-1.32	-0.47	-0.58	-1.10	-13.04
单位长度冲淤量(m³/m)	-3 113.7	-4 285.7	-1 924.7	-995.0	-723.1	-538.9	-612.8	-1 667.4

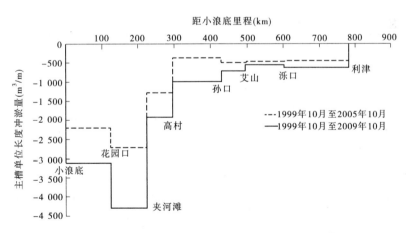

图3-3　小浪底水库运用以来各河段主槽单位长度冲淤量

三、黄河9次调水调沙冲淤情况

小浪底水库于1999年10月投入运用,自2002年7月进行首次调水调沙以来,至2009年共进行了9次调水调沙。表3-2给出了历次调水调沙各流量级水量和沙量,可以看到每次调水调沙大于1 500 m³/s的水量占相应场次调水调沙总水量的91%以上;9次调水调沙大于 1 500 m³/s 的总水量占 1999~2009 年 10 个运用年总水量 2 316 亿 m³ 的 15%，占 1999~2009 年 10 个运用年大于 1 500 m³/s 总水量 560 亿 m³ 的 63%。

表 3-2　历次调水调沙各流量级水沙量统计

| 序号 | 开始时间（年-月-日） | 历时（d） | 进入下游（小黑武）各流量级水量（亿 m³） | | | | | | 沙量（亿 t） | |
			0~800 m³/s	800~1 500 m³/s	1 500~2 600 m³/s	>1 500 m³/s	>2 600 m³/s	合计	进入下游	利津
1	2002-07-04	12	0	0	3.3	27.2	23.9	27.2	0.32	0.51
2	2003-09-06	13	0	0	26.2	26.2	0	26.2	0.75	1.21
3	2004-06-19	25	2.6	1.2	14.8	42.8	28.0	46.6	0.04	0.70
4	2005-06-16	16	0	0.9	4.1	39.1	35.0	40.0	0.02	0.61
5	2006-06-09	21	0	0.8	5.2	56.8	51.6	57.6	0.08	0.65
6	2007-06-19	15	0	1.0	3.2	39.6	36.4	40.6	0.24	0.51
7	2007-07-29	10	0	1.0	3.5	23.7	20.2	24.7	0.46	0.45
8	2008-06-19	20	2.4	0	5.0	41.5	36.5	43.9	0.46	0.60
9	2009-06-19	18	0.6	0.7	7.0	45.0	38.0	46.3	0.04	0.39
合计		150	5.6	5.6	72.3	341.9	269.6	353.1	2.42	5.61

按照沙量平衡法进行计算，9 次调水调沙黄河下游利津以上共冲刷 3.395 亿 t，占 10 个运用年总冲刷量 11.92 亿 t 的 28.5%（见表 3-3 和表 3-4）。

表 3-3　历次调水调沙下游各河段冲淤量统计

| 序号 | 开始时间（年-月-日） | 历时（d） | 各河段冲淤量（亿 t） | | | | | | | |
			小浪底—花园口	花园口—夹河滩	夹河滩—高村	高村—孙口	孙口—艾山	艾山—泺口	泺口—利津	小浪底—利津
1	2002-07-04	12	−0.051	−0.025	0.069	−0.028	−0.084	−0.015	−0.064	−0.198
2	2003-09-06	13	−0.105	−0.031	−0.117	0.033	−0.209	−0.011	−0.042	−0.482
3	2004-06-19	25	−0.169	−0.101	−0.046	−0.123	−0.074	−0.001	−0.150	−0.664
4	2005-06-16	16	−0.180	−0.100	−0.120	−0.120	−0.060	0.050	−0.040	−0.570
5	2006-06-09	21	−0.101	−0.191	0.006	−0.153	−0.039	0.005	−0.128	−0.601
6	2007-06-19	15	−0.065	−0.028	−0.018	−0.085	−0.016	−0.031	−0.044	−0.287
7	2007-07-29	10	0.094	0.016	−0.003	−0.063	−0.013	−0.006	−0.026	−0.001
8	2008-06-19	20	0.023	−0.024	−0.041	−0.118	0	−0.019	−0.029	−0.208
9	2009-06-19	18	−0.093	−0.067	−0.033	−0.098	−0.014	0.004	−0.083	−0.384
合计		150	−0.647	−0.551	−0.303	−0.755	−0.509	−0.024	−0.606	−3.395

注：冲淤量的计算为沙量平衡法。

表 3-4 2000～2009 运用年黄河下游冲淤量统计 （单位:亿 t）

运用年	小浪底—花园口	花园口—夹河滩	夹河滩—高村	高村—孙口	孙口—艾山	艾山—泺口	泺口—利津	利津以上
2000	-0.76	-0.31	-0.04	0.22	-0.15	0.11	0.14	-0.79
2001	-0.49	-0.54	0.06	0.17	-0.21	0.05	0.18	-0.78
2002	-0.43	-0.41	0.11	0.11	-0.18	0.06	0.08	-0.66
2003	-0.67	-0.54	-0.26	-0.30	-0.71	0.01	-0.44	-2.91
2004	-0.64	-0.31	-0.14	-0.12	-0.40	0.05	-0.11	-1.67
2005	-0.48	-0.45	-0.07	-0.19	-0.16	0.02	-0.15	-1.48
2006	-0.43	-0.49	-0.16	-0.14	-0.26	0.16	-0.19	-1.51
2007	-0.09	-0.24	-0.16	-0.09	-0.20	0.09	-0.13	-0.82
2008	-0.16	-0.14	-0.22	-0.04	-0.09	0.08	-0.05	-0.62
2009	-0.22	-0.19	-0.13	-0.02	-0.09	0.07	-0.10	-0.68
合计	-4.37	-3.62	-1.01	-0.40	-2.45	0.70	-0.77	-11.92

四、与三门峡水库清水下泄期比较

表 3-5 为两个水库清水下泄期的冲刷效率比较。三门峡水库清水下泄期花园口站的总水量为 2 320 亿 m³,利津以上总冲刷量为 16.52 亿 m³,小浪底水库运用以来的 1999 年 10 月至 2009 年 10 月,花园口站的总水量为 2 316 亿 m³,利津以上冲刷量为 13.04 亿 m³,两个时期的总水量接近,冲刷量以前者略大。从两个时期单位水量的冲刷面积来看,二者差别不明显。

然而,若考虑到两个时期来水条件的不同,其冲刷强度差别很大。以花园口站为例,三门峡水库清水下泄期流量大于 1 200 m³/s、大于 1 500 m³/s 和大于 2 500 m³/s 的水量分别占总水量的 86%、78% 和 53%,而小浪底水库运用以来上述各流量级的水量占总水量的比例仅分别为 29%、24% 和 15%。1999 年 10 月以来花园口站最大日平均流量仅 4 280 m³/s(2007 年 6 月 28 日),而三门峡水库清水下泄期花园口站最大日均流量为 8 700 m³/s(1964 年 7 月 28 日),大于 4 280 m³/s 的水量达 604 亿 m³。这说明两个时期的水沙条件差别是十分悬殊的。因此,在衡量和比较这两个时期的冲刷效果时,应该考虑各流量级水量的差别,显然不能简单地用总水量进行比较。如何客观地比较这两个时期冲刷效率的不同,更好地认识黄河下游河道清水下泄期的冲淤规律,得出具有普遍意义的认识,或建立适应性更广泛的定量关系,是一个重要的研究课题。

表 3-5 两个清水下泄期的冲刷效率比较

河段			小浪底—花园口	花园口—高村	高村—艾山	艾山—利津	利津以上
河段长(km)			123.97	173.02	197.95	287.12	782.06
1960年9月至1964年10月	进口断面水量(亿 m³)	总水量	2 320	2 320	2 313	2 446	2 320
		$Q>1\,200$ m³/s	1 995	1 995	1 980	2 130	1 995
		$Q>1\,500$ m³/s	1 817	1 817	1 828	1 998	1 817
		$Q>2\,500$ m³/s	1 226	1 226	1 235	1 392	1 226
	冲淤量(亿 m³)		−5.43	−6.60	−3.57	−0.91	−16.52
	单位长度冲刷量(m³/m)		4 380.1	3 814.6	1 803.5	316.9	2 112.4
1999年10月至2009年10月	进口断面水量(亿 m³)	总水量	2 316	2 316	2 084	1 894	2 316
		$Q>1\,200$ m³/s	668	668	624	657	668
		$Q>1\,500$ m³/s	560	560	519	560	560
		$Q>2\,500$ m³/s	347	347	330	334	347
	冲淤量(亿 m³)		−3.86	−5.71	−1.79	−1.68	−13.04
	单位长度冲刷量(m³/m)		3 113.7	3 300.2	904.3	585.1	1 667.4
单位水量(亿 m³)冲刷面积(m²)	1960年9月至1964年10月	总水量	1.89	1.64	0.78	0.13	0.91
		$Q>1\,200$ m³/s	2.20	1.91	0.91	0.15	1.06
		$Q>1\,500$ m³/s	2.41	2.10	0.99	0.16	1.16
		$Q>2\,500$ m³/s	3.57	3.11	1.46	0.23	1.72
	1999年10月至2009年10月	总水量	1.34	1.43	0.43	0.31	0.72
		$Q>1\,200$ m³/s	4.66	4.94	1.44	0.90	2.50
		$Q>1\,500$ m³/s	5.56	5.90	1.74	1.05	2.98
		$Q>2\,500$ m³/s	8.96	9.52	2.73	1.76	4.81

第四章　主槽横向变化

通过主河槽宽度和横断面形态变化两个方面说明主槽的横向变化。

一、主槽横向展宽及塌滩

套绘1999年汛后和2009年汛后的大断面,剔除辛寨等处于"横河"的断面,计算艾山以上51个断面主槽宽度,考虑到部分断面与主流线不垂直,量取其与主流线的偏角并进行偏角修正。由于各断面主槽宽度、断面间距不同,需要计算以断面间距为权重的加权平均主槽宽。计算公式为

$$B = \frac{B_1 d_1 + \sum\limits_{i=1}^{n} (d_i + d_{i+1}) B_i + B_n d_{n-1}}{2 \sum\limits_{i=1}^{n-1} d_i}$$

式中:B_1 为第一个断面的主槽宽;d_1 为第一个断面和第二个断面的间距;B_i 为第 i 个断面的主槽宽;d_i 为第 i 个断面和第 $i+1$ 个断面的间距;B_n 为河段最后一个断面的主槽宽。

图4-1为根据1999~2009年每年汛后大断面计算的主槽宽度变化过程。1999年汛后铁谢—花园口、花园口—夹河滩、夹河滩—高村、高村—孙口和孙口—艾山河段的主槽宽分别为921 m、650 m、627 m、504 m 和477 m,在1999~2009年的清水下泄过程中,多数断面均有不同程度的塌滩展宽,到2009年汛后,以上河段的主槽加权平均宽度增加到1 165 m、1 116 m、826 m、579 m 和525 m,和1999年汛后相比,各河段主槽宽分别增加了244 m、466 m、199 m、75 m 和48 m,增加了26%、72%、32%、15%和10%,主槽展宽最明显的是花园口—夹河滩河段。

另外,艾山—泺口河段由于1999~2009年新修生产堤缩窄主槽,计算的主槽宽不但没有增加,反而略有减小;泺口以下河段由于河槽窄深,主槽虽有展宽,但幅度很小。

图4-2~图4-9给出了若干典型断面的套绘图。

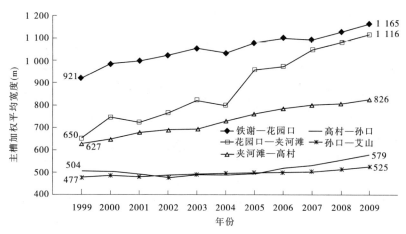

图4-1　1999~2009年艾山以上河段主槽宽度变化

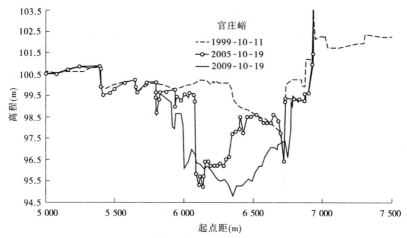

图 4-2 发生展宽的断面

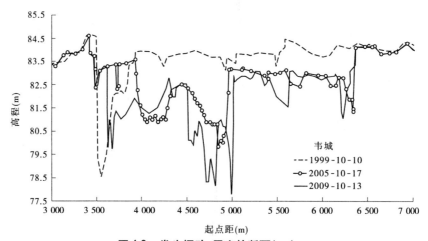

图 4-3 发生摆动、展宽的断面(一)

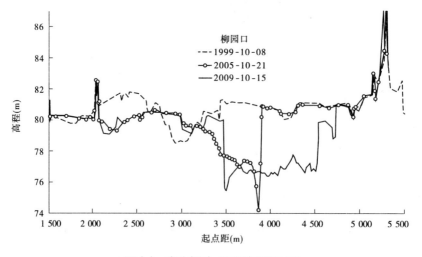

图 4-4 发生摆动、展宽的断面(二)

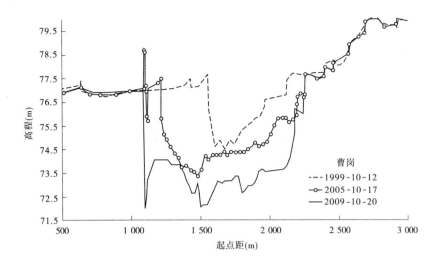

图 4-5　发生冲深、展宽的断面

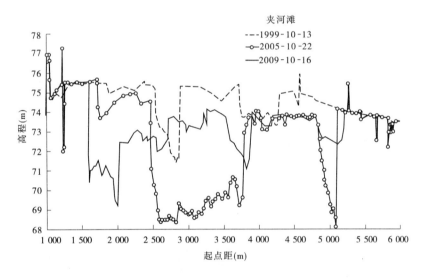

图 4-6　发生摆动、塌滩、冲深的断面

二、横断面形态变化趋势

图 4-10 为 1999 年汛后和 2009 年汛后河道横断面宽深比的变化过程。和 1999 年汛后相比,2009 年汛后的宽深比明显变小,变化最明显的是夹河滩以上的游荡性河段。1999 年宽深比最大的花园口断面为 89,而 2009 年河相系数最大的夹河滩断面只有 36;其次为夹河滩—十里堡河段,最大宽深比由 1999 年的 23 减小为 2009 年的 11。这说明小浪底水库运用 10 a,黄河下游各河段主槽既有冲深,又有展宽,但冲深的程度甚于展宽,从而河槽形态实际上变得更窄深了。

在其他条件相同的情况下,更窄深的河槽的流速更大,更有利于输沙和冲刷。

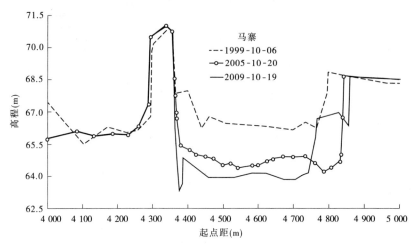

图 4-7　以冲深为主的断面

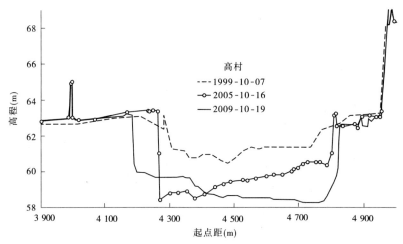

图 4-8　以展宽为主的断面

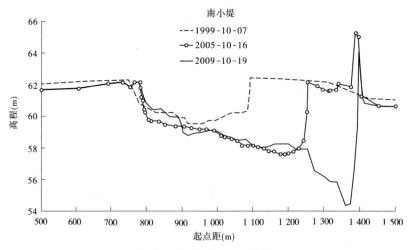

图 4-9　发生摆动和塌滩的断面

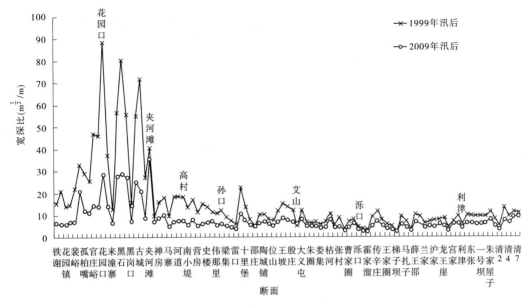

图 4-10　河道宽深比变化过程

第五章　下游河道冲刷发展趋势分析

一、河床粗化及对糙率的影响

(一)河床粗化发展过程

小浪底水库运用以来,下游河床不断粗化。图5-1给出了黄河下游花园口、夹河滩、高村、艾山和利津断面主槽1999年和2006年的床沙中值粒径,1999年下游主槽的中值粒径在0.046~0.082 mm,到2006年则变粗为0.1~0.2 mm,增大了1倍。

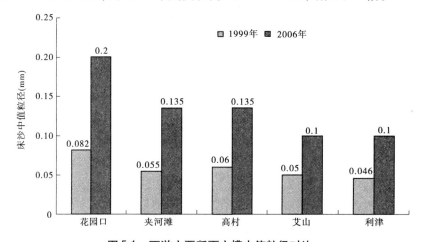

图5-1　下游主要断面主槽中值粒径对比

(二)河床粗化对主槽糙率的影响

图5-2~图5-7分别是花园口、夹河滩、高村、孙口、泺口和利津水文站小浪底水库运用以来糙率和流量的关系,可以看到,除距离小浪底水库较近的花园口水文站外,糙率与流量的关系趋势无明显变化。

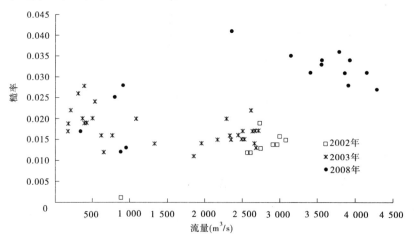

图5-2　花园口糙率和流量的关系

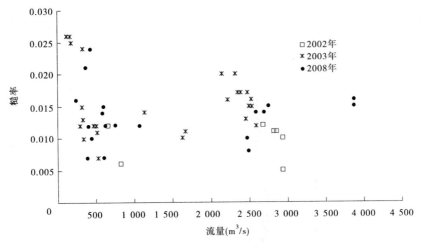

图 5-3　夹河滩糙率和流量的关系

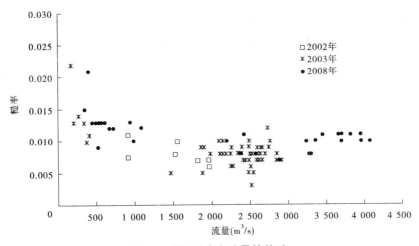

图 5-4　高村糙率和流量的关系

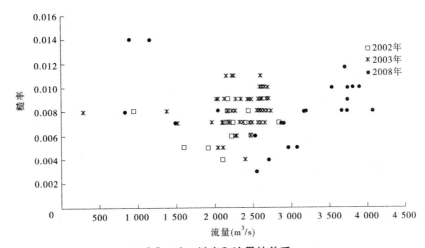

图 5-5　孙口糙率和流量的关系

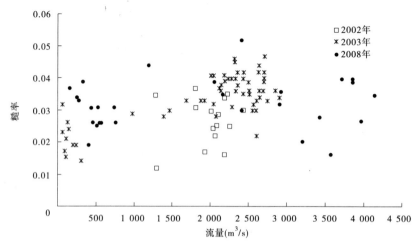

图5-6 泺口糙率和流量的关系

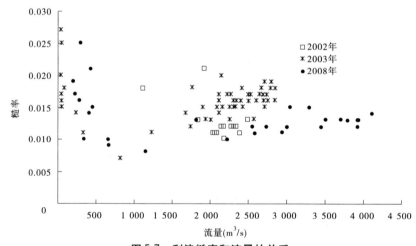

图5-7 利津糙率和流量的关系

二、流速变化

影响流速的因素有断面形态、糙率和比降(包括附加比降)。在糙率之外的其他因素相同的情况下,同流量的流速发生变化,也意味着糙率发生变化。图5-8~图5-14为花园口等7个水文站2002年调水调沙洪水涨水期及2008年调水调沙洪水涨水期流速和流量的关系图,2008年和2002年相比,只有花园口站同流量的流速明显降低,其他站没有明显降低的现象,其中孙口、艾山、泺口和利津站在流量较大时,流速还有增大的现象。

三、下游河道冲刷发展趋势分析

在研究黄河下游各河段冲刷发展时,用小浪底水库运用以来的累计冲淤量和累计水量的关系来分析冲刷发展趋势,可望消除断面法测验的偶然误差,在近10 a多数年份各流量级水量相差不大的情况下(多数年份一年仅一场调水调沙洪水),一定程度上可以反映未来较短时期的冲淤发展趋势,是一种简单有效的方法。另外,根据以往研究成果,流

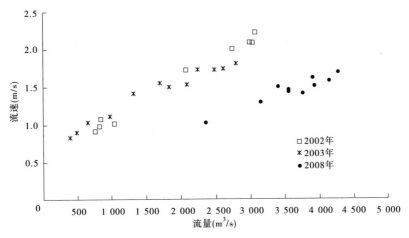

图 5-8　花园口流速和流量的关系

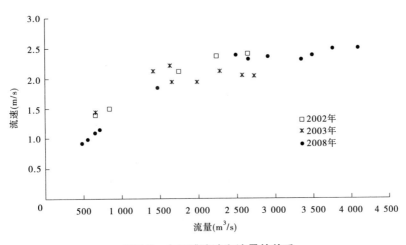

图 5-9　夹河滩流速和流量的关系

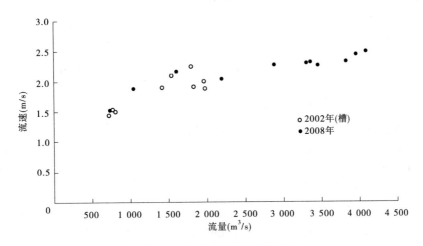

图 5-10　高村流速和流量的关系

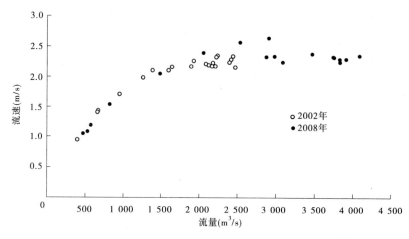

图 5-11　孙口流速和流量的关系

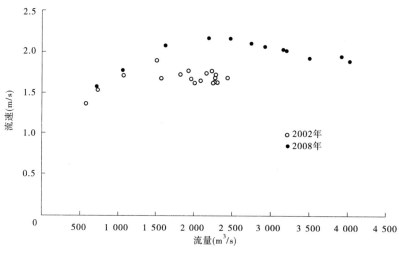

图 5-12　艾山流速和流量的关系

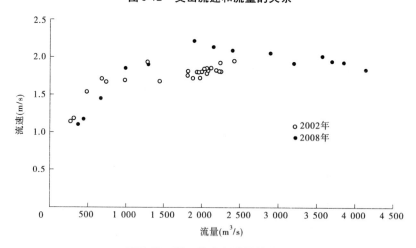

图 5-13　泺口流速和流量的关系

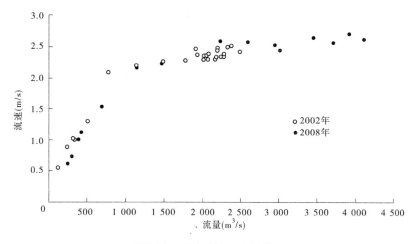

图5-14 利津流速和流量的关系

量越大,对河槽的冲刷强度越大。也就是说,相同的水量,流量越大,冲刷量也越大。然而断面法冲淤量不能直接反映不同流量级洪水作用的差别。因此,在后面的分析中,通过研究各河段累计冲淤量和累计水量的关系,大体了解每个河段的冲刷发展趋势,同时建立断面法冲淤量与相邻两次断面法测验期间来水条件和前期冲淤量的定量关系,据此分析预估未来较短时期的冲淤发展。

(一)高村以上河段

图5-15给出了高村以上三个河段汛期累计单位河长冲淤量和累计水量的关系。三个河段均表现出随着冲刷(夹河滩—高村河段自2003年5月开始)的发展,冲刷强度有逐渐减弱的趋势。

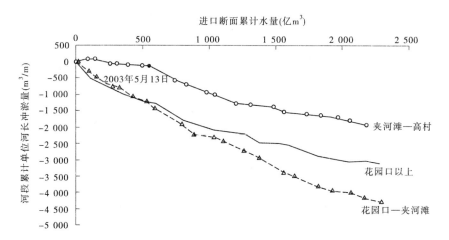

图5-15 高村以上河段累计单位河长冲淤量和累计水量的关系

除异重流排沙过程发生淤积外,高村以上河段绝大多数流量过程均是发生冲刷的,但这三个河段水流的冲刷强度自上游至下游逐渐减弱。通过回归分析得到:

花园口以上河段 $\qquad \sum \Delta A = 2.777 \sum W - 0.09 \Delta A_{已冲}$ （相关系数0.997） (5-1)

花园口—夹河滩河段 $\qquad \sum \Delta A = 2.56 \sum W - 0.35 \Delta A_{已冲}$ （相关系数0.950）

(5-2)

夹河滩—高村河段 $\qquad \sum \Delta A = 1.81 \sum W - 0.081 \Delta A_{已冲}$ （相关系数0.910）

(5-3)

式中：$\sum \Delta A$ 为自1999年汛后（夹河滩以上河段）或2003年5月（夹河滩—高村河段）开始河段平均断面法累计单位河长冲淤量，m^3/m；$\sum W$ 为河段进口断面累积水量，亿 m^3；$\Delta A_{已冲}$ 为前期累计单位河长冲淤量，m^3/m。

（二）高村—艾山河段

高村—艾山河段的冲淤发展趋势与高村以上河段有所不同，与艾山以下河段也不同。图5-16给出的高村—孙口、孙口—艾山河段断面法累计单位河长冲淤量和累计水量的关系显示，该河段的冲淤强度似乎没有明显减弱的趋势。统计计算不同流量级的水量，将其与单位河长冲淤量建立关系，通过回归分析，得到如下关系：

高村—孙口河段

$$\Delta A = 0.05 W_{Q \leqslant 800} - 0.01 W_{800 < Q \leqslant 1\,500} + 0.48 W_{1\,500 < Q \leqslant 2\,600} + 2.915 W_{Q > 2\,600} \qquad (5-4)$$

孙口—艾山河段

$$\Delta A = -0.23 W_{Q \leqslant 800} - 0.975 W_{800 < Q \leqslant 1\,500} + 1.23 W_{1\,500 < Q \leqslant 2\,600} + 1.99 W_{Q > 2\,600} \qquad (5-5)$$

式中：ΔA 为高村—孙口或孙口—艾山河段单位河长冲淤量，m^3/m，冲刷时取正值；$W_{Q \leqslant 800}$ 为高村站流量小于等于 $800\ m^3/s$ 的水量，亿 m^3；$W_{800 < Q \leqslant 1\,500}$ 为高村站流量介于 $800\ m^3/s$ 和 $1\,500\ m^3/s$ 之间的水量，亿 m^3；$W_{1\,500 < Q \leqslant 2\,600}$ 为高村站流量介于 $1\,500\ m^3/s$ 和 $2\,600\ m^3/s$ 之间的水量，亿 m^3；$W_{Q > 2\,600}$ 为高村站流量大于 $2\,600\ m^3/s$ 的水量，亿 m^3。

式(5-4)、式(5-5)显示，$W_{800 < Q \leqslant 1\,500}$ 的系数分别为 -0.01 和 -0.975，说明介于 $800\ m^3/s$ 和 $1\,500\ m^3/s$ 之间的流量过程会引起该河段微淤，尤其是孙口—艾山河段最为明显；$W_{1\,500 < Q \leqslant 2\,600}$ 和 $W_{Q > 2\,600}$ 的系数均大于0，说明流量大于 $1\,500\ m^3/s$ 时河道发生冲刷；两个河段 $W_{Q > 2\,600}$ 的系数比 $W_{1\,500 < Q \leqslant 2\,600}$ 的系数大，表明流量越大，冲刷效果越好。

（三）艾山—利津河段

东平湖泄水入黄处在黄河干流艾山断面以上 $14\ km$ 处。因此，和艾山以上河段不同，艾山以下河段还受东平湖向黄河加水的影响。艾山—泺口河段的累计单位河长冲淤量和累计水量关系显示，该河段自2006年开始出现冲刷效率明显转弱的趋势，见图5-17。

分析认为2006年后东平湖加水量少是这种变化的影响因素。为区分干流来水和东平湖加水的影响，在建立定量关系之前，将两个河段入口站艾山和泺口的日平均流量减掉东平湖加水的日平均流量，得到艾山和泺口断面黄河干流部分的日平均流量过程，再计算其不同流量级的水量。通过回归分析的办法建立如下关系：

艾山—泺口河段

$$\Delta A = -0.27 W_{Q \leqslant 800} - 1.59 W_{800 < Q \leqslant 1\,500} + 1.37 W_{1\,500 < Q \leqslant 2\,600} + 2.22 W_{Q > 2\,600} + 4.39 W_{东}$$

(5-6)

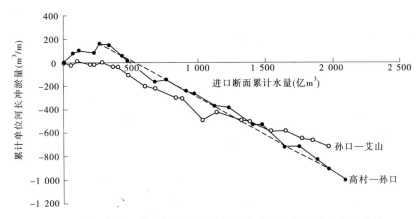

图 5-16　高村—艾山河段累计单位河长冲淤量和累计水量的关系

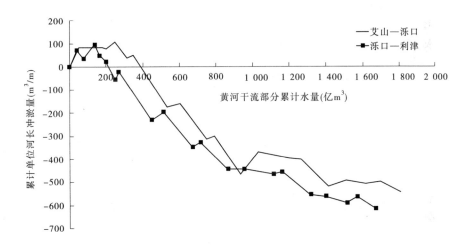

图 5-17　艾山—利津河段累计单位河长冲淤量和累计水量的关系

泺口—利津河段

$$\Delta A = -0.33W_{Q\leqslant 800} - 1.77W_{800<Q\leqslant 1\,500} + 1.50W_{1\,500<Q\leqslant 2\,600} + 1.61W_{Q>2\,600} + 3.83W_{东}$$

$$(5\text{-}7)$$

式中：ΔA 为艾山—泺口或泺口—利津河段单位河长冲淤量，m^3/m，冲刷时取正值；$W_{Q\leqslant 800}$ 为艾山或泺口断面干流部分流量❶小于等于 800 m^3/s 的水量，亿 m^3；$W_{800<Q\leqslant 1\,500}$ 为艾山或泺口断面干流部分流量介于 800 m^3/s 和 1 500 m^3/s 之间的水量，亿 m^3；$W_{1\,500<Q\leqslant 2\,600}$ 为艾山或泺口断面干流部分流量介于 1 500 m^3/s 和 2 600 m^3/s 之间的水量，亿 m^3；$W_{Q>2\,600}$ 为艾山或泺口断面干流部分流量大于 2 600 m^3/s 的水量，亿 m^3；$W_{东}$ 为东平湖向黄河的加水量，亿 m^3。

式(5-6)、式(5-7)中 $W_{Q\leqslant 800}$ 和 $W_{800<Q\leqslant 1\,500}$ 的系数小于 0，表明小于 1 500 m^3/s 的流量

---

❶　用日均资料计算的艾山干流部分的流量为艾山水文站的流量与东平湖向黄河加水的流量之差。

级会导致艾山—利津河段淤积,并且两个河段 $W_{800<Q\leqslant1500}$ 的系数分别为 -1.59 和 -1.77,其绝对值比 $W_{Q\leqslant800}$ 的系数的绝对值大得多,这意味着 $800\sim1500\ \mathrm{m}^3/\mathrm{s}$ 的流量级比小于等于 $800\ \mathrm{m}^3/\mathrm{s}$ 的流量级更容易引起河段淤积。分析认为,$800\sim1500\ \mathrm{m}^3/\mathrm{s}$ 的流量级之所以容易导致该河段淤积,是因为此流量级由上游河段挟带的泥沙较多,而本河段同流量级的水流难以将其挟带下泄,同时该流量级的引水量也最大。两个河段 $W_{Q>2600}$ 的系数均比 $W_{1500<Q\leqslant2600}$ 的系数大,意味着流量越大冲刷效率越高;两个河段 $W_东$ 的系数分别为 4.39 和 3.83,是 $W_{Q>2600}$ 系数的 2 倍,这说明自小浪底水库运用以来,东平湖加水量的冲刷效率是等水量干流来水的 2 倍左右。

根据以往的研究,东平湖向黄河干流加水的冲刷作用不但与加水量的多少有关,还与加水流量的大小、加水的时机等有关。加水的流量越大,"增冲"的效果越好;加水加在干流大流量时,比加在干流小流量期间的"增冲"效果好。

四、未来 2 a 黄河下游平滩流量预测

下面采用 3 种方法,预估小浪底水库现状运用方式条件下,未来黄河下游各河段的平滩流量恢复程度。

方法 1:根据上文分析建立的定量关系,以最近 3 a(2007~2009 运用年)的平均情况作为进入下游的水沙条件,以 1 亿 m^3 单位水量的平滩流量增加量作为未来平滩流量的增加速度,估算未来 2 a 各河段的平滩流量。根据估算,认为各河段的平滩流量在未来 2 a 仍会不同程度地增加。在未来第 1 年、第 2 年,平滩流量最小的艾山断面的平滩流量将分别达到 $4100\ \mathrm{m}^3/\mathrm{s}$ 和 $4200\ \mathrm{m}^3/\mathrm{s}$,即黄河下游河道的平滩流量将达到或超过 $4100\ \mathrm{m}^3/\mathrm{s}$。详见表 5-1。

表 5-1　未来 2 a 黄河下游平滩流量预估计算成果(方法 1)

水文站		花园口	夹河滩	高村	孙口	艾山	泺口	利津
各运用年水量（亿 m^3）	2007 年	269.7	262.8	259.8	250.8	248.7	230.3	204.0
	2008 年	236.1	222.3	220.8	206.7	197.1	176.8	145.6
	2009 年	232.2	216.8	208.9	202.8	187.9	165.6	132.9
	合计	738.0	701.9	689.5	660.3	633.7	572.7	482.5
	平均	246.0	234.0	229.8	220.1	211.2	190.9	160.8
汛前平滩流量(m^3/s)	2007 年	6 000	5 800	4 700	3 650	3 700	3 850	4 100
	2010 年	6 500	6 000	5 300	4 000	4 000	4 200	4 400
单位水量的平滩流量增量($\mathrm{m}^3/(\mathrm{s}\cdot$ 亿 $\mathrm{m}^3)$)		0.68	0.28	0.87	0.53	0.47	0.61	0.62
未来平滩流量(m^3/s)	2011 年	6 667	6 067	5 500	4 117	4 100	4 317	4 500
	2012 年	6 833	6 133	5 700	4 233	4 200	4 433	4 600

方法 2:根据小浪底水库运用以来,黄河下游各河段累计平滩流量与累计冲淤面积关

系,以最近 2 a 的平均冲刷强度作为未来 2 a 的冲刷强度,预测未来 2 a 的平滩流量增加量。由表 5-2 可见,未来 1~2 a 黄河下游平滩流量普遍超过 4 100 m^3/s,即使平滩流量最小的孙口—艾山河段,也将达到 4 125~4 250 m^3/s。

表 5-2 未来 2 a 黄河下游平滩流量预估计算成果(方法 2)

河段		花园口以上	花园口—夹河滩	夹河滩—高村	高村—孙口	孙口—艾山	艾山—泺口	泺口—利津
近 2 a 河段冲刷面积增加量(m^2)		231	472	327	274	126	25	58
近 2 a 河段平滩流量增加量(m^3/s)		200	100	200	350	250	200	250
单位冲刷面积平滩流量增量($m^3/(s \cdot m^2)$)		0.87	0.21	0.61	1.28	1.98	8.00	4.31
冲刷面积增加量(m^2)	2011 年	115.32	235.91	163.57	137.18	62.83	12.40	29.12
	2012 年	231	472	327	274	126	25	58
平滩流量(m^3/s)	2010 年	6 500	6 000	5 300	4 000	4 000	4 200	4 400
	2011 年	6 600	6 050	5 400	4 175	4 125	4 300	4 525
	2012 年	6 700	6 100	5 500	4 350	4 250	4 400	4 650

方法 3:根据上文回归分析建立的河段平均单位河长冲淤量与各流量级水量、前期冲淤量的定量关系,计算未来 2 a 的单位河长冲淤量。其中未来的来水条件按最近 3 a(2007~2009 运用年)的平均情况考虑,计算这三年的年均水量及各流量级的水量,流速按 2009 年调水调沙期间洪峰流量的对应流速考虑。计算结果见表 5-3。到 2011 年,平滩流量最小的河段孙口—艾山的平滩流量接近 4 050 m^3/s,同期艾山—泺口的平滩流量为 4 250 m^3/s,2012 年孙口—艾山的平滩流量为 4 100 m^3/s,艾山—泺口的平滩流量为 4 300 m^3/s。

表 5-3 未来 2 a 黄河下游平滩流量预估计算成果(方法 3)

河段		花园口以上	花园口—夹河滩	夹河滩—高村	高村—孙口	孙口—艾山	艾山—泺口	泺口—利津
进口断面近 3 a 年均水量(亿 m^3)	总水量	242	242	230	226	217	203	182
	<800 m^3/s	122	122	121	127	129	158	137
	800~1 500 m^3/s	68	68	59	51	40	3	4
	1 500~2 600 m^3/s	8	8	8	7	7	23	23
	>2 600 m^3/s	44	44	42	41	41	19	18
流速(m/s)		1.58	2.04	2.30	2.23	2.18	1.87	2.12
单位河长冲淤量(m^3/m)	2011 年	371	445	262	128	21	28	15
	2012 年	337	429	240	128	21	28	15
平滩流量(m^3/s)	2010 年	6 500	6 000	5 300	4 000	4 000	4 200	4 400
	2011 年	7 086	6 970	5 901	4 286	4 047	4 252	4 432
	2012 年	7 618	7 782	6 454	4 571	4 094	4 303	4 464

第六章 主要认识

(1)在2000~2009年的10个运用年,与三门峡水库清水下泄期相比,经过小浪底水库的调节,对下游河道不利的1 000~2 000 m³/s流量级的水量减少了38%,对下游河道冲刷有利的大于2 000 m³/s流量级的水量增加了98%。小浪底水库的调节,优化了进入下游的水沙过程。

小浪底水库运用以来,夹河滩以上河段一直处于冲刷状态,夹河滩以下河段经历了淤积和冲刷两个阶段,2003年汛后下游开始发生全线冲刷。截至2009年汛后,全下游河道主槽冲刷13.04亿m³,但冲刷在纵向分配上极不均匀,具有"上段大、下段小、中间段更小"的特点。

从平滩流量的变化看,2009年汛后,黄河下游花园口、夹河滩、高村、孙口、艾山、泺口和利津的平滩流量已经分别达到6 500 m³/s、6 000 m³/s、5 300 m³/s、4 000 m³/s、4 000 m³/s、4 200 m³/s和4 400 m³/s,即各水文站均已达到或超过4 000 m³/s,但孙口上游36~24 km的于庄和徐沙洼的平滩流量为3 900 m³/s,是黄河下游平滩流量最小的河段。

(2)由于流量小,河道整治工程相对较好,小浪底水库运用以来河道的塌滩量小,主流的摆动幅度大大减小;河槽相对窄深,并不断朝窄深的方向发展。

(3)10 a来,随着2002年以来的逐年冲刷,下游床沙组成不断粗化,但粗化引起的糙率增加仅限于夹河滩以上河段,夹河滩以下河段的糙率没有明显变化;随着冲刷发展,下游各河段的宽深比有不断变小的趋势;同流量流速的减小主要发生在夹河滩以上河段,山东河道的孙口、艾山、泺口和利津水文站在较大流量(约为1 500 m³/s)后,同流量的流速还有所增加。流速是影响冲刷的水动力因素,高村以下河段同流量的流速没有减小,说明影响冲刷的水动力因素没有减弱。

(4)根据断面法计算的累计冲淤量,建立其与累计水量的关系,分析表明,随着冲刷的发展,冲刷强度减弱的现象主要发生在高村以上河段;高村以下河段基本上没有冲刷减弱的现象;艾山以下河段"2006年以来冲刷发展趋势减弱"的表面现象是由东平湖向黄河加水少造成的(也就是说,在相同的水沙条件下,艾山以下河段的冲刷发展趋势没有减弱)。

(5)流量过程仍是影响高村以下河道冲刷的首要因素,较大流量具有更好的冲刷效果;小浪底水库运用以来,东平湖向黄河干流加水有显著的"增冲"作用。建议继续实施黄河调水调沙,增大东平湖向黄河干流的加水量,同时采取挖河疏浚等措施,增大艾山附近河段的排洪能力。采用多种方法对下游平滩流量进行预测,结果表明,未来1~2 a,黄河下游河道的最小平滩流量将达到或超过4 100 m³/s。

第五专题　小浪底水库运用前后游荡性河段河势变化分析

　　小浪底水库拦沙运用 10 a 来，显著改变了进入黄河下游河道的水沙条件，使塑造河床动力作用发生变化。游荡性河段河床演变对水沙条件具有高阶的响应关系，因而，随着水沙条件的变化，黄河下游游荡性河段河势发生相应明显调整，包括河段平面形态、游荡程度、靠河状况等都有一定变化。本专题依据河势图，利用统计对比和分形的分析方法，分析了游荡性河段主流摆幅、工程靠河概率、弯曲系数、弯曲半径等方面的变化，并探讨了变化成因。

第一章 黄河下游基本情况

一、河道基本情况

黄河下游河道主要分为游荡性、过渡性和弯曲性 3 类河段,不同河段的河道断面形态和演变规律不同。孟津白鹤至高村为游荡性河段,高村至陶城铺为过渡性河段,陶城铺以下为弯曲性河段,利津以下为河口段。黄河下游河道平面走势及河型划分如图 1-1 所示。

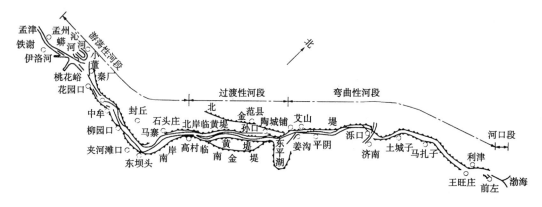

图 1-1 黄河下游河道平面图

本专题重点研究小浪底水库运用以来黄河下游游荡性河段河势变化特点及成因。游荡性河段又可分为铁谢—伊洛河口、伊洛河口—花园口、花园口—黑岗口、黑岗口—夹河滩和夹河滩—高村 5 个河段。根据其平面形态和整治工程修建情况不同,重点分析了铁谢—伊洛河口、花园口—黑岗口、黑岗口—夹河滩和夹河滩—高村 4 个河段。伊洛河口—花园口河段因受右岸邙山控制,河势变化不显著,不在本次研究范围内;黑岗口—夹河滩河段为畸形河湾多发河段,独立一章研究。

二、整治工程概况

河道整治工程主要包括险工、控导工程和护滩工程三种类型。由于控导工程和护滩工程均修建在滩地上,又称为控导护滩工程。由此河道整治工程又可分为两类,即险工和控导护滩工程。黄河下游游荡性河段治导线上整治工程截至 2010 年底的修建情况如下。

(一)铁谢—伊洛河口河段

本河段长 44.67 km,1970~1974 年开始布设修建逯村、开仪、赵沟、化工、裴峪及大玉兰等 9 处控导护滩工程,工程总长度(指两岸工程长度之和,下同)达 34.64 km,占该河段长度的 77.6%,该时段主要完成了工程的布点工作。自 1993 年起至 2000 年,为修建小浪底水利枢纽移民安置区河段河道整治工程,又从位于铁谢上游的白坡工程至伊洛河口上游的大玉兰工程,在长约 48 km 的温孟滩河段,针对布点工程修建了一系列上续下延坝垛,其中丁坝 44 道,垛 10 道,共计长度 6.28 km,使工程长度占河道长度的 90% 以上。截至 2010 年,完成的河道整治工程总长 42.4 km,约占温孟滩河段总长的 95%(见表 1-1)。

表 1-1　截至 2010 年各河段治导线上整治工程情况

河段	河道长度 （km）	治导线上工程 个数（个）	两岸工程 长度（km）	占河道长度 （%）
铁谢—伊洛河口	44.67	9	42.4	95.0
伊洛河口—花园口	58.50	12	46.5	79.5
花园口—黑岗口	61.10	10	31.8	52.0
黑岗口—夹河滩	39.70	10	25.9	62.2
夹河滩—高村	70.60	11	46.6	66.0
合计	274.57	52	193.2	

（二）伊洛河口—花园口河段

该河段河道长 58.50 km,治导线上河道整治工程 12 处,工程总长度约 46.5 km,占河道长度的 79.5%,整治工程对河势控制相对较弱。

（三）花园口—夹河滩河段

该河段大规模修建整治工程是在 1973~1974 年,共修建控导工程 13 处,坝垛共计 176 道,但尚未完成工程布点。1998 年长江、嫩江、松花江发生大洪水后,国家加大了对水利的投资力度,使 1998~2001 年成为有史以来河道整治工程修建最多的时期。据统计,1998~2001 年共修建坝垛 455 道,占 1990~1997 年修建坝垛总数的 54.6%。截至 2010 年,花园口—夹河滩河段治导线上整治工程长度约 57.7 km,占河道长度的 57.2%,该河段河势尚未得到完全控制。

（四）夹河滩—高村河段

该河段于 1973 年完成全部工程的布点工作,共修建控导工程、护滩工程 11 处,随后不断对工程进行上续下延,到 1992 年工程长度占河段长度的 51%,至 2010 年整治工程长度约 46.6 km,占河道长度的 66%（见表 1-1）。

第二章　水沙变化特点

小浪底水库自 1999 年 10 月下闸蓄水到 2009 年 10 月已经运用整 10 a。10 a 来下游来水长期偏枯,短期中小洪水过程共有 17 次,其中有 9 次为调水调沙过程,除洪水期有异重流排沙外,其余为清水下泄。

以花园口站水沙作为代表,比较三门峡(1960 年 9 月至 1964 年 10 月)与小浪底水库清水下泄期(1999 年 10 月至 2009 年 10 月)的差别(见表 2-1)。两个时期花园口的总水量分别是 2 320 亿 m³ 和 2 316 亿 m³,差别很小,但各流量级差别较大。图 2-1 ~ 图 2-3 为各流量级年均天数、年均水量和年均沙量。可以看出,小浪底水库运用以来花园口的水量 65% 集中在 1 000 m³/s 以下,而三门峡水库清水下泄期 1 000 m³/s 以下的水量仅占 9%;小浪底水库运用以来大于 1 000 m³/s 流量的水量普遍小于三门峡水库清水下泄期,其中没有大于 5 000 m³/s 的流量过程,4 000 ~ 5 000 m³/s 流量级的水量也仅占总水量的 1% 多点。除 1 000 m³/s 以下的流量级外,三门峡水库清水下泄期各流量级的输沙量比小浪底水库清水下泄期的大,平均含沙量也比后者高,前者 10 a 平均含沙量为 13.4 kg/m³,后者仅为 4.5 kg/m³,且主要是短期异重流排沙。

表 2-1　三门峡、小浪底水库清水下泄期花园口水沙条件比较

流量级 (m³/s)	出现天数(d)		水量(亿 m³)		沙量(亿 t)		含沙量(kg/m³)	
	1960 ~ 1964 年	1999 ~ 2009 年	1960 ~ 1964 年	1999 ~ 2009 年	1960 ~ 1964 年	1999 ~ 2009 年	1960 ~ 1964 年	1999 ~ 2009 年
0 ~ 500	242	1 412	38.0	425.4	0.15	0.79	3.9	1.9
500 ~ 1 000	270	1 770	166.0	1 070.7	1.14	2.62	6.9	2.4
1 000 ~ 1 500	276	249	291.9	251.5	2.85	0.88	9.8	3.5
1 500 ~ 2 000	208	56	311.0	82.4	3.26	0.90	10.5	10.9
2 000 ~ 2 500	147	67	279.6	134.1	3.25	2.10	11.6	15.7
2 500 ~ 3 000	91	65	215.0	151.6	3.02	1.47	14.0	9.7
3 000 ~ 3 500	53	28	148.5	78.3	2.26	0.96	15.2	12.3
3 500 ~ 4 000	62	29	201.6	93.2	3.88	0.68	19.2	7.3
4 000 ~ 4 500	31	8	113.4	28.3	1.89	0.08	16.7	2.8
4 500 ~ 5 000	38	0	157.1	0	3.16	0	20.1	
5 000 ~ 5 500	55	0	249.1	0	3.89	0	15.6	
5 500 ~ 6 000	17	0	83.3	0	1.28	0	15.4	
6 000 ~ 6 500	4	0	21.1	0	0.23	0	10.9	
6 500 ~ 7 000	4	0	23.2	0	0.41	0	17.7	
≥7 000	3	0	20.5	0	0.51	0	24.9	
合计	1 501	3 684	2 319.6	2 315.5	31.18	10.48	212.5	66.5

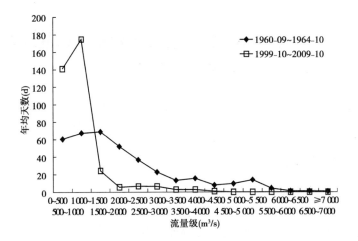

图 2-1　花园口站各流量级年均天数

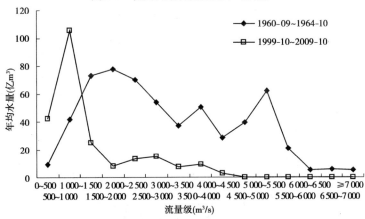

图 2-2　花园口站各流量级年均水量

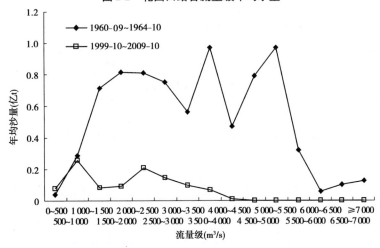

图 2-3　花园口站各流量级年均沙量

第三章 小浪底水库运用前后游荡性河段河势变化特点

小浪底水库拦沙运用 10 a 来,下游水沙条件为枯水枯沙,因此造床作用也较弱,同时在河道整治工程不断完善的条件下,游荡性河段河势发生了较大变化,表现出一些新的特点。

一、游荡强度变化

(一)游荡强度显著减弱

判别游荡强弱的指标有主流摆幅、工程靠河概率等。图 3-1 为铁谢—伊洛河口、花园口—黑岗口和夹河滩—高村三个典型河段 1960～2008 年主流摆幅变化过程。由图 3-1 可以看出,各河段主流摆幅都有所减弱,其中花园口—黑岗口河段主流摆幅显著减弱,2000～2008 年平均主流摆幅为 345 m,仅占 1960～1964 年主流摆幅的 30%。各河段不同时期主流摆幅见表 3-1。

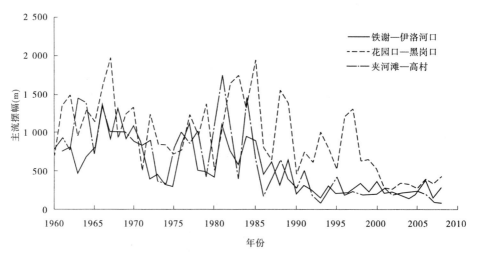

图 3-1 典型河段主流摆幅变化过程

表 3-1 各河段各时期主流平均摆幅

河段	各时期主流平均摆幅(m)				
	1960～1964 年 ①	1974～1985 年 ②	1986～1999 年 ③	2000～2008 年 ④	④/① (%)
铁谢—伊洛河口	674	710	320	220	33
花园口—黑岗口	1 156	1 180	880	345	30
夹河滩—高村	1 065	910	290	170	16

由图 3-2～图 3-5 也可以看出,铁谢—伊洛河口、花园口—黑岗口河段 2002～2008 年的主流摆幅较 1960～1964 年显著减弱。

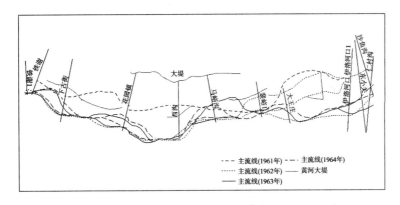

图 3-2　铁谢—伊洛河口河段 1960～1964 年主流线套绘图

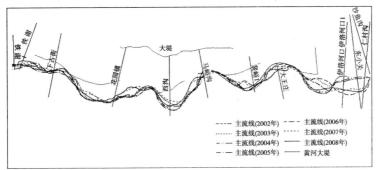

图 3-3　铁谢—伊洛河口河段 2002～2008 年主流线套绘图

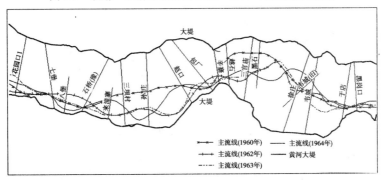

图 3-4　花园口—黑岗口河段 1960～1964 年主流线图套绘图

(二)总体河势趋于规划流路方向发展

根据 2000～2009 年各河段主流线变化、河湾个数及工程靠河概率分析,2005 年之后,除花园口—黑岗口河段外,其他各河段流路总体与规划流路基本一致,工程靠河较好,表明目前的整治工程布局基本适应现行流路。

1. 河势向规划流路调整

图 3-6、图 3-7 为典型河段 2000 年与 2009 年河势套绘图。可以看出,目前各河段水流较为规顺,流路趋于规划流路方向发展,特别是黑岗口—夹河滩河段,曾在 2002～2005 年出现严重的畸形河湾,与规划流路基本呈反方向,但经过 2006 年 3 月的人工裁弯,流路调整与规划流路基本一致(见图 3-7)。

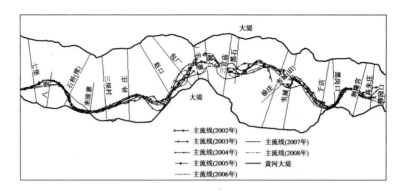

图 3-5　花园口—黑岗口河段 2002～2008 年主流线套绘图

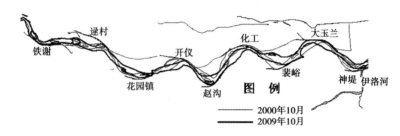

图 3-6　铁谢—伊洛河口河段河势套绘图

图 3-7　黑岗口—夹河滩河段河势套绘图

2. 工程靠河概率增加

目前,工程靠河概率最大的是禅房—高村河段,其次是铁谢—伊洛河口河段,其他各河段也逐步向规划流路发展。

1)铁谢—伊洛河口河段

1993～1999 年,该河段整治工程靠河概率最大,达 97%。2000 年以来,逯村、花园镇和神堤工程靠河不够稳定(见图 3-8),特别是逯村工程多年来仅下首靠河。2000～2008 年该河段工程平均靠河概率为 73%。

2)花园口—黑岗口河段

由图 3-9 可以看出,总体上花园口—黑岗口河段工程靠河情况改善不大,只有三官庙工程 2006 年以来靠河概率显著增加,九堡和韦滩工程始终未靠河,说明该河段工程位置与目前水沙特性不相适应,需要尽快对整治工程进行调整。

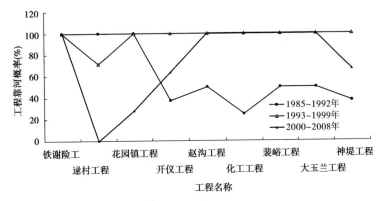

图 3-8　铁谢—伊洛河口河段工程靠河概率

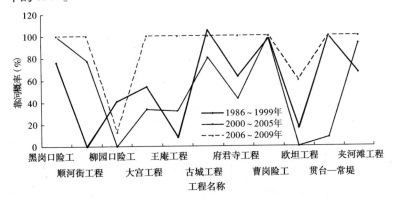

图 3-9　花园口—黑岗口河段工程靠河概率

3）黑岗口—夹河滩河段

经过 2006 年 3 月人工裁弯后,该河段柳园口以下河势得到调整,流路已趋近规划的治导线,工程靠河概率显著增加(见图 3-10),由 1986 ~ 2005 年的平均靠河概率 54%,增加到 2006 ~ 2009 年的 83%。

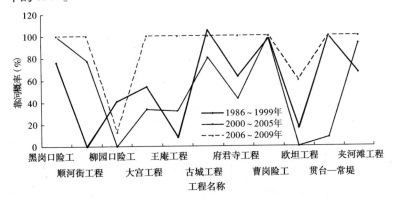

图 3-10　黑岗口—夹河滩河段工程靠河概率

4）夹河滩—高村河段

由图 3-11 可以看出,1985 ~ 1992 年夹河滩—高村河段治导线上整治工程靠河概率为 70%,1993 年之后有显著增加,特别是 2000 年之后,治导线上工程靠河概率达到 100%,说明该河段整治工程与目前来水特性已经基本适应,河势基本稳定。

图 3-11　夹河滩—高村河段工程靠河概率

二、河势的分维特征

分形学是 20 世纪 70 年代由 Mcmdelbort 首次提出来的,目的是研究介于极端有序和极端无序之间的状况,如河流及海岸线的形状、山形的起伏、星云的分布等。分维是对这些具有自相似性的结构及现象进行有效量度的参数,是指在更深、更广泛的意义上定义 n 维空间中超越"长度、面积、体积"等旧概念的度量,是一个分形集"充满空间的程度"。例如,一个分形集的分维值为 1.16,是指它在空间的分布比一维空间复杂,比二维空间简单。

河势、流域等的形状和分布无法用准确的数字形式表达,但又具有一定的规律性,分形与分维理论揭示了这些随机现象内部隐含的规律性。设特征尺度为 r,则由该特征尺度度量的测量值结果为 $N(r)$,两者满足

$$N(r) = cr^{-D}$$

式中:c 为关联函数;D 为分维值。D 值可由下式求得

$$D = -\lim(\lg N/\lg r)$$

即 D 值为 N 和 r 在双对数坐标图上投影直线的斜率。

为此,在分析现有河湾要素如弯曲系数、主流摆幅、弯曲半径等的基础上,引入主流线和河势平面形态分形分维数,以此反映主流的弯曲程度及河势的不规则程度。

根据历年主流线图,利用 ArcInfo 软件定义控制点,进行影像校正,并矢量化河势图。取不同计算尺度,通过计算最终得到历年黄河主流线分形分维值(见图 3-12)。分维值越大,说明主流越弯曲。将主流线分维值与河势平面形态进行关联性分析发现,主流线分维值在 1.05 以下时,平面形态较为规顺,大于 1.05 时多出现畸形河湾。如 1993 年的花园口—夹河滩和夹河滩—高村河段曾出现过畸形河湾,分维值达到 1.06,2003~2005 年花园口—夹河滩河段出现畸形河湾,最大分维值接近 1.08,是自 1985 年以来出现的最严重的畸形河湾。

用同样的方法得到历年黄河河势平面形态的分形分维值(见图 3-13),分维值越大,说明河流越散乱,反之则越规顺。由图 3-13 可以看出,总体上讲,自 2000 年以来各河段的分维值明显偏小,说明河势相对规顺。特别是 2004 年之后,除黑岗口—夹河滩河段因畸形河湾河势散乱、分维值较大外,其他三个河段分维值都明显减小。

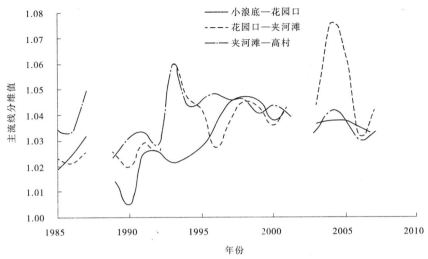

图 3-12　黄河下游 1985 年以来主流线分维值变化过程

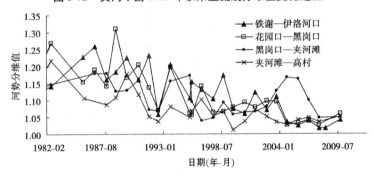

图 3-13　黄河下游典型河段 1982 年以来河势分维值变化过程

三、存在的问题

尽管 2000 年以来河势趋于规顺,并向规划流路方向发展,但也存在一些问题,主要有工程靠溜位置下挫、畸形河湾增多等。

(一)河势下挫、下败,心滩增多

2000 年以来,由于长期来水为低含沙小水,出现工程下首出溜位置下败或出溜夹角增大(见图 3-14~图 3-16),使得工程下首滩地辅助送溜的作用大大减弱,出溜后水面展宽,导致下游工程上首心滩增多。

(二)畸形河湾增多

2002~2005 年,在大宫与夹河滩之间河段出现多处畸形河湾(见图 3-17)。2006 年 3 月人工裁弯后才消失,是自 1985 年以来发生的最严重的畸形河湾。

通过主流弯曲系数的变化,可判断畸形河湾发生的状况(见图 3-18)。1993~1995 年、2002~2005 年黑岗口—夹河滩河段主流弯曲系数显著增大,分别达到 1.4 和 1.8,这两个时期均出现了畸形河湾。

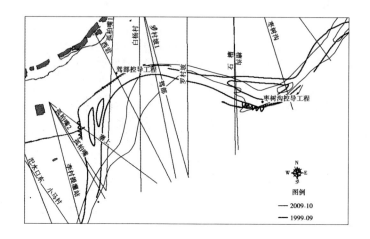

图 3-14　驾部河段河势

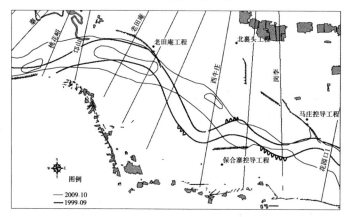

图 3-15　老田庵河段河势

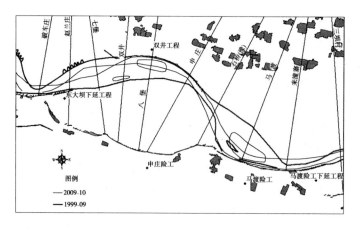

图 3-16　双井河段河势

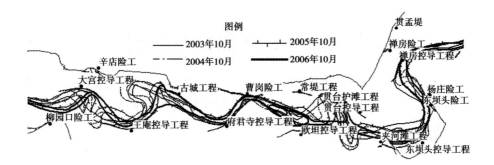

图 3-17　大宫—夹河滩（河段）畸形河湾

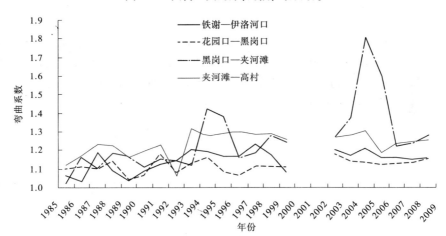

图 3-18　各河段弯曲系数变化

第四章　河势变化成因分析

河势变化的影响因素通常为水沙和河床两个方面,通过建立河湾要素与年来水量的关系发现,不同河段受其影响的权重不同。铁谢—伊洛河口河段影响河势变化的首要因素是来水条件,其次是工程约束影响;而在其他河段,水沙条件和整治工程对河势、河性变化都有着重要影响。

一、来水条件对河势的影响

(一)弯曲系数与来水关系

图4-1～图4-3为各河段弯曲系数与年来水量关系。可以看出,各河段弯曲系数基本与年来水量呈反比关系,即来水量越大,弯曲系数越小,反映了黄河下游大水趋直的特性。在花园口—黑岗口和夹河滩—高村河段,同样水量条件下弯曲系数均存在一定的变幅,说明除水沙条件外,河道整治工程在影响主流弯曲方面起着重要作用。

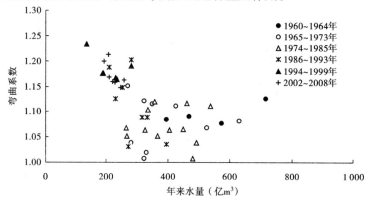

图4-1　铁谢—伊洛河口河段弯曲系数与年来水量关系

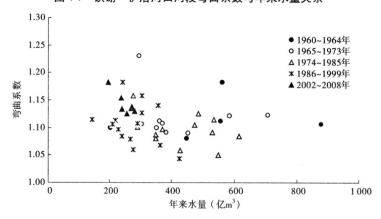

图4-2　花园口—黑岗口河段弯曲系数与年来水量关系

(二)河湾个数与来水关系

图4-4～图4-6为各河段河湾个数与年来水量关系。可以看出,河湾个数与来水量成反

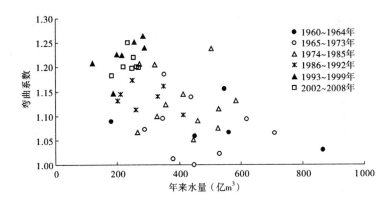

图4-3　夹河滩—高村弯曲系数与年来水量关系

比,说明来水量越小水流越容易坐弯,这是水流的自然特性。但在同样水量条件下,分析的典型河段的河湾个数存在一定变幅,说明河道整治工程在影响河湾方面也起着重要作用。

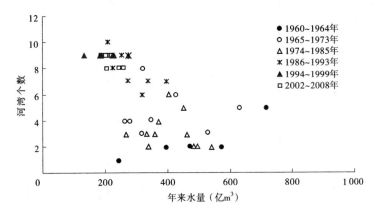

图4-4　铁谢—伊洛河口河段河湾个数与年来水量关系

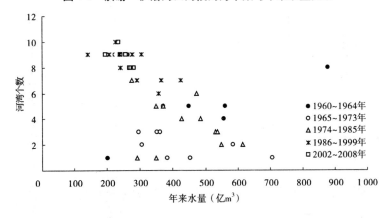

图4-5　花园口—黑岗口河段河湾个数与年来水量关系

(三)主流摆幅与来水关系

图4-7~图4-9为主流摆幅与年来水量关系。可以看出,小浪底水库拦沙运用以来,主流摆幅显著减小,并且符合一般的演变规律,说明主流摆幅变化主要还是受来水的影响。

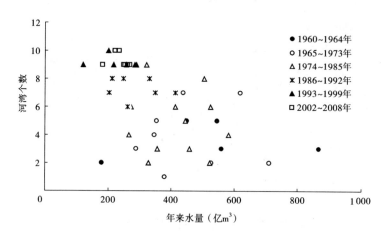

图4-6 夹河滩—高村河段河湾个数与年来水量关系

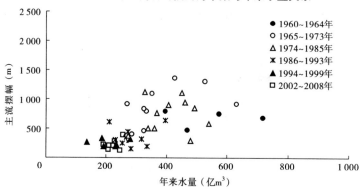

图4-7 铁谢—伊洛河口河段主流摆幅与年来水量关系

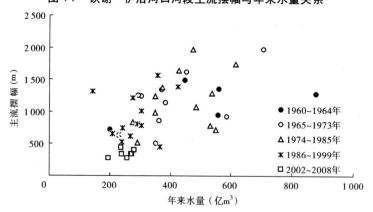

图4-8 花园口—黑岗口河段主流摆幅与年来水量关系

二、整治工程作用分析

根据图4-8花园口—黑岗口河段主流摆幅与年来水量关系还可以看出,2002年之后的平均主流摆幅仅为280 m,而1986~1999年平均主流摆幅达660 m。这两个时期的整治工程长度分别占河道长度的52%和28.8%,由此说明整治工程对约束主流摆动范围起

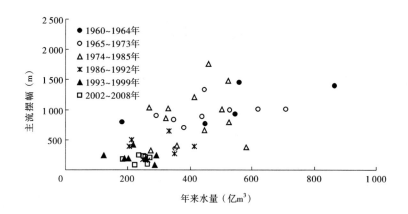

图 4-9　夹河滩—高村河段主流摆幅与年来水量关系

了较大作用。其他两个河段也有类似情况。

　　根据前述分析,各河段工程的靠河概率不断增加。黑岗口—夹河滩畸形河湾多发河段,经过 2006 年 3 月人工裁弯后,2006 年 4 月以来河势已调整得较为规顺,治导线上整治工程由 1986~2005 年的平均靠河概率 54%,增加到 2006~2009 年的 83%(见图 3-10),说明整治工程在规顺河势方面起到了重要作用。夹河滩—高村河段更能说明整治工程作用,该河段 1986~1992 年工程靠河概率为 70%,而 2000 年以来达到 100%(见图 3-11)。夹河滩—高村河段治导线上整治工程长度截至 1992 年仅占河道长度的 51%,至 2010 年占河道长度的 66%,说明河道整治工程在规顺河势方面起到了重要作用。

第五章 畸形河湾成因分析

一、畸形河湾发生成因

统计 1960 年以来游荡性河段发生畸形河湾的情况,见表 5-1。

表 5-1 畸形河湾发生河段及时间

畸形河湾发育时间	河段	畸形河湾消失时间	消失原因
1975～1977 年	王家堤—新店集	1978 年	自然裁弯
1979 年和 1984 年	欧坦—禅房	1985 年	自然裁弯
1981～1984 年	柳园口—古城	1985 年	自然裁弯
1993～1995 年	黑岗口—古城	1996 年	自然裁弯
2002～2006 年	柳园口—夹河滩	2006 年 3 月	人工裁弯

1993～1995 年黑岗口—古城出现畸形河湾情况(见图 5-1)。2006 年王庵—古城出现畸形河湾情况(见图 5-2)。为什么在同一河段经常出现畸形河湾呢? 分析表明,主要有以下几方面的原因。

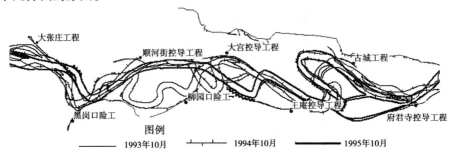

图 5-1 黑岗口—古城河势图

(一)持续小水,河势趋弯

常发生畸形河湾河段的来水控制站为花园口水文站,通过分析 1960 年以来花园口水文站的年水量和汛期水量(见图 5-3)发现,在畸形河湾出现的前一年或前几年,年水量和汛期水量都比较枯,且畸形河湾发展期间来水量相对不是很大,持续小水使得畸形河湾得以发展,而每次裁弯都是遇洪水或人工裁弯。若把 1960～1985 年年均水量 450 亿 m^3 作为平均情况来看,则有:

(1)1975～1977 年发生畸形河湾。之前的 1969～1974 年为枯水年,年均来水量仅 326 亿 m^3,占 450 亿 m^3 的 72.4%。

(2)1981～1984 年发生畸形河湾。1977～1980 年年均水量为 340.7 亿 m^3,占 450 亿 m^3 的 75.7%。

(3)1993～1995 年发生畸形河湾。之前的 1991 和 1992 年来水量仅为 241 亿 m^3,占 450 亿 m^3 的 54%,且之后连续几年为枯水年,直到"96·8"洪水过后,畸形河湾才消失。

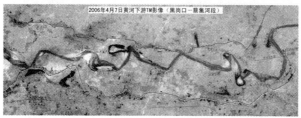

图 5-2 2006 年畸形河湾卫片图

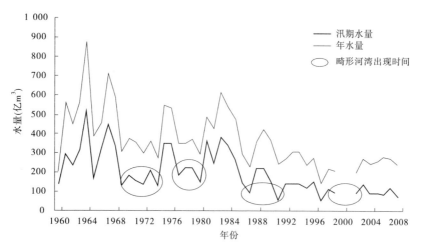

图 5-3 花园口站 1960～2008 年水量过程

（4）2000 年和 2001 年也为特枯水年，年水量仅为 164 亿 m³，占 450 亿 m³ 的 36%，之后近乎是连续几年小水（2003 年秋汛出现了较大洪水，但不足以裁弯），到 2006 年 3 月进行人工裁弯后，才使得畸形河湾消失。

（二）河床纵比降平缓

通过 3 000 m³/s 水位差和每年主流线长度，点绘了 1985～2008 年 4 个河段的河道比降变化过程（见图 5-4），黑岗口—夹河滩河段比降最小，水流容易坐弯。

（三）工程约束弱

目前，游荡性河段河道整治工程最完善的是铁谢—伊洛河口和夹河滩—高村河段。花园口—夹河滩河段也已完成了工程布点，该河段至 1998 年整治工程长度已占河道长度的 85% 左右，但由于 2006 年之前黑岗口—夹河滩河段整治工程对河势控制弱，工程靠河概率小（见图 3-10），因此主流有较大的坐弯空间，这样就易形成畸形河湾。

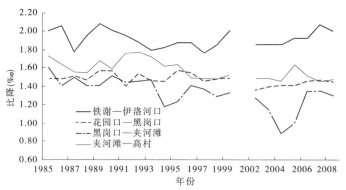

图 5-4　1985~2008 年各河段以主流线长计算的比降

二、畸形河湾发生机理

畸形河湾形成的根本原因是河床演变和水流能量分配的要求。河流调整的结果,除满足输沙平衡要求外,还力求使水流所消耗的功率达到最小。根据杨志达最小能耗假说,单位时间单位重量的水流所消耗的能量力求达到当地条件所许可的最小值,数学表达式为

$$UJ = 最小 \tag{5-1}$$

根据水流连续方程和水流运动方程

$$U = \frac{Q}{Bh} \tag{5-2}$$

$$U = \frac{1}{n}h^{2/3}J^{1/2} \tag{5-3}$$

联立式(5-1)、式(5-2)和式(5-3)得

$$UJ = n^{-0.6}Q^{0.4}J^{1.3}B^{-0.4} = 最小 \tag{5-4}$$

单位重量的水体沿程做功达到当地条件所许可的最小值的设想,在来流量不变的条件下,可以通过三种方式或它们之间的组合来满足:①加大河床阻力;②减小比降;③增加河宽。

据统计,2000~2002 年来水量差别不大,主槽河宽增加也不明显(见图 5-5),但平滩水深却增加较多,表明其比降减小且河床粗化。因此,河流主要通过减小比降和增加河床阻力等来实现其演变需求,这是畸形河湾出现的根本原因。

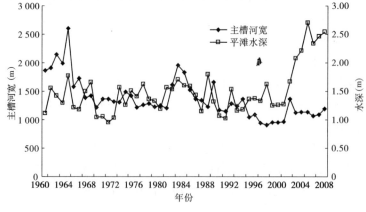

图 5-5　花园口—黑岗口河段主槽河宽、水深变化

第六章 主要认识与建议

一、主要认识

（1）小浪底水库运用10 a来,下游长期枯水,9 次调水调沙最大下泄流量在4 000 m³/s 左右。除洪水期有异重流排沙外,其余基本为清水下泄。在前期河道萎缩情况下,游荡性河段平面形态发生了较大变化,主要表现为:主流摆幅显著减弱,河势总体趋于规顺;局部河段工程靠河位置下挫、下败,心滩增多。影响河势变化的首要因素是水沙条件,但河道整治工程在限制主流摆动、规顺河势方面起到了重要作用。

（2）根据分形理论,对典型河段河势进行了分维数计算。结果表明,主流线和河势平面形态分维数能够较为客观、准确地反映主流的弯曲度和河势的不稳定程度。分析计算得出,2004 年之后,除黑岗口—夹河滩河段因畸形河湾河势散乱、分维值较大外,其他三个河段分维值都明显减小,分维值多在1. 05 以下,表明这些河段河势相对稳定。

（3）畸形河湾发生的前提条件为来水偏枯且持续小水,主要发生在黑岗口—夹河滩河段,其主要原因是该河段河道比降小、整治工程控制较弱、水流弯曲发展的空间较大。

二、建议

（1）从畸形河湾发生、发展的过程看,连续小水是造成畸形河湾的主要原因,因此建议小浪底水库控制运用应尽量避免长期下泄小水,塑造有一定幅度的流量涨落过程。

（2）从河势调整情况看,凡是整治工程完善的河段,河势控制较好,不易发生畸形河湾。目前花园口—黑岗口河段河势不稳定,治导线上整治工程靠河概率较其他河段偏低,结合黄委近期工程实施意见,建议尽快完善花园口—黑岗口河段的河道整治工程。

第六专题 黄河河口海洋动力及海岸演变特征

　　本专题以实测资料分析为手段,对黄河入海流路的神仙沟流路(1953～1963年)、刁口河流路(1964～1976年)、现行清水沟流路(1986年至今)不同时段的溯源冲淤过程及其影响范围进行了分析,认识到黄河入海的长度是影响黄河下游河道冲淤变化(以3 000 m³/s水位表示)的主要因素之一。2008年以来黄河利津以下河长约54 km,基本与1986年的河长相当,在今后一段时间内,若河口流路长度持续增加,将使河口上游一定范围的河道水位进入回升阶段。

　　应用黄河河口平面二维水流模型模拟了黄河入海流量分别为0和5 000 m³/s时渤海流场的异同点。模拟结果表明,渤海流场具有在黄河三角洲附近海域存在三个强流场中心等特点,入海流量的影响范围较小,主要限于口门附近不到20 km范围内;黄河三角洲海域浅水区的潮流挟沙能力总是大于深水区的,黄河入海流量对潮流挟沙能力的影响也较小,主要限于口门附近约20 km的范围内;黄河三角洲附近海域波浪破碎水深约5 m,刁口河附近海岸波浪破碎带内的沿岸流年均净输沙率是清水沟海岸的10倍左右。

　　结合美国密西西比河河口治理的经验,提出了黄河河口治理的措施建议。

第一章 现行入海流路溯源影响分析

一、入海流路溯源影响范围

现黄河河口位于渤海湾和莱州湾之间,系弱潮多沙摆动频繁的河口。黄河现代三角洲是1855年黄河在河南铜瓦厢决口袭夺大清河后形成的多条入海流路淤积形成的。现行入海流路为1976年改道行河的清水沟流路(见图1-1)。

对于黄河河口来说,完全由河口相对基准面升降引起的溯源冲淤的直接影响范围可以达到河口以上200多km。点绘黄河下游各站时段始末的同流量(3 000 m³/s)水位差(见图1-2),可发现神仙沟、刁口河两条流路短时期内或溯源冲刷或溯源淤积的影响范围在刘家园附近,距河口距离均超过240 km。

清水沟流路1979~1981年溯源冲刷的范围同样达到了刘家园以上,距河口距离约220 km;1984~1986年,黄河河口演变进入后期,开始发生溯源淤积(见图1-3)。也就是说,1986年后,河口对下游溯源冲刷的影响已基本湮灭,黄河下游河段进入抬升阶段(见图1-4),自高村至利津,其抬升幅度呈现"下大上小"的溯源淤积特征。其中,利津站的上升幅度为1.89 m,而其上游河段则基本在1.50 m左右变化。从其发展过程来看,溯源淤积的影响约在泺口以上一定范围,而尚未达到艾山断面。需要补充说明的是,由于入海口门位置不断发生迁移和伸缩变化,故图1-2、图1-3中各水位站距口门的里程也不尽相同。

1996年7月,黄河河口实施了清8改汊,改汊后河长缩短16 km,河道纵比降由原河道的10.2‰加大到20.5‰,加之"96·8"洪水来水集中、含沙量较小,河道发生溯源冲刷(其上界在清3断面附近),使河口地区同流量水位普遍下降。其中,丁字路口水位站同流量1 000 m³/s时水位1996年比1995年下降1.18 m,同流量3 000 m³/s时水位下降0.6 m。但是,1997~2002年河口来水来沙偏枯(年均来水来沙量分别仅为54.72亿m³、1.13亿t),而且缺乏大流量洪水过程(只有1998年8月底出现过大于3 000 m³/s的流量过程),使得河口溯源冲刷的作用并未充分显现,5 a间河口区段的利津、一号坝、西河口3 000 m³/s水位下降幅度分别仅为0.18 m、0.23 m和0.32 m。截至2002年,由于缺乏有利水沙条件的配合,1996年的改汊,溯源冲刷范围只到一号坝至利津断面之间。利用实测河道大断面资料计算得出的同水位下断面面积变化亦证实了上述结论(见表1-1)。

表1-1 黄河河口不同断面冲刷面积 (单位:m²)

时段(年-月)	利津	一号坝	清2	清4
1996-05 ~ 2002-05	154	-390	-169	-1 280

2003~2004年河口年均来水量达到195亿m³,较1997~2002年多年均值的77.5亿m³有了大幅度的增加,河口区段发生明显溯源冲刷,冲刷幅度(用时段始末的同流量(3 000 m³/s)水位差表示)自下而上逐步减小,在艾山断面以下消失(见图1-5)。

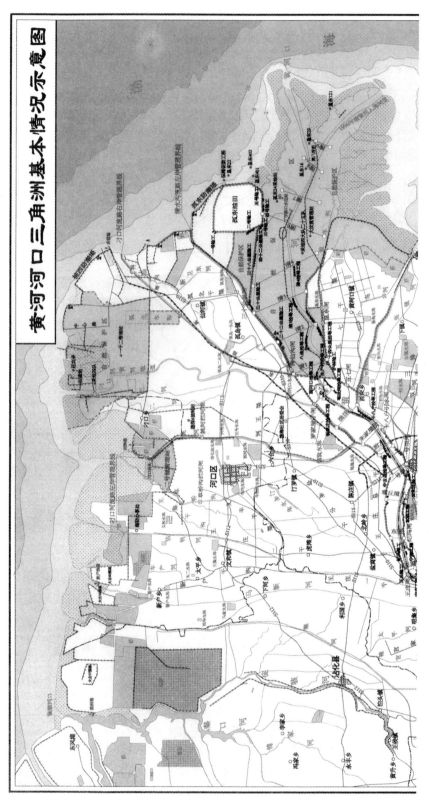

黄河河口三角洲基本情况示意图

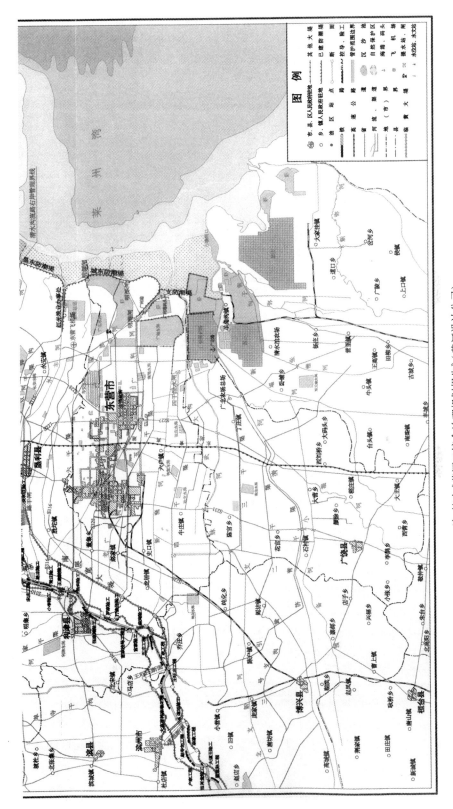

注：摘自《黄河口综合治理规划报告》（黄河设计公司）

图 1-1 黄河口三角洲基本情况

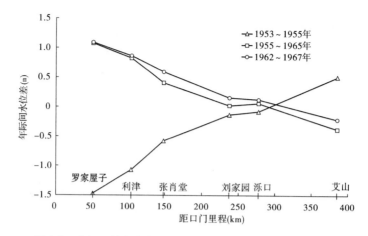

图1-2 黄河口神仙沟与刁口河流路短期溯源冲淤影响范围

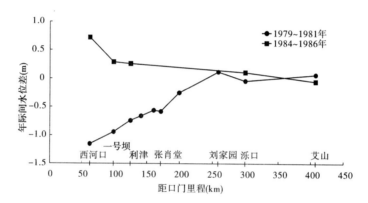

图1-3 黄河河口清水沟流路短期溯源冲淤影响范围

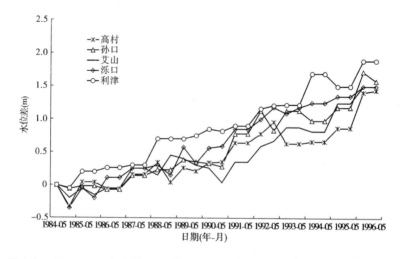

图1-4 1984~1996年高村以下各水文站同流量(3 000 m³/s)水位差变化过程

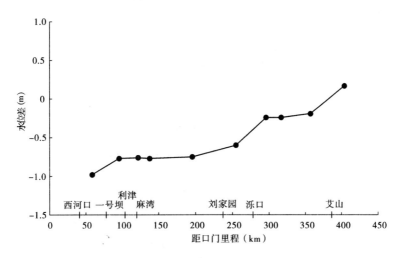

图 1-5　1996～2004 年河口溯源冲刷影响示意

　　至 2009 年,艾山以下河段水位尽管仍出现了不同程度的冲刷下降,但呈现上大下小的沿程冲刷趋势(见表 1-2),与 1996～2004 年上小下大的表现明显不同,这说明黄河河口因 1996 年清 8 改汊而形成的溯源冲刷作用已呈衰减之势。

　　以 2002 年为基准,进一步分析利津以下各站断面面积变化过程(见图 1-6)。自 2002年汛前至 2005 年汛后,受调水调沙有利水沙条件的影响,利津以下各站发生了明显冲刷,其中利津断面冲刷面积累计达到 760 m²。而后随着入海流路的延伸,至 2007 年汛前,利津以下部分断面开始表现为回淤的性质。只是在 2007 年 7 月,河口发生较大规模的出汊,流路缩短接近 5 km,使得利津以下河口段又发生不同程度的冲刷。但从总的情况来看,自 2005 年以来,利津以下河口段的累计冲淤情况呈现两个特点:其一是冲刷的力度进一步衰减;其二是冲刷的幅度基本呈现上大下小的性质。这再次说明黄河河口因 1996 年清 8 改汊而形成的溯源冲刷作用将逐步消失。

表 1-2　2004～2009 年艾山以下各站 3 000 m³/s 水位差值

站名	艾山	泺口	刘家园	清河镇	麻湾	利津	一号坝	西河口
水位差(m)	-0.83	-0.64	-0.94	-0.65	-0.53	-0.69	-0.36	-0.01

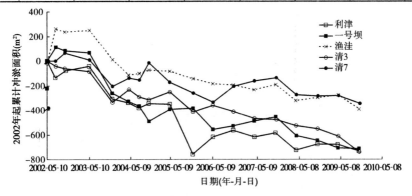

图 1-6　2002 年以来黄河口利津以下典型断面冲淤面积变化过程

二、流路河长变化

1996 年清 8 改汊以前,利津以下河长(系指利津至口门高潮线的主流线长度)是历史上入海流路的最大河长,达到 113 km(神仙沟、刁口河的末期河长分别为 101.30 km、105.94 km),其中西河口以下河长为 65 km,见图 1-7;1996 年实施的清 8 改汊,使得流路缩短 16 km,西河口以下河长由出汊前的 65 km 缩短为 49 km,至 2001 年调水调沙前已延伸至近 58 km;2007 年 7 月,河口发生较大规模的出汊,流路缩短近 5 km;2008 年以来,西河口以下河长基本维持在 54 km 左右,较 1996 年的最大河长仍短 11 km。这种河长变化急剧萎缩的态势,使得黄河河口因 1996 年出汊而形成的溯源冲刷作用一直持续到目前,而没有因河长的大幅增加产生不利的溯源淤积反馈影响。

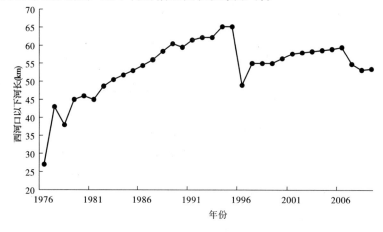

图 1-7 现行清水沟流路河长变化

从河长变化情况来看,2008 年以来的河长与 1996 年改汊前的 1986 年接近(1986 年西河口以下河长为 54.4 km),在今后一段时期内,若河口流路河长持续延伸增加,受河口影响的一定范围河段内的水位将开始进入回升阶段。

第二章　三角洲海域海洋动力特征与
海岸演变规律

利津站以下的泥沙有三个去处：一部分淤积在河口段河道，造成河道淤积抬升、泄洪排沙能力降低，不利于河口防洪；另一部分淤积在黄河三角洲附近海域，这部分泥沙是黄河河口延伸的基础；第三部分输向外海（目前，暂把"外海"定义为附近海域地形测验范围以外的海域）。黄河河口淤积延伸对黄河下游河床冲淤和水沙运动产生反馈影响。

如何减低黄河河口淤积延伸对黄河下游的反馈影响是治黄的关键问题之一。能不能使河口段河道少淤，甚至不淤？能不能充分利用海岸动力，加大泥沙输向外海的比例，降低黄河河口淤积延伸速率，甚至使延伸速率达到零？

本章利用资料分析和黄河河口平面二维数学模拟手段，初步探讨了黄河入海水沙、海洋动力（波浪、潮流等）作用下黄河河口海岸演变规律。

一、黄河河口平面二维水沙数学模型

尹学良（1986）、王凯忱和刘月兰（1988）、余欣（2000）、赵连军（2005）等建立了黄河河口经验模型，在黄河河口流路规划中发挥了一定的作用。

张世奇（1988）、李东风（1998）建立了黄河河口平面二维潮流均匀悬沙输沙数学模型，李谊纯等（2003）、张世华等（2004）建立了黄河河口潮流全沙模型，曹文洪（1999、2001）、黄河水利科学研究院（2009）建立了基于悬沙分组泥沙计算的波流输沙模型，王崇浩等（2009）、黄河水利科学研究院（2009）建立了黄河下游—河口—二维连接水沙数学模型。

中国海洋大学王厚杰等（2005、2006）使用美国波流输沙模型（HEM－3D），江文胜等（2000、2004、2005）使用德国HAMSOM水流模型、荷兰SWAN波浪模型、粒子追踪（SPM）模型，梁丙臣（2005）使用比利时COHERENS SED水沙模型、荷兰SWAN波浪模型，李国胜等（2005）使用美国ECOMSED模型，模拟了黄河入海细沙运动，但这些模型没有对黄河河口附近地形变化进行验证，也没进行分组泥沙计算。

目前，由于泥沙运动规律的复杂性，国际上河口模型水流计算精度高于泥沙计算精度，黄河河口水沙模型也是如此；同时，考虑黄河河口附近缺少实测地形资料的特点，本研究暂不考虑黄河河口段河道，借用得到广泛应用的、不含泥沙因素的罗肇森挟沙能力公式，比较渤海海洋动力挟沙能力的空间分布特点。

（一）模型控制方程

在浅水流动假设下，用守恒变量为因变量形式表示控制方程，其中科氏力、风应力、气压、波浪辐射应力等因素包括在方程的源项中。

水流连续方程为

$$\frac{\partial h}{\partial t} + \frac{\partial (hu)}{\partial x} + \frac{\partial (hv)}{\partial y} = 0$$

x 方向动量方程为

$$\frac{\partial(hu)}{\partial t} + \frac{\partial(hu^2 + gh^2/2)}{\partial x} + \frac{\partial(huv)}{\partial y} = v_t\left[\frac{\partial^2(hu)}{\partial x^2} + \frac{\partial^2(hu)}{\partial y^2}\right] - gh(S_{ox} + S_{fx}) +$$

$$fvh - \frac{h}{\rho_0}\frac{\partial p_a}{\partial x} - \frac{gh^2}{2\rho_0}\frac{\partial \rho}{\partial x} - \frac{1}{\rho_0}\left(\frac{\partial S_{xx}}{\partial x} + \frac{\partial S_{xy}}{\partial y}\right) + \frac{\tau_{sx}}{\rho_0}$$

y 方向动量方程为

$$\frac{\partial(hv)}{\partial t} + \frac{\partial(huv)}{\partial x} + \frac{\partial(hv^2 + gh^2/2)}{\partial y} = v_t\left[\frac{\partial^2(hv)}{\partial x^2} + \frac{\partial^2(hv)}{\partial y^2}\right] - gh(S_{oy} + S_{fy}) +$$

$$fuh - \frac{h}{\rho_0}\frac{\partial p_a}{\partial y} - \frac{gh^2}{2\rho_0}\frac{\partial \rho}{\partial y} - \frac{1}{\rho_0}\left(\frac{\partial S_{yx}}{\partial x} + \frac{\partial S_{yy}}{\partial y}\right) + \frac{\tau_{sy}}{\rho_0}$$

悬移质对流扩散方程为

$$\frac{\partial(hs)}{\partial t} + \frac{\partial(hus)}{\partial x} + \frac{\partial(hvs)}{\partial y} = \varepsilon_s\left[\frac{\partial^2(hs)}{\partial x^2} + \frac{\partial^2(hs)}{\partial y^2}\right] - \alpha\omega(S - S_*)$$

河床变形方程为

$$\gamma'\frac{\partial Z_b}{\partial t} = -\alpha\omega(S - S_*)$$

上述前四个方程可以写成统一形式,即

$$\frac{\partial q}{\partial t} + \frac{\partial F^I}{\partial x} + \frac{\partial G^I}{\partial y} = \frac{\partial F^V}{\partial x} + \frac{\partial G^V}{\partial y} + Sou$$

其中,输运量

$$q = [h, q_x, q_y, q_s]^T$$

对流通量

$$F^I = \left[q_x, \frac{q_x^2}{h} + \frac{gh^2}{2}, \frac{q_xq_y}{h}, \frac{q_xq_s}{h}\right]^T$$

$$G^I = \left[q_y, \frac{q_xq_y}{h}, \frac{q_y^2}{h} + \frac{gh^2}{2}, \frac{q_yq_s}{h}\right]^T$$

扩散通量

$$F^V = \left[0, v_t\frac{\partial q_x}{\partial x}, v_t\frac{\partial q_y}{\partial x}, \varepsilon_s\frac{\partial q_s}{\partial x}\right]^T$$

$$G^V = \left[0, v_t\frac{\partial q_x}{\partial y}, v_t\frac{\partial q_y}{\partial y}, \varepsilon_s\frac{\partial q_s}{\partial y}\right]^T$$

源项

$$Sou = \begin{bmatrix} 0 \\ -gh\left(\frac{\partial Z_b}{\partial x}\right) - gh \cdot n^2 h^{-\frac{4}{3}} u\sqrt{u^2 + v^2} + fvh - \frac{h}{\rho_0}\frac{\partial p_a}{\partial x} - \frac{gh^2}{2\rho_0}\frac{\partial \rho}{\partial x} - \frac{1}{\rho_0}\left(\frac{\partial S_{xx}}{\partial x} + \frac{\partial S_{xy}}{\partial y}\right) + \frac{\tau_{sx}}{\rho_0} \\ -gh\left(\frac{\partial Z_b}{\partial y}\right) - gh \cdot n^2 h^{-\frac{4}{3}} v\sqrt{u^2 + v^2} + fuh - \frac{h}{\rho_0}\frac{\partial p_a}{\partial y} - \frac{gh^2}{2\rho_0}\frac{\partial \rho}{\partial y} - \frac{1}{\rho_0}\left(\frac{\partial S_{yx}}{\partial x} + \frac{\partial S_{yy}}{\partial y}\right) + \frac{\tau_{sy}}{\rho_0} \\ -\alpha\omega(S - S_*) \end{bmatrix}$$

$$= \begin{bmatrix} 0 \\ -gh(S_{ox}+S_{fx}) + fvh - \dfrac{h}{\rho_0}\dfrac{\partial p_a}{\partial x} - \dfrac{gh^2}{2\rho_0}\dfrac{\partial \rho}{\partial x} - \dfrac{1}{\rho_0}\left(\dfrac{\partial S_{xx}}{\partial x} + \dfrac{\partial S_{xy}}{\partial y}\right) + \dfrac{\tau_{sx}}{\rho_0} \\ -gh(S_{oy}+S_{fy}) + fuh - \dfrac{h}{\rho_0}\dfrac{\partial p_a}{\partial y} - \dfrac{gh^2}{2\rho_0}\dfrac{\partial \rho}{\partial y} - \dfrac{1}{\rho_0}\left(\dfrac{\partial S_{yx}}{\partial x} + \dfrac{\partial S_{yy}}{\partial y}\right) + \dfrac{\tau_{sy}}{\rho_0} \\ -\alpha\omega(S - S_*) \end{bmatrix}$$

式中:上标 I、V 表示对流项和扩散项矢量;h 为总水深;u 和 v 分别为 x 和 y 方向的垂线平均流速分量;q_x、q_y 分别为单宽流量在 x、y 方向上的分量,$q_x = hu$,$q_y = hv$,$q_s = hS$,为垂线平均含沙量与水深之积;Z_b 为河底高程;ε_s 为泥沙紊动扩散系数;S_{ox}、S_{oy} 分别为河床比降在 x、y 方向上的分量,其值为 $\begin{pmatrix} S_{ox} \\ S_{oy} \end{pmatrix} = \begin{pmatrix} \dfrac{\partial Z_b}{\partial x} \\ \dfrac{\partial Z_b}{\partial y} \end{pmatrix}$;$S_{fx}$、$S_{fy}$ 分别为摩阻坡度在 x、y 方向上的分量,其值为 $\begin{pmatrix} S_{fx} \\ S_{fy} \end{pmatrix} = \begin{pmatrix} n^2 h^{-\frac{4}{3}} u \sqrt{u^2 + v^2} \\ n^2 h^{-\frac{4}{3}} v \sqrt{u^2 + v^2} \end{pmatrix}$;$S$、$S_*$ 分别为垂线平均含沙量和水流挟沙力;γ' 为泥沙干密度;α 为恢复饱和系数;ω 为浑水沉速;g 为重力加速度;n 为曼宁系数;f 为科氏力系数;p_a 为气压;ρ_0 为水的容重;ρ 为海水的容重;S_{xx}、S_{xy}、S_{yx}、S_{yy} 分别为各个方向的波浪辐射应力;τ_{sx}、τ_{sy} 分别为 x、y 方向的风应力,$\tau_{sx} = \rho_d C_d \mid u_{sx} \mid \cdot u_{sx}$,$\tau_{sy} = \rho_d C_d \mid u_{sy} \mid \cdot u_{sy}$,其中 u_{sx}、u_{sy} 分别为风速 u_s 在 x、y 方向上的分量,ρ_d 为空气密度,C_d 为经验系数;ν_t 为紊动黏滞性系数,用 Smagorinsky 公式计算

$$\nu_t = (C_s \Delta)^2 \sqrt{2\left(\frac{\partial u}{\partial x}\right)^2 + 2\left(\frac{\partial v}{\partial y}\right)^2 + \left(\frac{\partial u}{\partial y} + \frac{\partial v}{\partial x}\right)^2}$$

其中:C_s 为子涡扩散系数,一般取 0.17;Δ 为子涡滤筛尺度(亚网格特征尺度),一般取 $\Delta = \sqrt{A}$,A 为计算单元面积。

详细的求解过程见相关文献。在给定的控制方程中,隐含假定是 x、y 方向紊动黏滞性系数相同,x、y 方向泥沙扩散系数相同。

(二)模型率定

利用 1984 年、2005 年大连、烟台、秦皇岛等测站的实测资料对模型分别进行率定、验证。

计算范围选取 1984 年大连—烟台断面以西的渤海海域,暂不包括黄河河口段河道(见图 2-1),其面积为 84 625 km²。计算网格为三角形,计算区域网格节点数为 12 228 个,网格单元数为 20 912 个(见图 2-2)。实测水位站为塘沽和秦皇岛站,实测流速站为 102、302、303 站(位置见图 2-3)。

边界条件设置在大连—烟台断面。大连、烟台之间的水位采用直线内插方法获得。计算时段为 1984 年 7 月 7 日至 9 月 1 日(见图 2-4、图 2-5)。

渤海底部糙率取 0.014 3,Smagorinsky 公式的系数(C_s)取 0.5 时,塘沽、秦皇岛站水位过程,102、302、303 测站的垂线平均流速过程, M2 分潮潮差的计算值和实测值基本相

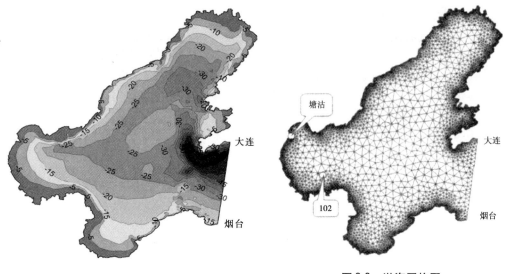

图 2-1　渤海地形　　　　　　　　　　　图 2-2　渤海网格图

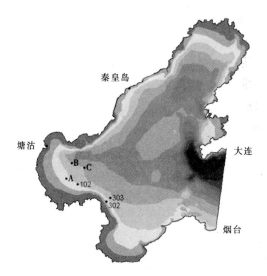

图 2-3　流速测站的位置（其中 A、B、C 三个测站为 2005 年）

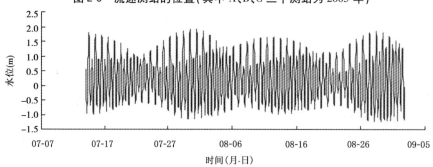

图 2-4　1984 年大连站水位过程线

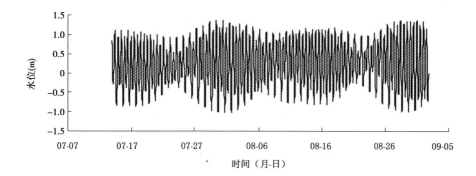

图2-5 1984年烟台站水位过程线

符(见图2-6~图2-12)(为了节省文章篇幅,302站流速比较图省略)。

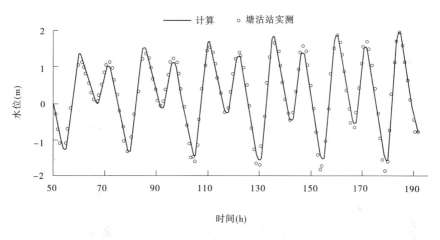

图2-6 塘沽站实测和模拟的水位过程

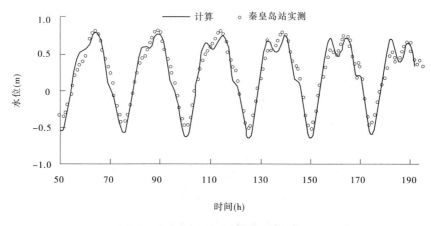

图2-7 秦皇岛站实测和模拟的水位过程

(三)模型验证

以大连、烟台2005年水位作为边界条件(见图2-13、图2-14),由于缺乏2005年滨海

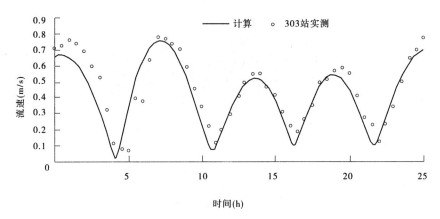

图 2-8　303 站实测和模拟的垂线平均流速变化过程

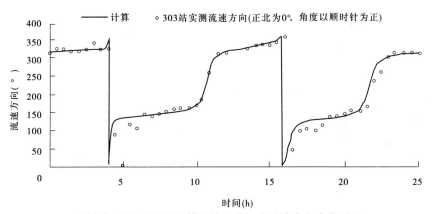

图 2-9　303 站实测和模拟的垂线平均流速方向变化过程

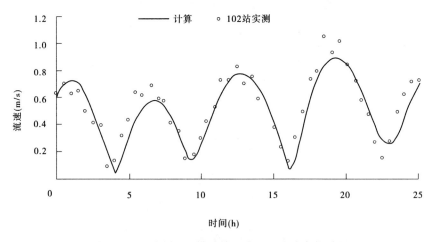

图 2-10　102 站实测和模拟的垂线平均流速变化过程

区地形资料,故初始地形仍采用1984年的地形。参数(曼宁系数)和 C_s 值与率定值相同。流速测站 A、B、C 位置见图 2-3,计算结果与实测值基本相符(见图 2-15 ~ 图 2-20)。

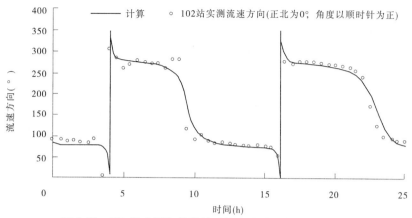

图 2-11　102 站实测和模拟的垂线平均流速方向变化过程

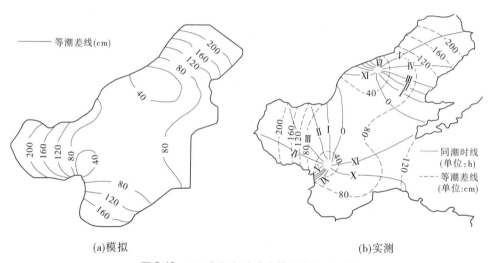

(a)模拟　　　　　　　　　　　　　(b)实测

图 2-12　M2 分潮潮差分布模拟值和实测值

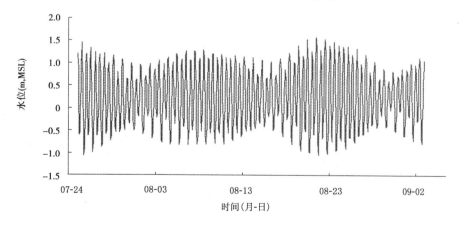

图 2-13　2005 年大连站水位过程

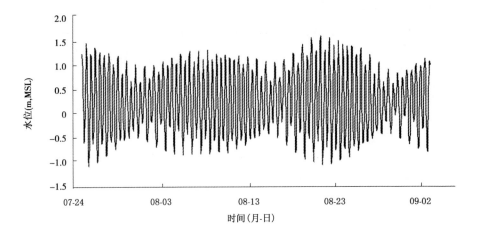

图 2-14　2005 年烟台站水位过程

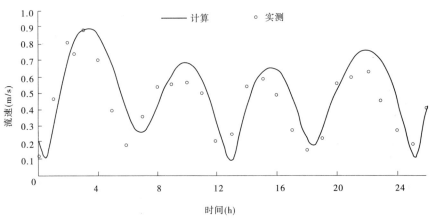

图 2-15　A 测站垂线平均流速计算值与实测值比较

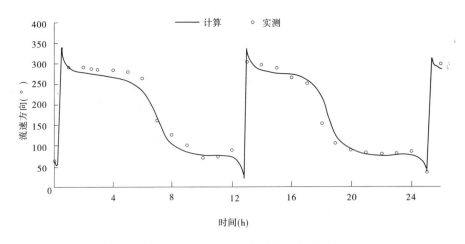

图 2-16　A 测站垂线平均流速方向计算值与实测值比较

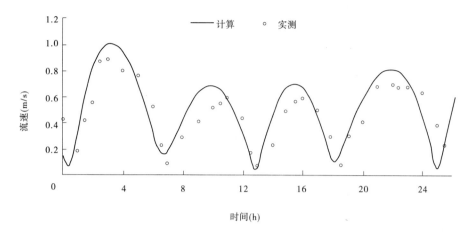

图 2-17　B 测站垂线平均流速计算值与实测值比较

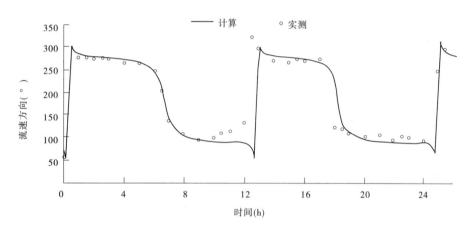

图 2-18　B 测站垂线平均流速方向计算值与实测值比较

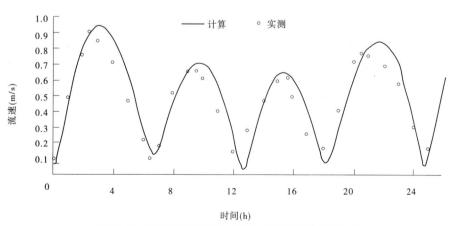

图 2-19　C 测站垂线平均流速计算值与实测值比较

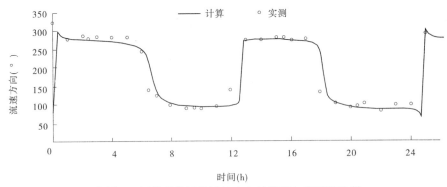

图 2-20　C 测站垂线平均流速方向计算值与实测值比较

二、黄河三角洲海域波流及其挟沙能力指标

(一)流速空间分布

流速是影响输沙的重要因素之一,黄河河口数学模型模拟结果表明,无论黄河入海流量为 0 或 5 000 m³/s(暂不考虑含沙量),渤海流速分布有三个特点(见图 2-21、图 2-22):

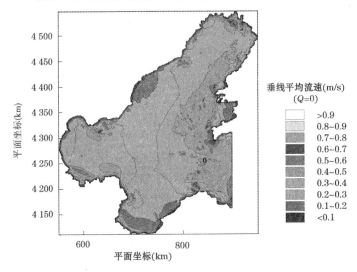

图 2-21　黄河入海流量为 0 时渤海流速平均值空间分布

(1)黄河三角洲沿岸有三个高流速中心(0.4 ~ 0.6 m/s),分别位于渤海湾的西北角、三角洲东北角(即刁口河—神仙沟沟口附近海域)、清水沟流路突出沙嘴附近,其中清水沟流路突出沙嘴附近的高流速中心范围较小。

(2)渤海湾流速强于莱州湾。

(3)自秦皇岛至莱州湾存在一个低流速带。

在入海流量由 0 增加到 5 000 m³/s 时,上述流速分布规律基本未变(见图 2-22),差异主要限于入海口 10 km 左右的范围内(见图 2-23)。在此范围内平均流速由 0.29 m/s 增大为 0.35 m/s,增加了 0.06 m/s,可见入海流量对渤海流场的影响不明显。

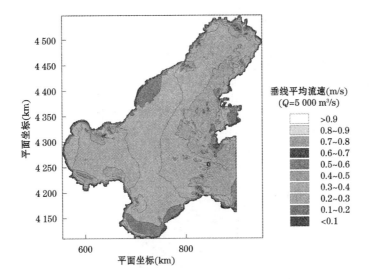

图 2-22 黄河入海流量为 5 000 m³/s 时渤海平均流速值空间分布

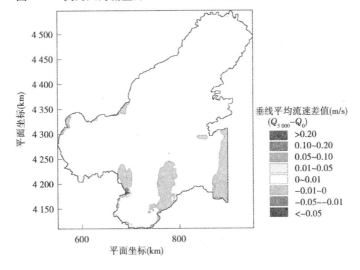

图 2-23 黄河入海流量为 5 000 m³/s、0 时相应的渤海平均流速差值的空间分布

(二)水深分布

总的来说,渤海水深分布为:岸边浅,渤海海峡最深,渤海湾比莱州湾水深(见图 2-1)。

(三)渤海潮流挟沙能力指标空间分布

目前,国内外河口海岸挟沙能力表达形式有多种,罗肇森用大量实测浮泥含沙量资料得出经验公式

$$S_* = 0.296 \times 2\,650 \times (1\,000/\gamma_w)^{12.8} V^2/(gh)$$

式中:γ_w 为泥沙干容重。

考虑到输向外海的泥沙多是较细的泥沙,这部分泥沙的粒径、沉速变化不大,因此罗肇森公式尽管没有直接含有泥沙粒径(或沉速)因子,但是在比较渤海海域不同地点的挟

沙能力相对大小时,此公式仍具有一定程度的合理性。

用此公式估算黄河入海流量分别为0、5 000 m³/s 时的渤海挟沙能力,见图 2-24 和图 2-25。由图可知其共同特点是:

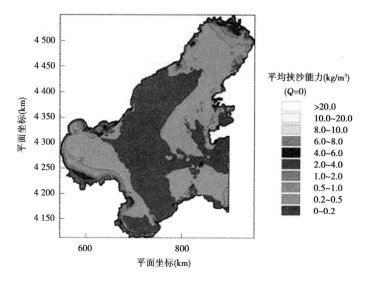

图 2-24　黄河入海流量为 0 时挟沙能力空间分布

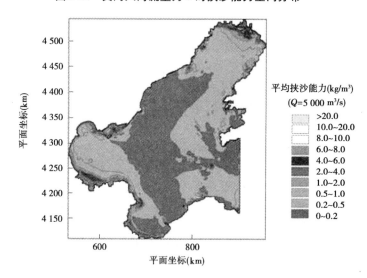

图 2-25　黄河入海流量为 5 000 m³/s 时挟沙能力空间分布

(1)黄河三角洲附近海区挟沙能力呈带状分布,浅水区挟沙能力(0.5 ~ 6 kg/m³)大于深水区的(小于 0.5 kg/m³);

(2)渤海湾挟沙能力大于莱州湾(不包括清水沟沟口附近海域);

(3)自秦皇岛至莱州湾,存在一个低挟沙能力带,阻止了黄河入海高含沙水流挟带的泥沙向外输移。

黄河入海流量由 0 提高到 5 000 m³/s 时,潮流挟沙能力主要差距存在于口门附近顺出流方向约 13 km、左右两侧约 10 km 范围内(见图 2-26)。在此范围内平均挟沙能力由 2.56 kg/m³ 增大为 3.81 kg/m³,仅增加了 1.25 kg/m³,可见入海流量对渤海水流挟沙能力的影响也不明显。

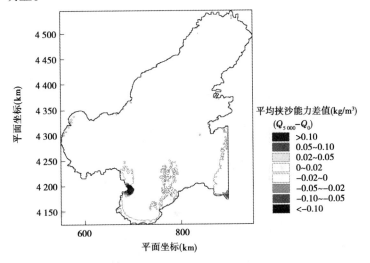

图 2-26 黄河入海流量分别为 5 000 m³/s、0 时挟沙能力差值空间分布

(四)黄河三角洲附近海域波浪及其沿岸输沙能力

黄河三角洲海域波浪来自多个方向,但是以东北方向为主(见图 2-27),图中仅标出了来自东、南方向,波高为 0 ~ 0.85 m 的波浪发生的频率,以此比例尺为基础,可以计算出其他波高的发生频率)。最大破波水深约 4.9 m。采用美国海岸工程研究中心(CERC)提出的沿岸输沙率计算公式,计算了黄河三角洲附近海域波浪形成的沿岸输沙率,发现通过三角洲北部海岸中部且垂直于海岸线的断面的年平均净沿岸输沙率约为 20 万 m³/a,方向向西,而通过三角洲东部海岸中部且垂直于海岸线的断面的年平均净沿岸输沙率约为 2 万 m³/a,方向向东南(见图 2-28)。

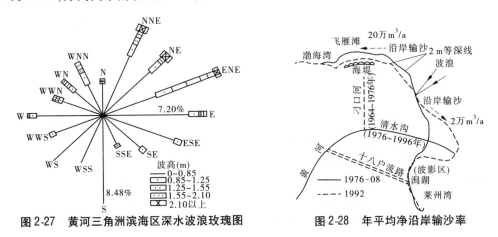

图 2-27 黄河三角洲滨海区深水波浪玫瑰图   图 2-28 年平均净沿岸输沙率

(五)刁口河附近海岸蚀退、粗化

黄河三角洲附近海区地形断面布置如图 2-29 所示。1976 年 8 月至 1993 年 10 月,

1~19断面(刁口河和神仙沟流路海岸)变化特征为上段(浅水部分)明显蚀退、下段(起点距20 km左右,深水部分)稍有淤积,整体上全断面冲刷。断面8的变化见图2-30,其上、下段冲淤转换深度约为13 m。除滨海区1、2断面外,刁口河海岸断面上、下段冲淤转换的深度大多在5~16 m(在图2-29中标注为平衡线位置),超过了此海域最大的破波水深值(4.9 m),表明潮流和波浪是近岸蚀退的主要因素。

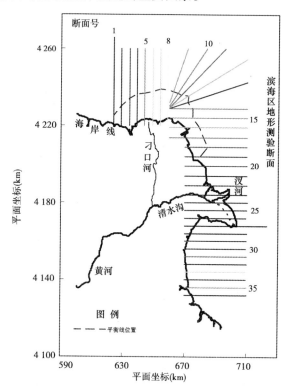

图2-29 黄河三角洲附近海区36个地形测验断面

实测资料分析表明,随着海岸上段的蚀退,泥沙逐渐粗化,而下段粗泥沙(粒径大于0.05 mm)的比例稍有减低,但仍在10%~20%(见图2-31)。这表明上段海岸蚀退的较细泥沙只有很少一部分直接淤积在下段,而大多数漂移到深海(测区以外);还表明泥沙无论粗细,一旦进入深水区,很难再被起动、输移。

分析1989年5月、8月黄河三角洲河床质粒径分布资料发现,非汛期的大风浪是导致河口海岸浅水区较细泥沙输移到外海,进而造成浅水区海岸粗化的主要因素。

(六)黄河河口延伸对渤海流场的影响

1984年西河口以下清水沟河长约为53 km。以1984年地形为基础,用黄河河口数学模型分别模拟了刁口河向北、清水沟向东延伸10 km、20 km、30 km、40 km、50 km、60 km情况下渤海流场的变化,发现随着口门的延伸(沙嘴向海突出),口门附近流速随之增大,但是延伸40 km后,流速达到最大;口门继续延伸,流速变化不大(见图2-32)。

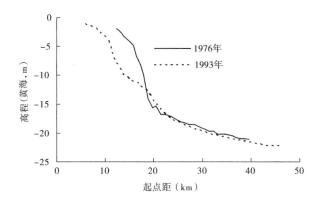

图2-30　黄河三角洲附近海区地形断面8的变化

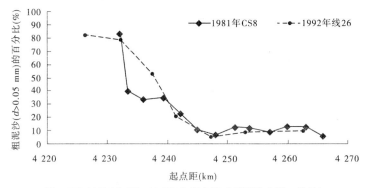

（注：1992年线26、1981年CS8与图2-30中断面8在同一位置）

图2-31　黄河三角洲附近海区断面8附近河床质粗泥沙百分比

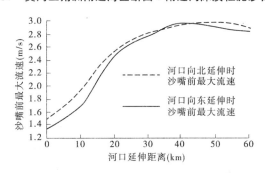

图2-32　延伸距离与沙嘴前流速的关系

三、渤海流速和潮位的关系

从渤海水流数学模型模拟结果发现,渤海潮流是旋转型的:渤海任意一点的流速都是旋转的,与此同时,潮波在旋转中此涨彼落,但是潮流的旋转与潮波的旋转并不一致。因此,流速和潮位存在较为复杂的关系:在一个潮周期内,既有数小时"水向较低水位处流动"的现象,也存在数小时"水向较高水位处流动"的现象(见图2-33)。这种潮位和流速关系的实质是动能和势能的相互转化,增加了黄河口实体模型流场实现技术的难度。

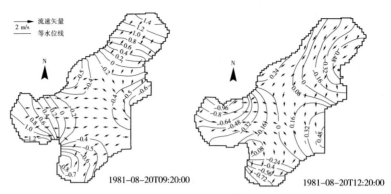

图 2-33 1981 年 8 月 20 日渤海流速和潮位的关系

四、潮位时空变化特点对滨海区地形测验的影响

黄河三角洲附近海区地形测验(断面位置见图 2-29)的目标是测出指定位置海底高程,而海底高程 Z_b = 水位 Z − 水深 h。远离海边的测点,其潮位是未知的,实践中只好假定黄河三角洲附近海区任意测点的潮位等于岸边潮位,这样通过岸边潮位、测点水深,就可确定滨海区测点的高程。

渤海平面二维潮流数学模型模拟结果表明,黄河三角洲附近海区水位是随时空变化的。以断面 12 为例详细说明。图 2-34 为断面 12(位置见图 2-29)不同时刻的瞬时水面线,其中左侧在岸边,右侧在黄河三角洲附近海区较深位置。用深水区最远端点潮位减去左端点水位得出潮位差(见图 2-35),可见潮位差在 − 0.35 ～ +0.6 m。

以同样的方法,计算黄河三角州附近海区 36 个断面两端点的潮位差(见图 2-36)。平均而言,潮位差可达 ±0.3 m 左右,最大 ±0.6 m,此差值甚至大于黄河入海泥沙较少时相邻两年同一断面的冲淤幅度。建议今后黄河三角洲滨海区地形测验资料整编工作应参考黄河河口平面二维数学模型提供的水位。

五、黄河河口河道水沙输移特点

王万战、张俊华(2006)的研究表明,在自然条件下,黄河河口河道感潮段在 20 km 左右,黄河河口河道自上而下分为两大段:上段为不受潮汐影响的河段,下段为受潮汐影响的河段。较之于上段,感潮段泥沙容易淤积,河床抬升。例如 1980 ～ 1984 年大水期间,清 4 以上河段冲刷,河床下降,但是清 4 以下河段仍是河床抬升。因此,从泄洪排沙的角度看,在自然条件下感潮段是泄洪排沙最不利的河段。

黄河是强冲积性河流,大水期形成大的河槽,小水期形成小河槽。黄河河口河道变化也具有此特性。由于黄河水沙过程的不均匀性,黄河下游及河口河道的泄洪输沙能力是变化的,最终导致黄河下游以及黄河河口河道总是时冲时淤。因此,黄河下游及河口河道边界的易动性是困扰黄河下游和河口治理的关键问题之一。

美国密西西比河河口段多汊行河,天然条件下河道淤积,水深较小,不能满足日益增长的通航水深的要求。1839 年,第一次由美国陆军工程兵团对河口各个汊道和口门进行测验,1879 年以前使用疏浚方法解决河口汊道泥沙淤积碍航问题,但是问题没有得到解

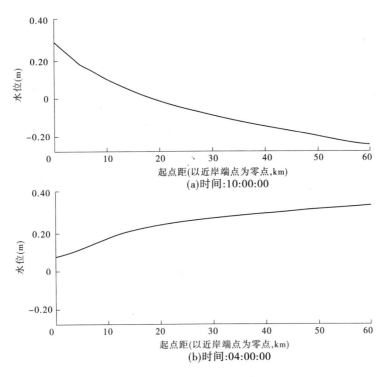

图 2-34　断面 12 不同时刻瞬时潮面线

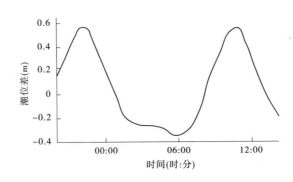

图 2-35　断面 12 不同时刻左右端点潮位差($Z_右 - Z_左$)

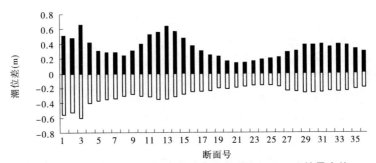

图 2-36　滨海区 36 个断面左右端点潮位差($Z_右 - Z_左$)的最大值

决。1879 年 James B. Eads 利用"束水攻沙"的概念,在密西西比河河口南水道(South Pass)两侧使用"岩石－柳枕"(见图 2-37)做导流堤,缩窄河道。河道缩窄后,航道下切明显,辅以人工疏浚,达到了要求的通航水深(9.3 m)。其后,美国陆军工程兵团仿照并发展了 Eads"束水攻沙"的概念和方法,对西南水道(Southwest Pass)先是修建了"束水攻沙"的导流堤,后来在导流堤旁修建丁坝,进一步使水流集中,达到了预期的通航水深(12.4 m)。后来,发现导流堤口门附近存在拦门沙淤积碍航问题,在调查研究的基础上,又发现密西西比河三角洲海岸存在自东向西的沿岸流。于是,把口门附近导流堤向东调整 35°,使出流方向近似垂直于沿岸流,解决了口门拦门沙问题。

图 2-37　劳工在造柳枕

密西西比河河口治理经验表明,河口河道治理的关键是:

(1)改变边界条件(缩窄河道)可以增大挟沙能力,使在天然条件下淤积的河道转化为冲刷的河道。

(2)在口门附近海域要充分利用海洋动力输沙。

因此,建议黄河河口河道治理的思路是缩窄河道主槽,把黄河较细的泥沙通过多流路输送到三角洲附近海区的浅水区,充分利用海洋动力输沙到深海,以达到降低黄河河口淤积延伸速率的目的,同时合理处理不能被海洋动力带到渤海深海的粗泥沙。例如,通过放淤提高三角洲高程,以适度加大地下水埋深,降低三角洲土壤盐度。

第三章 初步认识

(1)2002～2009 年,黄河河口因 1996 年清 8 改汊而形成的溯源冲刷作用已呈衰减之势,1996 年清 8 改汊的溯源冲刷影响在 2004 年汛前已基本完成。人民治黄以来,黄河河口淤积延伸的影响范围在口门以上 300 km 左右,超过泺口断面,但未至艾山断面。

(2)自 2008 年以来,西河口以下河长基本维持在 54 km 左右,较 1996 年的最大河长短 11 km。在今后一段时期内,若河口流路河长持续延伸增加,受河口影响的一定范围河段内的水位将开始进入回升阶段。

(3)渤海平面二维潮流数学模型模拟表明,按现行的黄河三角洲附近海区地形测验所作的水位假定,可造成海区地形高程产生 ±0.3 m 左右的平均误差。建议黄河三角洲附近海区地形测验资料整编参考黄河河口平面二维数学模型提供的水位,以减小高程误差。

(4)黄河三角洲附近海区海域流场具有旋转流特点,加大了黄河河口实体模型流场实现的难度。

(5)黄河三角洲海域海洋动力(波流)挟沙能力空间分布特点是沿岸浅水区较强、深水区较弱,在海洋动力作用下浅水区泥沙逐渐粗化,大部分较细的泥沙被输向深海,淤积在深水区的泥沙很难再被海洋动力起动、输移;加大黄河入海流量对渤海海洋动力挟沙能力的影响主要限于口门附近 10 km 范围内;河口延伸达到 40 km(以 1984 年地形为基础,此时西河口以下清水沟河长达到 53 km),口门附近流速达到最大,再延伸后口门流速反而减小。

减缓黄河河口淤积延伸速率的思路应是,把黄河较细泥沙相对均匀地输送到三角洲沿岸的浅水区,借助于海洋动力把较细泥沙带到深海区,同时考虑到较粗的泥沙不能被海洋动力带到渤海深海的特点,应结合黄河三角洲经济开发等合理处理较粗泥沙,如通过放淤抬高三角洲地面高程、改良土地。

参 考 文 献

[1] 韩其为.水库淤积[M].北京:科学出版社,2003.

[2] 陕西省水利科学研究所河渠研究室, 清华大学水利工程系泥沙研究室. 水库泥沙[M]. 北京：水利电力出版社, 1979.

[3] 中国水利学会泥沙专业委员会.泥沙手册[M].北京:中国环境科学出版社,1989.

[4] 李书霞,张俊华,陈书奎,等. 2005 年小浪底水库运用及库区水沙运动特性分析[R].郑州:黄河水利科学研究院,黄科技 ZX – 2006 – 13 – 20(N10),2006.

[5] 尹学良.清水沉速河床粗化研究[J].水利学报,1963(1).

[6] 秦荣昱,胡春宏,梁志勇.沙质河床清水冲刷粗化的研究[J].水利水电技术,1997(6).

[7] 谢鉴衡.河流模拟[M].北京:水利电力出版社,1990.

[8] 张瑞瑾.河流泥沙动力学 [M]. 2 版.北京:中国水利水电出版社,1998.

[9] 刘月兰,余欣.黄河悬移质非均匀不平衡输沙挟沙力计算[J].泥沙研究,2011(1).

[10] 孙赞盈,苏运启,曲少军,等.黄河下游河道小流量水位流量关系变化及 2003 年河道排洪能力分析[R].郑州:黄河水利科学研究院,2003.

[11] 曲少军,孙赞盈,李小平,等.2004 年黄河下游防洪预案之河道排洪能力分析[R].郑州:黄河水利科学研究院,2004.

[12] 潘贤娣,李勇,张晓华,等.三门峡水库修建后黄河下游河床演变[M].郑州:黄河水利出版社,2006.

[13] 陈建国,周文浩,孙高虎,等.黄河小浪底水库初期运用与下游河道冲淤的响应[J].泥沙研究,2008(5).

[14] 韩其为.对小浪底水库修建后黄河下游游荡性河段河型变化趋势的几点看法[J].人民黄河,2002(4).

[15] 钱宁,张仁,周志德. 河床演变学[M].北京:科学出版社,1987.

[16] 王卫红,李舒瑶,张晓华.黄河下游游荡性河段主流线调整与水沙关系研究[J].泥沙研究,2006(6).

[17] C H 肖尔茨, B B 曼德尔布罗特, 等.地球科学中的分形研究[M]. 刘祖荫,皇浦岗,等译. 北京:中国科学技术出版社,1991.

[18] 王卫红,崔长江,张晓华.水沙变化条件下黄河下游游荡性河段河势变化特性[J].泥沙研究,2004(4).

[19] 姚文艺,杨邦柱.黄河下游游荡河段河床演变对河道整治的响应[J].水科学进展, 2004, 15(3).

[20] 姚文艺,王卫东.黄河下游游荡性河道河势调整关系研究[J].水科学进展,2006,17(5).

[21] 王万战,杨明.黄河河口数学模拟系统关键技术研究[R].郑州:黄河水利科学研究院,黄科技 ZX – 2010 – 44,2009(12).

[22] 王万战,张华兴.黄河口海岸演变规律[J].人民黄河,2007(2).

[23] 王万战,张俊华.黄河口河道演变规律[J].水利水电科技进展,2006(2).

[24] 陆中臣,贾绍凤,黄克新,等.流域地貌系统[M].大连:大连出版社,1991.